新编高等职业教育电子信息、机电类精品教材

AutoCAD 2021 工程绘图及实训

魏加兴　杨晓清　王　鑫　编著

电子工业出版社·

Publishing House of Electronics Industry

北京·BEIJING

内 容 简 介

AutoCAD 是由美国 Autodesk 公司开发的一款通用 CAD 绘图软件，是当今工程领域广泛使用的绘图工具之一。本书是 AutoCAD 2021 中文版的实例类教程。

本书基于工程绘图工作过程，全面、系统地介绍了 AutoCAD 2021 的主要功能和使用技巧，采用先讲述基本命令及作图方法，再结合综合性案例进行练习的方法，让读者由易到难、循序渐进地展开学习。

本书的内容安排形式如下：①每章前面都先列出知识目标和技能目标，系统地提出工作任务；②详尽地讲解基本知识和概念；③通过典型应用案例进行实战演练，实战演练的操作步骤清晰、详细；④最后给出相关案例进行技能拓展。本书理论结合实践，具有较强的可操作性。

本书结构合理，图文并茂，结合编著者多年的 AutoCAD 教学经验，切实解决 AutoCAD 2021 使用过程中的实际问题。本书既适合作为高等院校 CAD 相关专业学生的教材，又适合作为 AutoCAD 的初、中阶段爱好者及工程设计人员的指导书。

图书在版编目（CIP）数据

AutoCAD 2021 工程绘图及实训 / 魏加兴，杨晓清，王鑫编著. —北京：电子工业出版社，2024.1

ISBN 978-7-121-46912-1

Ⅰ.①A… Ⅱ.①魏… ②杨… ③王… Ⅲ.①工程制图—AutoCAD 软件—高等学校—教材 Ⅳ.①TB237

中国国家版本馆 CIP 数据核字（2023）第 245878 号

责任编辑：王艳萍

印　　刷：大厂回族自治县聚鑫印刷有限责任公司

装　　订：大厂回族自治县聚鑫印刷有限责任公司

出版发行：电子工业出版社

　　　　　北京市海淀区万寿路 173 信箱　　　邮编：100036

开　　本：787×1092　　1/16　　印张：16.75　　字数：387 千字

版　　次：2024 年 1 月第 1 版

印　　次：2024 年 1 月第 1 次印刷

定　　价：55.00 元

凡所购买电子工业出版社图书有缺损问题，请向购买书店调换。若书店售缺，请与本社发行部联系，联系及邮购电话：（010）88254888，88258888。

质量投诉请发邮件至 zlts@phei.com.cn，盗版侵权举报请发邮件至 dbqq@phei.com.cn。

本书咨询联系方式：wangyp@phei.com.cn。

前　言

AutoCAD 是一款出色的计算机辅助设计软件，其功能强大、性能稳定、兼容性好、扩展性强，具有强大的二维绘图、三维建模和二次开发等功能，被广泛应用于机械、建筑、电子电气、化工、服装、模具和广告等行业中。

本书运用基于绘图工程的理念，结合编著者多年的 CAD 教学经验，将 AutoCAD 2021 的基本功能和实用技巧融入实际案例之中。读者在完成相关知识点的学习前提下，通过实战演练和技能拓展能快速掌握 AutoCAD 2021 的绘图技巧；还可以边学边练，既能快速掌握软件的功能，又能迅速进入实战演练状态。

本书共 11 章，内容全面，案例典型实用。各章内容如下：第 1 章 AutoCAD 2021 的工作界面与基本操作，第 2 章 基本二维图形绘制，第 3 章 基本图形编辑，第 4 章 控制图形显示与图层应用，第 5 章 面域与图案填充，第 6 章 标注图形尺寸，第 7 章 文字与表格，第 8 章 块与外部参照和设计中心，第 9 章 绘制三维图形，第 10 章 编辑与标注三维对象，第 11 章 图形的输入/输出与专业绘图相关技术。

本书的主要特色如下。

（1）内容循序渐进，各章节的内容既相对独立，又能构成知识体系。

（2）讲解过程浅显易懂、图文并茂，语言简洁，思路清晰，使读者在学习过程中可轻松地根据书中的步骤进行操作，以达到熟练运用的目的。

（3）案例丰富、典型、实用。每章都安排了典型应用案例，有利于读者加强理解，巩固所学知识。

本书中软件界面和正文均与软件原图一致，不再另行修改大小写字母、正斜体。本书默认单位为毫米（mm）。

本书由桂林电子科技大学魏加兴、杨晓清、王鑫编著。由于编著者经验和自身水平有限，书中难免存在疏漏与不足之处，恳请广大同行专家与读者给予批评、指正。

最后向为本书提出宝贵意见的刘宇飞、刘伟元、梁惠萍、庾萍、汪沙娜等老师表示衷心的感谢。

编著者

目　　录

第 1 章　AutoCAD 2021 的工作界面与基本操作

知识目标

　　熟悉中文版 AutoCAD 2021 的工作界面；熟悉图形文件的管理；熟悉绘图环境的设置。

技能目标

　　正确运行中文版 AutoCAD 2021；正确使用鼠标的左键、右键；熟练设置绘图环境；熟练显示或隐藏工具栏。

1.1　AutoCAD 2021 的工作界面

　　中文版 AutoCAD 2021 默认的工作界面主要由应用程序菜单、快速访问工具栏、标题栏、信息中心、功能区、命令行、状态栏和绘图区等几部分组成。启动 AutoCAD 2021 后，其工作界面如图 1-1 所示。

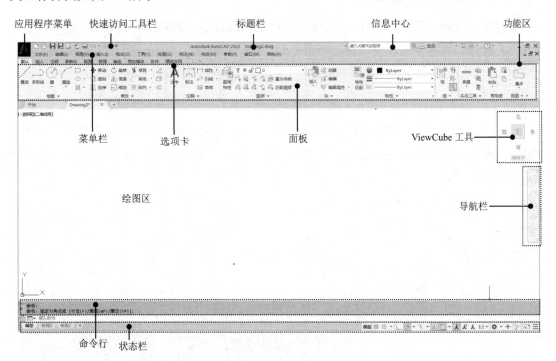

图 1-1　AutoCAD 2021 的工作界面

1.1.1 应用程序菜单

在 AutoCAD 2021 工作界面上单击"应用程序"按钮▲，弹出应用程序菜单，如图 1-2 所示。应用程序菜单包含新建、打开、保存、另存为、输入、输出、发布、打印、图形实用工具、关闭等命令。

应用程序菜单上方是搜索文本框，而用户可以在此输入搜索词，用于快速搜索。搜索结果包含菜单命令、基本工具提示和命令行提示、文字、字符串等，如图 1-3 所示。

图 1-2　应用程序菜单

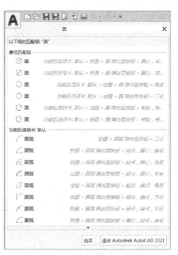

图 1-3　应用程序菜单搜索

1.1.2 快速访问工具栏与菜单栏

通过快速访问工具栏能进行一些 AutoCAD 的基础操作，默认的有新建、打开、保存、另存为、打印、放弃和重做等按钮，如图 1-4 所示。

图 1-4　快速访问工具栏

AutoCAD 2021 默认没有将菜单栏显示出来。用户可以单击"快速访问工具栏"右侧的▼按钮，在弹出的下拉列表中选择"显示菜单栏"命令（见图 1-5），即可将菜单栏显示出来，如图 1-6 所示。

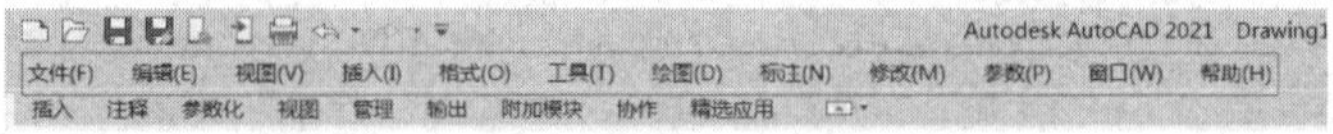

图 1-5　选择"显示菜单栏"命令

图 1-6　显示菜单栏

用户可以为快速访问工具栏添加按钮。单击"快速访问工具栏"右侧的█按钮，弹出下拉列表，如图1-5所示。在下拉列表中选择所需的工具命令，即可为快速访问工具栏添加相应的命令按钮。选择"更多命令"命令，系统打开"自定义用户界面"对话框，如图1-7所示。在该对话框的"命令"列表中选择要添加的命令后将其拖到"快速访问工具栏"，即可为该工具栏添加相应的命令按钮。

图1-7 "自定义用户界面"对话框

1.1.3 信息中心

AutoCAD 2021的信息中心提供了详细的帮助。用户通过这些帮助可以快速地解决设计中遇到的各种问题。单击信息中心左侧的"搜索"按钮，即可打开"Autodesk AutoCAD 2021-帮助"对话框，如图1-8所示。在该对话框的"搜索"文本框中输入相应问题，对话框左侧下方显示相关的搜索结果，单击搜索结果链接，即可在右侧显示相应解答，如图1-9所示。也可以在"信息中心"文本框中直接输入问题，按Enter键后即可得到相同的搜索结果，如图1-10所示。

图1-8 "Autodesk AutoCAD 2021-帮助"对话框

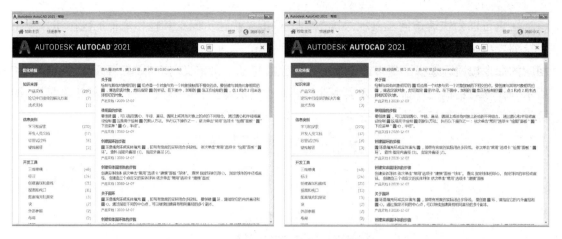

图 1-9 搜索结果　　　　　　　　图 1-10 相同的搜索结果

1.1.4 标题栏

标题栏位于 AutoCAD 2021 工作界面的顶部，用于显示 AutoCAD 2021 的程序图标及当前所操作图形的文件名。

1.1.5 功能区

功能区包括选项卡和面板两部分。

功能区中的面板用于显示与基本任务的工作空间关联的按钮或控件。在默认的初始状态下，功能区有 10 个选项卡："默认""插入""注释""参数化""视图""管理""输出""附加模块""协作""精选应用"。每个选项卡都包含了若干个面板，每个面板又包含了许多命令按钮，如图 1-11 所示。

图 1-11 功能区中的选项卡与面板

当面板中没有足够的空间显示所有按钮时，面板下方会出现下拉按钮。用户单击该下拉按钮即可展开折叠区域，显示其他相关的命令按钮。如果某个命令按钮下面有下拉按钮，则表明该命令按钮下面还有其他命令按钮，单击该下拉按钮，系统将弹出折叠区的命令按钮。

单击功能区选项卡右侧的 ▼ 按钮，系统将会弹出快捷菜单，如图 1-12 所示。选择"最小化为选项卡"命令，选项卡区域将最小化为选项卡，如图 1-13 所示；选择"最小化为面板标题"命令，选项卡区域将最小化为面板标题，如图 1-14 所示；选择"最小化为面板按钮"命令，选项卡区域将最小化为面板按钮，如图 1-15 所示；选择"循环浏览所有项" 命令后连续单击 ▲ 按钮，可以在如图 1-13～图 1-15 所示的显示样式之间切换。

功能区的显示与关闭：如果没有显示功能区，则选择菜单栏中的"工具"→"选项板"→"功能区"命令，或者在命令行下输入 RIBBON 命令，调出功能区，如图 1-16 所示。功能区的关闭方法如图 1-17 所示。

图 1-12　快捷菜单　　　　　　　　　图 1-13　最小化为选项卡

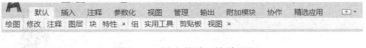

图 1-14　最小化为面板标题

图 1-15　最小化为面板按钮

图 1-16　功能区的显示

图 1-17　功能区的关闭方法

1.1.6　绘图区

绘图区是用户进行设计的图形区域，所有的绘图结果都反映在这个窗口中，类似于手工绘图时的图纸。在 AutoCAD 2021 中，用户可以同时打开多个图形文件，每个图形文件都有自己的绘图窗口。如果图纸比较大，且需要查看未显示部分，则可以单击窗口右边与下边滚动条上的箭头按钮，或者拖动滚动条上的滑块来移动图纸。

绘图区除了显示当前的绘图结果，还显示了当前使用的坐标系类型及坐标原点、X 轴、Y 轴、Z 轴的方向等。

绘图区下方有"模型"选项卡和"布局"选项卡，单击它们可以在模型空间与图纸空间之间进行切换。绘图区的默认颜色为黑色，而用户可以根据自己的绘图习惯设置绘图区的颜色。

设置绘图区的颜色步骤如下。

（1）单击"应用程序"→"选项"按钮，打开"选项"对话框，如图 1-18 所示。

（2）在"选项"对话框中单击"显示"→"颜色"按钮，打开"图形窗口颜色"对话框，如图 1-19 所示。

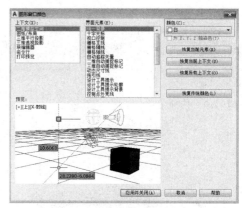

图 1-18　"选项"对话框　　　　　　图 1-19　"图形窗口颜色"对话框

（3）在"图形窗口颜色"对话框中，单击"颜色"选项右侧的下拉按钮，在弹出的颜色下拉列表中选择所需颜色即可。

1.1.7　命令行

命令行位于绘图区的底部，用于接收用户输入的命令，并显示系统提示信息。在 AutoCAD 2021 中，命令行可以是浮动窗口（见图 1-20），也可以是固定的，如果命令行是固定的，将贯穿整个程序窗口。

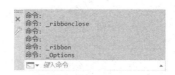

图 1-20　浮动命令行

命令行的位置和大小可以用鼠标自由调节。一般来说，其高度最好能显示 3 行文字，便于完全显示命令与用户读取的有关参数。

关闭命令行：选择菜单栏中的"工具"→"命令行"命令，或者按 Ctrl+9 组合键，又或者单击命令行左侧的关闭按钮即可关闭命令行。

打开命令行：选择菜单栏中的"工具"→"命令行"命令，或者按 Ctrl+9 组合键即可打开命令行。

1.1.8　状态栏

状态栏位于 AutoCAD 2021 工作界面的底部，用于显示当前光标所处位置的坐标值，以及控制与切换各种模式的状态，如图 1-21 所示。

图 1-21　状态栏

光标所处的位置用 X 坐标、Y 坐标、Z 坐标表示,或者在执行命令的过程中,显示相对于上一次选择的点的距离和角度。如果移动光标,则坐标值会自动更新。

状态栏中的其他按钮分别表示当前是否启用了捕捉模式、栅格、正交模式、极轴追踪、二维对象捕捉、对象捕捉追踪、动态输入等功能,以及是否显示线宽、当前的绘图空间等信息。用户单击相应的按钮可以控制这些模式和功能开关的打开与关闭。

在默认状态下,状态栏不会显示所有工具。用户可以单击状态栏最右侧的"自定义"按钮≡,如图 1-22 所示,从"自定义"快捷菜单中选择要在状态栏中显示的工具。

注释性是用于对图形加以注释的特性,注释比例是与模型空间、布局视口和模型视图一起保存的设置,使用户可以根据比例设计对注释内容进行相应的缩放。单击"注释比例"按钮,在弹出的快捷菜单中选择需要的注释比例,也可以自定义注释比例。

图 1-22 自定义状态栏中的显示内容

单击"注释可见性"按钮,可以对"显示所有比例的注释性对象"和"仅显示当前比例的注释性对象"两种模式进行切换显示。

用户可以通过单击状态栏中的"切换工作空间"按钮,在弹出的快捷菜单中选择要切换的工作空间。

1.1.9 ViewCube 工具与导航栏

ViewCube(三维导航)工具(见图 1-23)直观反映了图形在三维空间内的方向,是模型在二维模型空间或三维视觉样式中处理图形时的一种导航工具。用户使用 ViewCube 工具可以方便地调整模型的视点，使模型在标准视图和等轴测视图之间切换。

（a）三维空间内

（b）二维空间内

图 1-23　ViewCube 工具

ViewCube 工具的快捷菜单与功能说明如下。

"主视图"按钮：单击该按钮可将模型视点恢复到随模型一起保存的主视图方位。

"旋转"按钮：包含顺时针和逆时针两个按钮，单击任意按钮，模型可绕当前图形的轴心旋转90°。

指南针圆环：单击指南针圆环上的基本方向可将模型进行旋转，也可以拖动指南针圆环的一个基本方向或拖动指南针圆环使模型绕轴心点进行交互式旋转。

"坐标系切换"按钮：单击该按钮，在弹出的快捷菜单中可快速切换坐标系或新建坐标系。

"菜单"按钮：单击该按钮，将弹出 ViewCube 快捷菜单，如图 1-24 所示。使用该快捷菜单可恢复和定义模型的主视图，在视图投影模式之间进行切换，以及更改交互行为和 ViewCube 工具的外观。

图 1-24　ViewCube 快捷菜单

在系统默认状态下，ViewCube 工具显示在 AutoCAD 2021 工作界面的右上角。

ViewCube 工具的显示与隐藏：单击功能区中的"视图"选项卡→"视口工具"面板→"ViewCube"按钮（见图 1-25），就可以显示或隐藏 ViewCube 工具。

ViewCube 工具显示后不处于活动状态，将鼠标指针移动到其上时，ViewCube 工具上的按钮才会加亮显示，此时 ViewCube 工具处于活动状态，可根据需要调整视点。

导航栏（见图 1-26）是一种用户界面元素，用户可以从中访问通用导航工具与特定产品的导航工具。

图 1-25　单击"ViewCube"按钮　　　　　　　　　图 1-26　导航栏

导航栏的显示与隐藏：单击功能区中的"视图"选项卡→"视口工具"面板→"导航栏"按钮（见图 1-26），就可以显示或隐藏导航栏工具。

导航栏提供了多种特定产品的导航工具。下面介绍其中 3 种。

- "平移"工具：平行于屏幕移动视图。
- "缩放"工具：一组导航工具，用于放大或缩小模型的当前视图的比例。
- "动态观察"工具：用于旋转模型当前视图的导航工具集。

1.2　图形文件管理

本节重点介绍图形文件管理功能，包括新建图形文件、打开图形文件、保存图形文件、关闭图形文件。

1.2.1　新建和打开图形文件

启动 AutoCAD 2021 时会自动新建一个绘图文件，在保存之前其名称为 drawing1.dwg，用户还可以随时创建新的图形文件。

新建图形文件：单击"快速访问工具栏"→"新建"按钮，或者按 Ctrl+N 组合键，又或者选择菜单栏中的"文件"→"新建"命令，打开"选择样板"对话框，如图 1-27 所示。

图 1-27　"选择样板"对话框

在"选择样板"对话框中，可以在"文件类型"下拉列表中选中某个样板文件（*.dwt），这时在右侧的"预览"框中显示出该样板的预览图像，单击"打开"按钮，可将选中的样板文件作为样板来创建新图形。如果不需要样板，则单击"打开"按钮右边的下拉按钮，在展开的下拉列表中选择"无样板打开-公制"选项，将关闭"选择样板"对话框并返回绘图窗口，之后就可以开始绘图了。

打开文件：单击"快速访问工具栏"→"打开"按钮，或者按 Ctrl+O 组合键，又或者选择菜单栏中的"文件"→"打开"命令，打开"选择文件"对话框，如图 1-28 所示。利用该对话框即可打开现有的一个或多个 AutoCAD 图形文件。

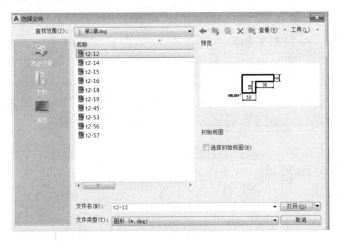

图 1-28 "选择文件"对话框

1.2.2 保存和关闭图形文件

在 AutoCAD 2021 中，用户可以使用多种方法和格式来保存图形文件。图形文件可以保存为 AutoCAD 的格式，也可保存为其他格式。保存为其他格式后，用户可以利用其他绘图软件进行其他绘图工作。

保存图形文件：单击"快速访问工具栏"→"保存"按钮，或者按 Ctrl+S 组合键，又或者选择菜单栏中的"文件"→"保存"命令，当对新建的文件进行第一次保存时，系统会打开"图形另存为"对话框，如图 1-29 所示，要求对新文件进行命名和选择保存路径，一旦保存好之后，以后的保存将直接覆盖此文件，不再打开此对话框。

图 1-29 "图形另存为"对话框

"另存为"命令：单击"快速访问工具栏"→"另存为"按钮。该按钮非常实用，通常属于同一工程项目的一套图样，应在统一的绘图环境（包括图幅格式、文字样式、尺寸标注样式、线型与图层等有关参数的设置）下进行绘制。为保证每张图样的绘图环境相同，用户可以单击"另存为"按钮建立一个样板文件（扩展名为*. dwt）。每当绘制一张新图形时，用户可以通过"创建新图形"对话框调用自己定义的样板文件。为保证样板文件为一张空白图纸，用户在完成一张图样后，应单击"另存为"按钮将当前图形另存为其他名称的图形文件。此外，同一工程项目的整套图样中可能会有某些图样部分内容相同，为了避免重复劳动，提高工作效率，用户可以在原有图形的基础上进行修改或添加其他内容，并单击"另存为"按钮生成另一个图形文件。

为了防止意外发生，用户可以设置自动保存的功能。自动保存时间间隔可以设置为1～120分钟。单击"应用程序"→"选项"按钮，在打开的"选项"对话框中选择"打开和保存"选项卡进行时间设置，如图 1-30 所示。一旦意外断电、死机或程序出现致命错误等导致文件关闭，而用户自己忘记存盘，此时找到该文件，将其扩展名改为".dwg"，就可以用AutoCAD 2021 重新打开，这样就不会有太多的数据丢失。

图 1-30　在"选项"对话框中设置自动保存的时间间隔

1.3　设置绘图环境

绘图环境设置是否得当，将直接影响用户绘制图形的效率和效果，所以，在绘制图形之前，用户首先要对绘图环境进行设置。绘图环境的设置主要包括参数设置、图形单位设置和图形界限设置。

1.3.1　参数设置

参数设置主要是在"选项"对话框中进行的。单击"应用程序"→"选项"按钮，打开"选项"对话框，如图 1-31 所示。

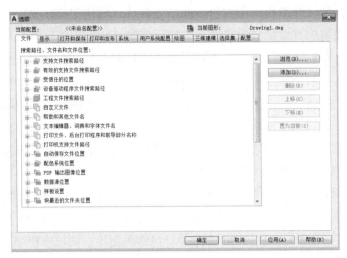

图 1-31 "选项"对话框

"选项"对话框中包含了"文件""显示""打开和保存""打印和发布""系统""用户系统配置""绘图""三维建模""选择集""配置"10 个选项卡，这些选项卡的功能含义如下。

- "文件"选项卡：用于在列出的程序中搜索支持文件、驱动程序文件、菜单文件和其他文件的路径。
- "显示"选项卡：用于设置窗口元素、布局元素、显示精度、显示性能，以及十字光标大小和参照编辑的褪色度等显示属性。
- "打开和保存"选项卡：用于设置有关 AutoCAD 2021 文件打开和保存的相关内容。
- "打印和发布"选项卡：用于设置有关打印图形文件的信息。在默认情况下，输出设备为 Windows 打印机。但在很多情况下，为了输出较大的图形，可能使用专门的绘图仪。
- "系统"选项卡：用于 AutoCAD 2021 的系统设置。
- "用户系统配置"选项卡：用于设置是否使用快捷菜单和对象的排序方式。
- "绘图"选项卡：用于设置与捕捉、追踪等选项有关的内容。
- "三维建模"选项卡：用于对三维绘图模式下的三维十字光标、UCS 图标、动态输入、三维对象、三维导航等选项进行设置。
- "选择集"选项卡：用于设置选择对象的方法、拾取框大小及夹点大小等。
- "配置"选项卡：用于设置显示的可用配置。用户可以对选中的配置进行设置，如当前、添加到列表、重命名、删除、输出、输入和重置等操作。

1.3.2 图形单位设置

图形单位的设置将直接影响到绘制图形的比例和统一性。在 AutoCAD 2021 中，用户可以用 1 : 1 的比例因子绘图，所有的直线、圆等对象都可以以真实大小来绘制。一般来讲，不同行业（如机械行业、建筑行业、电气行业等）在使用 AutoCAD 2021 绘制图形时采用的度量单位并不一样。在 AutoCAD 2021 中，选择菜单栏中的"格式"→"单位"命令，或者直接在命令行中输入 UNITS 命令并按 Enter 键，打开"图形单位"对话框，如图 1-32 所示。

图 1-32   "图形单位"对话框

用户可以在"图形单位"对话框中设置长度类型及精度、角度类型及精度，以及用于缩放插入内容的单位。该对话框中部分选项的功能含义如下。

（1）"长度"选项：该选项主要用于指定测量的当前单位及当前单位的精度。默认长度类型为"小数"，"精度"是小数点后 4 位。

"类型"下拉列表框中的"工程"和"建筑"格式提供英尺和英寸显示，并假定每个图形单位表示英寸。其他格式（如"科学"和"分数"）可表示任何真实的单位。

（2）"角度"选项：该选项主要用于指定当前角度格式和当前角度显示的精度。系统默认的角度测量正方向为逆时针方向，如果用户勾选"顺时针"复选框，则设置角度测量正方向为顺时针方向。

（3）"插入时的缩放单位"选项：该选项主要用于控制插入当前图形中的块和图形的测量单位，默认单位为"毫米"。

1.3.3 图形界限设置

图形界限就是绘图区域。选择菜单栏中的"格式"→"图形界限"命令，或者直接在命令行中输入 LIMITS 命令并按 Enter 键，设置图形界限。命令行提示如下：

指定左下角点或 ［开(ON)/关(OFF)］ <0.0000,0.0000>:

- "开"选项：打开界限检查。当打开界限检查时，不能在图形界限之外结束一个对象。因为界限检查只测试输入点，当指定两个点画圆时，圆的一部分可能在界限之外。
- "关"选项：关闭界限检查。当关闭界限检查时，可以在界限之外绘制对象或指定点。

1.4 使用命令与系统变量

在 AutoCAD 2021 中，菜单命令、工具按钮、命令和系统变量都是相互对应的。用户可以选择某菜单命令，或者单击某个工具按钮，又或者在命令行中输入命令和系统变量来执行相应的命令。

1. 使用鼠标操作执行命令

当鼠标指针位于绘图区时，会变成十字光标，其中心有一个小方块，称为"目标框"，可以用于选择对象。其交点表现了光标在当前坐标系中的位置。绘图时指针样式不是固定的，一般在执行绘图命令时显示为没有小方块的十字光标，而在执行编辑命令时显示为没有十字光标的小方块。

当鼠标指针被移至菜单命令、工具按钮或对话框位置时，会变成一个箭头。在 AutoCAD 2021 中，鼠标键按照以下规则定义。

拾取键：指鼠标左键，用于指定屏幕上的点，也可以用于选择 Windows 对象、AutoCAD 对象、工具按钮和菜单命令。

回车键：鼠标右键，相当于 Enter 键，用于结束当前执行的命令，此时系统会根据当前状态弹出不同的快捷菜单。

弹出快捷菜单：使用 Shift 键和鼠标右键组合时，系统将弹出一个快捷菜单，设置捕捉点的方法。

2. 使用键盘输入并执行命令

在 AutoCAD 2021 中，大部分的绘图、编辑功能都需要通过键盘和鼠标配合来完成。用户可以通过键盘在命令行中输入命令、系统变量、文本对象、数值参数等内容。

3. 使用命令行

用户可以在命令行中直接输入命令、对象参数。在命令行中，还可以使用 Backspace 键或 Delete 键删除命令行中的文字。

4. 命令的重复、终止和放弃

在 AutoCAD 2021 中，用户在绘制图形时，经常需要使用重复命令和终止命令。

（1）重复命令。用户可以使用以下方式重复执行命令。

重复上一条命令：按 Enter 键或 Space 键；或者右击，在弹出的快捷菜单中选择"重复"命令。

（2）终止命令。在命令执行过程中，用户可以随时按 Esc 键终止执行任何命令，因为 Esc 键是 Windows 程序用于取消操作的标准键。

（3）放弃前面所进行的操作。有多种方法可以放弃最近一个或多个操作。

① 单击"快速访问工具栏"→"放弃"按钮，单击一次为放弃最近一次命令，如果想要放弃多次命令，则可以单击右侧的下拉按钮，在弹出的下拉列表框中选择要放弃的命令即可，如图 1-33 所示。

图 1-33　放弃多步操作

如果想要恢复放弃的操作，则可以单击"快速访问工具栏"→"重做"按钮。

② 使用命令行：用户可以使用 UNDO 命令放弃单个或多个操作。首先在命令行提示中输入 UNDO 命令，然后在命令行中输入要放弃的操作数目。例如，要放弃最近的 5 个操作，应输入 5。AutoCAD 将显示放弃的命令或系统变量设置。

执行 UNDO 命令，命令行提示如下：

```
当前设置: 自动 = 开, 控制 = 全部, 合并 = 是
UNDO 输入要放弃的操作数目或 [自动(A)/控制(C)/开始(BE.3)/结束(E)/标记(M)/后退(B)] <1>:
```

如果要恢复使用 UNDO 命令放弃的最后一个操作，则可以使用 REDO 命令。

在 AutoCAD 2021 的命令行中，用户可以通过输入命令执行相应的菜单命令。输入的命令可以是大写字母、小写字母或同时使用大小写字母，但是不能使用中文的全角字符。

5. 使用系统变量

在 AutoCAD 2021 中，系统变量是用于控制某些功能和设计环境、命令的工作方式的，它可以打开/关闭捕捉、栅格与正交等绘图模式，设置默认的填充图案、存储当前图形和 AutoCAD 配置的有关信息。

系统变量通常是 6～10 个字符长的缩写名称。许多系统变量有简单的开关设置。例如，MIRRTEXT 系统变量用于控制文字对象镜像的方向，当在命令行"输入 MIRRTEXT 的新值<1>:"提示下输入 0 时，文字对象方向不镜像。

用户可以通过直接在命令行提示下输入系统变量名来检查任意系统变量和修改任意可写的系统变量，许多系统变量还可以通过对话框选项访问。

1.5 绘图辅助工具

AutoCAD 2021 提供了绘图辅助工具，包括栅格、捕捉、推断约束、动态输入、正交、极轴追踪、等轴测草图、对象捕捉追踪、对象捕捉、线宽、选择循环、三维对象捕捉、动态 UCS、注释可见性、自动缩放、注释比例、切换工作空间、注释监视器、快捷特性、硬件加速、系统变量监视和全屏显示等工具，如图 1-34 所示。

图 1-34　状态栏中的绘图辅助工具

1.5.1 "栅格"模式和"捕捉"模式

在某些情况下，打开"捕捉"模式有助于根据设定的捕捉参数进行点的选择，而"栅格"模式有助于形象化显示距离。但是打开"捕捉"模式和"栅格"模式进行绘图也有不

便之处，就是移动鼠标指针受到了一定的约束。

单击状态栏中的"栅格"按钮或直接按 F7 键，可以打开或关闭图形"栅格"模式。

单击状态栏中的"捕捉"按钮或直接按 F9 键，可以打开或关闭图形"捕捉"模式。

捕捉和栅格的参数设置：选择菜单栏中的"工具"→"绘图设置"命令；打开"草图设置"对话框，切换到"捕捉和栅格"选项卡，进行相关参数的设置，如图 1-35 所示。用户也可以在状态栏中右击"捕捉"按钮或"栅格"按钮，在弹出的快捷菜单（见图 1-36）中选择相应的设置命令来打开"草图设置"对话框，进行相关参数的设置。

- "捕捉间距"选项区：控制捕捉位置的不可见矩形栅格，以限制光标仅在指定的 X 轴方向和 Y 轴方向的间距内移动。
  - "捕捉 X 轴间距"文本框：指定 X 轴方向的捕捉间距。间距值必须为正实数。
  - "捕捉 Y 轴间距"文本框：指定 Y 轴方向的捕捉间距。间距值必须为正实数。

图 1-35　设置捕捉和栅格参数　　　　　　　　　　　　图 1-36　快捷菜单

  - "X 轴间距和 Y 轴间距相等"复选框：为捕捉间距和栅格间距强制使用同一个 X 轴和 Y 轴间距值。捕捉间距可以与栅格间距不同。
- "捕捉类型"选项区：设定捕捉样式和捕捉类型。其中，3 个单选按钮说明如下。
  - "栅格捕捉"单选按钮：设定栅格捕捉类型。如果指定点，则光标将沿垂直或水平栅格点进行捕捉。
  - "矩形捕捉"单选按钮：将捕捉样式设定为标准"矩形"捕捉模式。当捕捉类型设定为"栅格"并且打开"矩形"捕捉模式时，光标将捕捉矩形捕捉栅格。
  - "等轴测捕捉"单选按钮：将捕捉样式设定为"等轴测"捕捉模式。当捕捉类型设定为"栅格"并且打开"等轴测"捕捉模式时，光标将捕捉等轴测捕捉栅格。
- "栅格样式"选项区：在二维上下文中设定栅格样式。
  - "二维模型空间"复选框：将二维模型空间的栅格样式设定为点栅格。
  - "块编辑器"复选框：将块编辑器的栅格样式设定为点栅格。
  - "图纸/布局"复选框：将图纸和布局的栅格样式设定为点栅格。

- "栅格间距"选项区：控制栅格的显示，有助于图形直观显示距离。
  - "栅格 X 轴间距"文本框：指定 X 轴方向上的栅格间距。如果该值为 0，则栅格采用"捕捉 X 轴间距"的数值集。
  - "栅格 Y 轴间距"文本框：指定 Y 轴方向上的栅格间距。如果该值为 0，则栅格采用"捕捉 Y 轴间距"的数值集。
  - "每条主线之间的栅格数"文本框：指定主栅格线相对于次栅格线的频率。
- "栅格行为"选项区：控制栅格线的外观。其中，3 个复选框说明如下。
  - "自适应栅格"复选框：缩小时，限制栅格密度。
  - "显示超出界限的栅格"复选框：显示超出 LIMITS 命令指定区域的栅格。
  - "遵循动态 UCS"复选框：更改栅格平面以跟随动态 UCS 的 XY 平面。

1.5.2 "正交"模式

单击状态栏中的"正交"按钮或按 F8 键可以打开或关闭"正交"模式。

在"正交"模式下，用户可以将光标限制在水平或垂直方向上移动，以便于精确地创建和修改对象。当创建或移动对象时，用户可以使用"正交"模式将光标限制在相对于用户坐标系（UCS）的水平或垂直方向上。

在绘图和编辑过程中，用户可以随时打开或关闭"正交"模式。输入坐标或指定对象捕捉时将忽略"正交"模式。

注意："正交"模式和"极轴追踪"模式不能同时打开，打开"正交"模式后将关闭"极轴追踪"模式。

1.5.3 "极轴追踪"模式

单击状态栏中的"极轴追踪"按钮或按 F10 键，可以打开或关闭"极轴追踪"模式。使用"极轴追踪"模式，光标将按指定角度进行移动。当创建或修改对象时，用户可以使用"极轴追踪"模式来显示由指定的极轴角度所定义的临时对齐路径。

在"草图设置"对话框的"极轴追踪"选项卡中，用户可以对极轴角、对象捕捉追踪和极轴角测量等进行设置，如图 1-37 所示。

图 1-37　极轴追踪设置

- "启用极轴追踪"复选框：将光标移动限制为指定的极轴角度。
- "极轴角设置"选项区：设定极轴追踪的对齐角度。
  - "增量角"下拉列表：设定用于显示极轴追踪对齐路径的极轴角增量。可以输入任何角度，也可以从下拉列表中选择 90、45、30、22.5、18、15、10 或 5 等角度。
  - "附加角"复选框：对极轴追踪使用列表中的附加角度。

注意：附加角度是绝对的，而非增量的。

- ■ "角度列表"：如果勾选"附加角"复选框，将列出可用的附加角度；如果想要添加新的角度，则单击"新建"按钮；如果想要删除现有的角度，则单击"删除"按钮。
- ■ "新建"按钮：最多可以添加 10 个附加极轴追踪对齐角度。
- ■ "删除"按钮：删除选定的附加角度。
- • "对象捕捉追踪设置"选项区：设定对象捕捉追踪选项。
  - ■ "仅正交追踪"单选按钮：当打开"对象捕捉追踪"模式时，仅显示已获得的对象捕捉点的正交（水平/垂直）对象捕捉追踪路径。
  - ■ "用所有极轴角设置追踪"单选按钮：将极轴追踪设置应用于"对象捕捉追踪"模式。当打开"对象捕捉追踪"模式时，光标将从获取的对象捕捉点起沿极轴对齐角度进行追踪。

注意：单击状态栏中的"极轴追踪"按钮和"对象捕捉追踪"按钮也可以打开和关闭"极轴追踪"模式和"对象捕捉追踪"模式。

- • "极轴角测量"选项区：设定测量极轴追踪对齐角度的基准。
  - ■ "绝对"单选按钮：根据当前用户坐标系（UCS）确定极轴追踪角度。
  - ■ "相对上一段"单选按钮：根据上一个绘制线段确定极轴追踪角度。

1.5.4　"对象捕捉"模式、"三维对象捕捉"模式和"对象捕捉追踪"模式

在绘图过程中，经常需要在图形对象上选择某些特征点（如端点、中点、圆心等），此时如果使用系统提供的对象捕捉功能，则可以快速准确地捕捉到这些点。

设置对象捕捉选项：单击"应用程序"→"选项"命令，或者选择菜单栏中的"工具"→"选项"命令，系统打开"选项"对话框，如图 1-38 所示，在"绘图"选项卡的"自动捕捉设置"选项区中，设置"对象捕捉"的相关参数。

"自动捕捉设置"选项区中各选项的功能含义如下。

- • "标记"复选框：用于设置在自动捕捉到特征点时是否显示捕捉标记。
- • "磁吸"复选框：用于设置将光标移动到离对象足够近的位置时，是否像磁铁一样将光标自动吸到特征点上。
- • "显示自动捕捉工具提示"复选框：用于设置在捕捉到特征点时是否提示"对象捕捉"特征点类型名称，如端点、中点、圆心等。
- • "显示自动捕捉靶框"复选框：勾选该复选框后，在激活"对象捕捉"模式下，在十字光标的中心显示一个矩形框——靶框。
- • "颜色"按钮：通过选择下拉列表中的颜色来确定自动捕捉标记的颜色。
- • "自动捕捉标记大小"滑块：拖动滑块可以调节自动捕捉标记的大小。

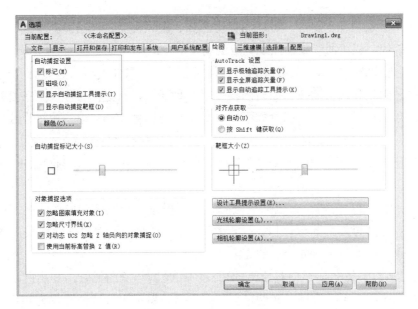

图 1-38 "选项"对话框

1. 方法一：使用"对象捕捉"工具栏进行对象捕捉

选择菜单栏中的"工具"→"工具栏"→"AutoCAD"→"对象捕捉"命令，弹出"对象捕捉"工具栏，如图 1-39 所示。

图 1-39 "对象捕捉"工具栏

绘图时，当系统要求用户指定一个点时（如选择直线工具后，系统要求指定一个点作为直线的起点），可单击该工具栏中的特征点按钮，再把光标移动到要捕捉对象上的特征点附近，系统会自动捕捉到该特征点。

"对象捕捉"工具栏各按钮的功能含义如下。

- "临时追踪点"按钮：通常与其他对象捕捉功能结合使用，用于创建一个临时追踪参考点，绕该点移动光标，即可看到追踪路径，可在某条路径上拾取一点。
- "捕捉自"按钮：通常与其他对象捕捉功能结合使用，用于拾取一个与捕捉点有一定偏移量的点。
- "捕捉端点"按钮：可以捕捉对象的端点，包括圆弧、椭圆弧、多线、直线、多段线、射线的端点，以及实体与三维面边线的端点。
- "捕捉中点"按钮：可以捕捉对象的中点，包括圆弧、椭圆弧、多线、直线、多段线、样条曲线、构造线的中点，以及三维实体与面域对象任意一条边线的中点。
- "捕捉交点"按钮：可以捕捉两个对象的交点，包括圆弧、圆、椭圆、椭圆弧、多线、直线、多段线、射线、样条曲线、参照线彼此间的交点，还能捕捉面域与曲面边线的交点，但却不能捕捉三维实体边线的角点。
- "捕捉外观交点"按钮：捕捉在三维空间中不相交但在当前视图中看起来可能相交

的两个对象的视觉交点。可以捕捉由圆弧、圆、椭圆、椭圆弧、多线、直线、多段线、射线、样条曲线或参照线构成的两个对象的外观交点。

- "捕捉延长线"按钮（又被称为"延伸对象捕捉"按钮）：可以捕捉到沿着直线或圆弧的自然延长线上的点。如果想要使用这种捕捉，将光标暂停在某条直线或圆弧的端点片刻，系统将在光标位置添加一个小小的加号（+），以指出该直线或圆弧已被选为延长线，在沿着直线或圆弧的自然延伸路径移动光标时，系统将显示延伸路径。
- "捕捉圆心"按钮：捕捉弧对象的圆心，包括圆弧、圆、椭圆、椭圆弧或多段线弧段的圆心。
- "捕捉象限点"按钮：可以捕捉圆弧、圆、椭圆、椭圆弧或多段线弧段的象限点，象限点可以想象为将当前坐标系平移至对象圆心处时，对象与坐标系正 X 轴、负 X 轴、正 Y 轴、负 Y 轴 4 个轴的交点。
- "捕捉切点"按钮：捕捉对象上的切点。在绘制一个图元时，利用此功能，可使要绘制的图元与另一个图元相切。当选择圆弧、圆或多段线弧段作为相切直线的起点时，系统将自动启用延伸相切捕捉模式。

注意：延伸相切捕捉模式不可用于椭圆或样条曲线。

- "捕捉垂足"按钮：捕捉两个相垂直对象的交点。将圆弧、圆、多线、直线、多段线、参照线或三维实体边线作为绘制垂线的第一个捕捉点的参照时，系统会自动启用延伸垂足捕捉模式。
- "捕捉平行线"按钮：用于创建与现有直线段平行的直线段（包括直线或多段线）。当使用该功能时，可先绘制一条直线 A，在绘制要与直线 A 平行的另一条直线 B 时，先指定直线 B 的第一个点，再单击该捕捉按钮，接着将光标暂停在现有的直线 A 上片刻，系统便在直线 A 上显示平行线符号，在光标处显示"平行"提示，绕着直线 B 的第一点转动"皮筋线"，当转到与直线 A 平行方向时，系统显示临时的平行线路径，在平行线路径上某点处单击指定直线 B 的第二点。
- "捕捉插入点"按钮：捕捉属性、图形、块或文本对象的插入点。
- "捕捉节点"按钮：可以捕捉点对象，此功能对于捕捉用 DIVIDE 命令和 MEASURE 命令插入的点对象特别有用。
- "捕捉最近点"按钮：捕捉在一个对象上离光标最近的点。
- "无捕捉"按钮：不使用任何对象捕捉模式，即暂时关闭"对象捕捉"模式。
- "对象捕捉设置"按钮：单击该按钮，将打开"草图设置"对话框中的"对象捕捉"选项卡。

2. 方法二：使用自动捕捉功能进行对象捕捉

为了提高绘图效率，AutoCAD 2021 提供了对象捕捉的自动模式。

单击状态栏中的"对象捕捉"按钮或按 F3 键，即可打开或关闭"对象捕捉"模式。对象捕捉提供了一种方式，可在每次系统提示用户在命令内输入点时，在对象上指定精确位置。例如，使用对象捕捉功能可以创建从圆心到另一条直线中点的直线，如图 1-40 所示。

无论何时提示输入点，都可以指定对象捕捉。在默认情况下，当光标移动到对象的对象捕捉位置时，将显示标记和工具提示。此功能称为"自动捕捉"，提供了视觉确认，指示哪个对象捕捉正在使用。

在"草图设置"对话框的"对象捕捉"选项卡中，用户可以进行对象捕捉设置，如图 1-41 所示。

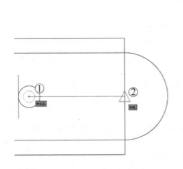

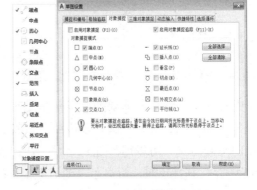

图 1-40　利用对象捕捉绘图　　　　　　　　　图 1-41　对象捕捉设置

- "启用对象捕捉"复选框：控制所有指定的对象捕捉处于打开状态还是关闭状态。
- "启用对象捕捉追踪"复选框：使用对象捕捉追踪，在命令中指定点时，光标可以沿基于当前"对象捕捉"模式的对齐路径进行追踪。
- "对象捕捉模式"选项区：列出可以在执行对象捕捉时打开的"对象捕捉"模式。
  - "端点"复选框：捕捉到几何对象的最近端点或角点，如图 1-42 所示。
  - "中点"复选框：捕捉到几何对象的中点，如图 1-43 所示。
  - "圆心"复选框：捕捉到圆弧、圆、椭圆或椭圆弧的中心点，如图 1-44 所示。

图 1-42　端点捕捉　　　　图 1-43　中点捕捉　　　　图 1-44　圆心捕捉

  - "几何中心"复选框：捕捉到任意闭合多段线和样条曲线的质心，如图 1-45 所示。
  - "节点"复选框：捕捉到点对象、标注定义点或标注文字原点，如图 1-46 所示。
  - "象限点"复选框：捕捉到圆弧、圆、椭圆或椭圆弧的象限点，如图 1-47 所示。

图 1-45　几何中心捕捉　　　　图 1-46　节点捕捉　　　　图 1-47　象限点捕捉

  - "交点"复选框：捕捉到几何对象的交点，如图 1-48 所示。
  - "延长线"复选框：当光标经过对象的端点时，显示临时延长线或圆弧，以便用户在延长线或圆弧上指定点，如图 1-49 所示。

- ■ "插入点"复选框：捕捉到对象（如属性、块或文字）的插入点。
- ■ "垂足"复选框：捕捉到垂直于选定几何对象的点，如图 1-50 所示。

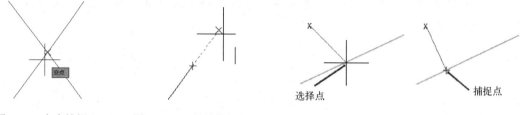

图 1-48　交点捕捉　　　　图 1-49　延长线捕捉　　　　图 1-50　垂足捕捉

当正在绘制的对象需要捕捉多个垂足时，将自动打开"递延垂足"捕捉模式。可以使用对象（如直线、圆弧、圆、多段线、射线、参照线、多行或三维实体的边）作为绘制垂直线的基础对象。可以用"递延垂足"捕捉模式在这些对象之间绘制垂直线。当光标经过"递延垂足"捕捉点时，将显示自动捕捉工具的提示和标记。

- ■ "切点"复选框：捕捉到圆弧、圆、椭圆、椭圆弧、多段线圆弧或样条曲线的切点，如图 1-51 所示。

当正在绘制的对象需要捕捉多个切点时，将自动打开"递延切点"捕捉模式。可以使用它来绘制与圆弧、多段线圆弧或圆相切的直线或构造线。当光标经过"递延切点"捕捉点时，将显示自动捕捉工具的标记和提示。

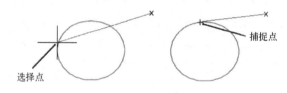

图 1-51　切点捕捉

- ■ "最近点"复选框：捕捉到对象（如圆弧、圆、椭圆、椭圆弧、直线、点、多段线、射线、样条曲线或构造线）的最近点。
- ■ "外观交点"复选框：捕捉在三维空间中不相交，但在当前视图中看起来可能相交的两个对象的视觉交点。
- ■ "平行线"复选框：可以通过悬停光标来约束新建的直线、多段线、射线或构造线，以使其与标识的现有线性对象平行。

指定线性对象的第一点后，请指定平行对象捕捉。与在其他对象捕捉模式中不同，用户可以先将光标悬停到其他线性对象上，直到获得角度；再将光标移动到正在创建的对象上。如果对象的路径与上一个线性对象平行，则会显示对齐路径，使用户可以将其用于创建平行对象。

- • "全部选择"按钮：打开所有执行"对象捕捉"模式。
- • "全部清除"按钮：关闭所有执行"对象捕捉"模式。

单击状态栏中的"三维对象捕捉"按钮或按 F4 键，即可开启或关闭"三维对象捕捉"模式。

在"草图设置"对话框的"三维对象捕捉"选项卡中，用户可以进行三维对象捕捉设置，如图 1-52 所示。

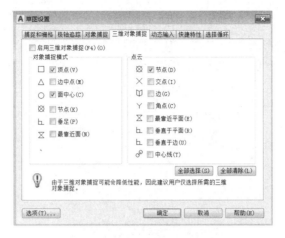

图 1-52　三维对象捕捉设置

单击状态栏中的"对象捕捉追踪"按钮或按 F11 键，即可打开或关闭"对象捕捉追踪"模式。从对象捕捉点沿着垂直对齐路径和水平对齐路径追踪光标。"对象捕捉追踪"模式通常和"对象捕捉"模式一起使用。

1.5.5　"动态输入"模式

动态输入在绘图区域中的光标附近提供命令界面。

动态工具提示提供了另一种方法来输入命令。当动态输入处于打开状态时，工具提示将在光标附近动态显示更新信息。当命令正在运行时，可以在工具提示文本框中指定选项和值。

单击状态栏中的"动态 UCS"按钮（查找）可以打开和关闭"动态输入"模式。动态输入有 3 个组件：光标（指针）输入、标注输入和动态提示。选择"草图设置"对话框中的"动态输入"选项卡，单击"指针输入"选项区中的"设置"按钮，以控制打开"动态输入"模式时每个组件所显示的内容，如图 1-53 所示。

图 1-53　"动态输入"选项卡

1.5.6 "显示/隐藏线宽"模式

单击状态栏中的"线宽"按钮可以显示或隐藏线宽。如果想要设置线宽的相关参数，则可以右击"线宽"按钮，在弹出的快捷菜单中选择"线宽设置"命令，打开"线宽设置"对话框，即可在该对话框中设置当前线宽、线宽单位，控制线宽的显示和显示比例，以及设置图层的默认线宽值，如图1-54所示。

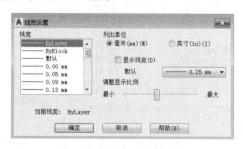

图1-54　"线宽设置"对话框

1.5.7 自定义状态栏

单击状态栏右侧的自定义按钮，在弹出的快捷菜单中可以选择或取消各功能在状态栏的显示，如图1-55所示。

图1-55　自定义状态栏的快捷菜单

第2章　基本二维图形绘制

知识目标

熟练使用"绘图"面板及其面板中的按钮。

技能目标

绘制简单二维基本图形，如直线、射线、构造线、圆、圆弧、椭圆、椭圆弧、圆环、点、矩形和正多边形等；熟练使用"对象捕捉"功能，捕捉对象的特征点，如交点、端点、圆心、切点、象限点等。绘图是 AutoCAD 的主要功能，也是最基本的功能，更是整个 AutoCAD 的绘图基础。因此，只有熟练掌握二维平面图形的绘制方法和技巧，才能够更好地绘制出复杂的平面图形。

2.1 坐标

AutoCAD 使用笛卡儿坐标系。当绘制二维图形时，笛卡儿坐标系用两个正交的轴（X 轴和 Y 轴）来确定平面中的点，坐标系的原点在两个轴的交点。如果需要确定一个点，则需要指定该点的 X 坐标值和 Y 坐标值，X 坐标值是该点在 X 轴方向上到原点的距离，Y 坐标值是该点在 Y 轴方向上到原点的距离。坐标值分正负，正负 X 坐标值分别位于 Y 轴的右边和左边，正负 Y 坐标值分别位于 X 轴的上边和下边。当工作于三维空间时，还要指定 Z 坐标值。在 AutoCAD 2021 中，坐标系的原点（0,0）位于绘图区左下方，所有的坐标点都与原点有关。在绘图过程中，用户可以用以下 4 种不同形式的坐标来指定点的位置。

1. 绝对直角坐标

绝对直角坐标是用当前点与原点（0,0）在 X 轴方向和 Y 轴方向上的距离表示的，其形式是用逗号"，"分开的两个数字。例如，（5,10）表示该点与原点在 X 轴方向上的距离为 5，在 Y 轴方向上的距离为 10，如图 2-1 所示。

2. 相对直角坐标

相对直角坐标使用与前一点的相对位置来定义当前点的位置，其形式是先输入一个@符号，再输入与前一个点在 X 轴和 Y 轴方向的距离，并用逗号"，"隔开。例如，（@5,10）表示该点相对于前一点在 X 轴上的距离为 5，在 Y 轴上的距离为 10，如图 2-2 所示。

注意：相对直角坐标中，当 X 坐标值为正时，表明当前点在前一点之右，当 X 坐标值为负时，表明当前点在前一点之左；当 Y 坐标值为正时，表明当前点在前一点之上，当 Y 坐标值为负时，表明当前点在前一点之下。

3. 绝对极坐标

绝对极坐标是用当前点与原点的距离，当前点与原点的连线和 X 轴的夹角（夹角是指以 X 轴正方向为 $0°$，沿逆时针方向旋转的角度）来表达点坐标的方式，其表示形式为输入一个距离值、一个小于号和一个角度值。例如，（50<30），表示该点到原点的距离为50，与原点连线和 X 轴的夹角为 $30°$，如图2-3所示。

4. 相对极坐标

相对极坐标是通过指定与前一点的距离和一个角度定义一点，其形式为先输入@符号、一个距离值、一个小于号和一个角度值。例如，（@50<30）表示当前点与前一点的距离为50，与 X 轴夹角为 $30°$，如图2-4所示。

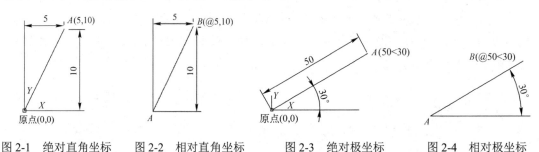

图 2-1　绝对直角坐标　　图 2-2　相对直角坐标　　图 2-3　绝对极坐标　　图 2-4　相对极坐标

2.2　执行绘图命令的途径

为了满足不同用户的需要，使操作更加灵活方便，AutoCAD 2021 提供了多种方法来实现相同的功能。例如，用户可以使用"绘图"面板、"绘图"菜单、"绘图"工具栏、绘图命令等来绘制基本图形对象。

1. 使用"绘图"面板

选择功能区中的"默认"选项卡，左边第一个功能区面板就是"绘图"面板，如图2-5所示。

2. 使用"绘图"菜单

"绘图"菜单是绘制图形最基本、最常用的方法，其中包含了 AutoCAD 2021 的全部绘图命令，如图2-6所示。

3. 使用"绘图"工具栏

AutoCAD 2021 在默认情况下，系统没有把"绘图"工具栏显示出来，调出"绘图"工具栏的方法为：选择菜单栏中的"工具"→"工具栏"→"AutoCAD"→"绘图"命令

（见图 2-7），即可调出"绘图"工具栏，如图 2-8 所示。

图 2-5 "绘图"面板　　　图 2-6 "绘图"菜单　　　图 2-7 选择"绘图"命令

图 2-8 "绘图"工具栏

"绘图"工具栏中的每个按钮都与"绘图"菜单中的命令对应，单击按钮即可执行相应的绘图命令。

4. 使用绘图命令

使用绘图命令也可以绘制基本的二维图形，在命令行提示中输入绘图命令，按 Enter 键，并根据命令行的提示信息进行绘图操作。这种方法快捷、准确性高，但要求掌握绘图命令及其选择项的具体功能。

2.3 绘制直线类对象

直线是图形中最基本的图形元素。射线为一端固定，另一端无限延伸的直线，主要用于绘制辅助线。构造线为两端可以无限延伸的直线，没有起点和终点，可以放置在三维空间的任何地方，主要用于绘制辅助线。

2.3.1 绘制直线段

LINE 命令：创建一系列连续的直线段。每条线段都是可以单独进行编辑的直线对象。

（1）选择菜单栏中的"绘图"→"直线"命令，或者单击"绘图"工具栏→"直线"

按钮，又或者单击"绘图"面板→"直线"按钮，命令行提示如下：

LINE 指定第一个点：

（2）输入坐标值或使用鼠标指针捕捉，可以指定直线段的第一点，指定第一点后，命令行提示如下：

LINE 指定下一点或[放弃(U)]：

（3）利用绝对坐标、相对坐标或工具点捕捉来指定直线段的终点，或者利用鼠标指针在屏幕上任意指定直线段的终点。命令行会再一次提示：

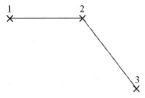

图 2-9　绘制连续的直线段

LINE 指定下一点或[放弃(U)]：

这样可以重复输入点，绘制一系列连续的直线段，如图 2-9 所示。

- "指定第一个点"选项：设置直线段的起点。单击点位置。启用对象捕捉或栅格捕捉后，将准确放置点。还可以输入坐标。如果不是这种情况，则在命令行下按 Enter 键，之后一条新的直线段将从最近创建的直线段、多段线或圆弧的端点处开始。如果最近创建的对象是一条圆弧，则它的端点将定义为该直线段的起点。该直线段与此圆弧相切。

- "指定下一点"选项：指定直线段的端点。也可以使用极轴追踪和对象捕捉追踪及直接输入距离，如图 2-10 所示。

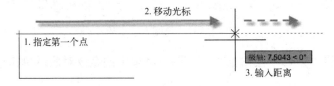

图 2-10　指定直线段下一点的方式

连续输入 3 个点后，命令行提示如下：

LINE 指定下一点或[闭合(C)/放弃(U)]：

这时输入命令"C"，则使输入的直线段的第一点与最后一点自动重合，生成一个首尾相接封闭的图形，如图 2-11 所示。

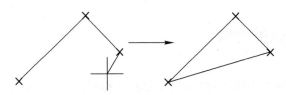

图 2-11　利用"闭合"选项封闭直线链

- "闭合"选项：连接第一条和最后一条线段。
- "放弃"选项：删除直线序列中最近创建的线段。

2.3.2　直线段练习

利用"直线"工具绘制如图 2-12 所示的图形。

1. 方法一：利用点的绝对或相对直角坐标绘制

（1）单击功能区中的"默认"选项卡→"绘图"面板→"直线"按钮，命令行提示如下：

LINE 指定第一个点：

（2）在英文输入状态下，在命令行中输入"80,100"，并按 Enter 键，得点 A。

（3）在命令行中输入"@12,0"，得点 B。

（4）在命令行中输入"@0,10"，得点 C。

（5）在命令行中输入"@16,0"，得点 D。

（6）在命令行中输入"@0,6"，得点 E。

（7）在命令行中输入"@-28,0"，得点 F。

（8）在命令行中输入 C，并按 Enter 键，完成绘制。

2. 方法二：利用"正交"模式、"对象捕捉"模式和"对象捕捉追踪"模式绘制

（1）单击状态栏中的"正交"按钮，打开"正交"模式；单击"对象捕捉"按钮，打开"对象捕捉"模式；单击"对象捕捉追踪"按钮，打开"对象捕捉追踪"模式。

（2）单击功能区中的"默认"选项卡→"绘图"面板→"直线"按钮，命令行提示如下：

LINE 指定第一个点：

（3）在英文输入状态下，在命令行中输入"80,100"，并按 Enter 键，得点 A。

（4）将光标拖动到点 A 右侧，在命令行中输入"12"，并按 Enter 键，得点 B。

（5）将光标拖动到点 B 上方，在命令行中输入"10"，并按 Enter 键，得点 C。

（6）将光标拖动到点 C 右侧，在命令行中输入"16"，并按 Enter 键，得点 D。

（7）将光标拖动到点 D 上方，在命令行中输入"6"，并按 Enter 键，得点 E。

（8）将光标拖动到点 A 并捕捉到点 A，再次拖动光标即可追踪到与点 A 平齐的竖直参考线（见图 2-13），单击后即可得点 F。

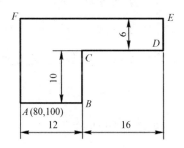
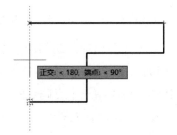

图 2-12　输入点的绝对或相对直角坐标绘制直线段　　图 2-13　使用"对象捕捉追踪"模式绘制直线

（9）先将光标拖动到点 A 并捕捉到点 A，再单击，并按 Enter 键，完成绘制。

2.3.3　绘制射线

选择菜单栏中的"绘图"→"射线"命令，或者单击功能区中的"默认"选项卡→

"绘图"面板→"射线"按钮，指定射线的起点后，在"RAY 指定起点:"提示下指定多个通过点，绘制以起点为端点的多条射线，直到按 Esc 键或按 Enter 键退出为止。

2.3.4　绘制构造线

"构造线"命令对于绘制构造线和参照线及修剪边界十分有用。

（1）选择菜单栏中的"绘图"→"构造线"命令，或者单击"绘图"工具栏→"构造线"按钮，又或者单击功能区中的"默认"选项卡→"绘图"面板→"构造线"按钮，命令行提示如下：

XLINE 指定点或[水平(H)/垂直(V)/角度(A)/二等分(B)/偏移(O)]:

（2）根据需要选择合适的命令选项。

- "指定点"选项：用无限长直线所通过的两点定义构造线的位置。将绘制通过指定点的构造线，如图 2-14 所示。
- "水平"选项：绘制一条通过选定点的水平参照线。绘制平行于 X 轴的构造线，如图 2-15 所示。

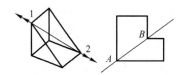

图 2-14　使用"指定点"选项绘制构造线　　　图 2-15　使用"水平"选项绘制构造线

- "垂直"选项：绘制一条通过选定点的垂直参照线。绘制平行于 Y 轴的构造线，如图 2-16 所示。
- "角度"选项：以指定的角度绘制一条参照线，如图 2-17 所示。

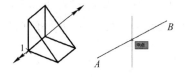

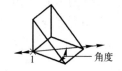

图 2-16　使用"垂直"选项绘制构造线　　　图 2-17　使用"角度"选项绘制构造线

- "二等分"选项：绘制一条参照线，它经过选定的角顶点，并且将选定的两条线之间的夹角平分，如图 2-18 所示。

此构造线位于由三个点确定的平面中。

- "偏移"选项：绘制平行于另一个对象的参照线，如图 2-19 所示。

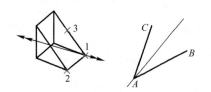
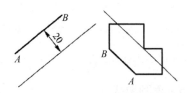

图 2-18　使用"二等分"选项绘制构造线　　　图 2-19　使用"偏移"选项绘制构造线

2.4 绘制圆弧类对象

AutoCAD 2021 提供了丰富的绘制曲线功能，如圆、圆弧、椭圆和椭圆弧都属于曲线对象，其绘制方法相对线性对象要复杂一些，方法也比较多。

2.4.1 绘制圆

圆是 AutoCAD 中常用的一种对象。AutoCAD 2021 提供了 6 种绘制圆的方法："圆心、半径""圆心、直径""两点""三点""相切、相切、半径""相切、相切、相切"，如图 2-20 所示。

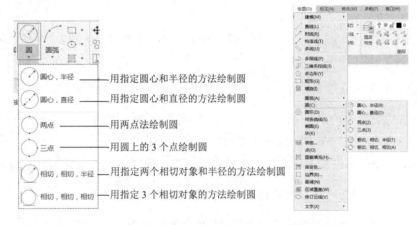

图 2-20　绘制圆的方法

1. 用指定圆心和半径的方法绘制圆

（1）单击功能区中的"默认"选项卡→"绘图"面板→"圆"→"圆心、半径"按钮，或者单击"绘图"工具栏→"圆"→"圆心、半径"按钮，又或者选择菜单栏中的"绘图"→"圆"→"圆心、半径"命令，命令行提示如下：

CIRCLE 指定圆的圆心或[三点(3P)/两点(2P)/切点、切点、半径(T)]:

（2）指定圆心位置。用户通过输入坐标或捕捉工具点，指定圆心位置后，橡皮筋线将从圆心延伸到光标位置，屏幕上将显示一个圆。随着光标的移动，圆的尺寸进行了相应的改变，命令行提示如下：

CIRCLE 指定圆的半径或[直径(D)]:

（3）指定半径的端点或输入半径的值，按 Enter 键确定圆的半径。AutoCAD 2021 将绘制一个圆（见图 2-21）并结束绘制"圆"的命令。

2. 用指定圆心和直径的方法绘制圆

（1）单击功能区中的"默认"选项卡→"绘图"面板→"圆"→"圆心，直径"按钮，或者单击"绘图"工具栏→"圆"→"圆心、半径"按钮，又或者选择菜单栏中的"绘图"→"圆"→"圆心、半径"命令。

（2）选择圆心位置点（如点 A），选择另一位置点（如点 B），或者在命令行中直接输入直径值以确定圆的直径，如图 2-22 所示。

3. 用两点法绘制圆

（1）单击功能区中的"默认"选项卡→"绘图"面板→"圆"→"两点"按钮，或者选择菜单栏中的"绘图"→"圆"→"两点"命令。

（2）分别选择第一位置点（如点 A）、第二位置点（如点 B），生成以 AB 为直径的圆，如图 2-23 所示。

 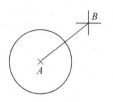

图 2-21　用指定圆心和半径的 　　　图 2-22　用指定圆心和直径的 　　　图 2-23　用两点法绘制圆
　　　　　方法绘制圆 　　　　　　　　　　　　　方法绘制圆

4. 用圆上的 3 个点绘制圆

（1）单击功能区中的"默认"选项卡→"绘图"面板→"圆"→"三点"按钮，或者选择菜单栏中的"绘图"→"圆"→"三点"命令。

（2）依次选择第一位置点 A、第二位置点 B、第三位置点 C，如图 2-24 所示。

5. 用指定两个相切对象和半径的方法绘制圆

（1）单击功能区中的"默认"选项卡→"绘图"面板→"圆"→"相切、相切、半径"按钮，或者选择菜单栏中的"绘图"→"圆"→"相切、相切、半径"命令。

（2）先在参考圆 1 上的某一点（如点 A）处单击，以确定第一个相切点；再在参考圆 2 上的某一点（如点 B）处单击，以确定第二个相切点。

（3）输入半径值，自动生成圆，如图 2-25 所示。

 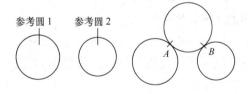

图 2-24　用圆上的 3 个点绘制圆 　　　　　图 2-25　用指定两个相切对象和半径的方法绘制圆

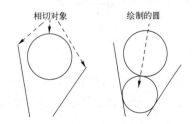

图 2-26　用指定 3 个相切对象的
　　　　　方法绘制圆

6. 用指定 3 个相切对象的方法绘制圆

（1）单击功能区中的"默认"选项卡→"绘图"面板→"圆"→"相切、相切、相切"按钮，或者选择菜单栏中的"绘图"→"圆"→"相切、相切、相切"命令。

（2）依次选择 3 个相切对象，生成与 3 个对象或其延长线相切的圆，如图 2-26 所示。

2.4.2 绘制圆弧

圆弧是圆的一部分。AutoCAD 2021 提供了 11 种绘制圆弧的方法，如图 2-27 所示。绘制圆弧的默认方法是指定 3 个点：起点、圆弧上一点和端点来进行绘制。

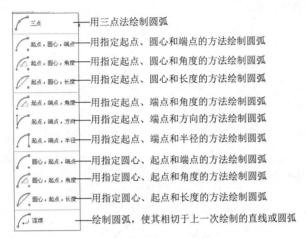

图 2-27 绘制圆弧的方法

1. 用三点法与用指定起点、圆心和端点的方法绘制圆弧

（1）单击功能区中的"默认"选项卡→"绘图"面板→"圆弧"→"三点"按钮，或者选择菜单栏中的"绘图"→"圆弧"→"三点"命令。

（2）在命令行"ARC 指定圆弧的起点或[圆心(C)]:"的提示下，指定圆弧的第一点 A。

（3）在命令行"ARC 指定圆弧的第二个点或[圆心(C)/端点(E)]:"的提示下，指定圆弧的第二点 B。

（4）在命令行"ARC 指定圆弧的端点:"的提示下，指定圆弧的第三点 C，生成如图 2-28 所示的圆弧。

（5）单击功能区中的"默认"选项卡→"绘图"面板→"圆弧"→"起点，圆心，端点"按钮；或者选择菜单栏中的"绘图"→"圆弧"→"起点、圆心、端点"命令。

（6）分别选择圆弧的起点 A、圆心 C 和端点 B，生成如图 2-29 所示的圆弧。

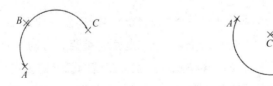

图 2-28 用三点法绘制圆弧　　　　图 2-29 用指定起点、圆心和端点的方法绘制圆弧

2. 用指定起点、圆心和角度的方法绘制圆弧

（1）单击功能区中的"默认"选项卡→"绘图"面板→"圆弧"→"起点，圆心，角度"按钮，或者选择菜单栏中的"绘图"→"圆弧"→"起点、圆心、角度"命令。

（2）分别选取圆弧的起点 A 和圆心 C。

（3）在命令行中输入角度值（如120°），并按 Enter 键，完成圆弧的绘制，如图2-30所示。

注意：当输入的角度值为正数时，将沿逆时针方向绘制圆弧。当输入的角度值为负数时，将沿顺时针方向绘制圆弧。

3．用指定起点、圆心和长度的方法绘制圆弧

（1）单击功能区中的"默认"选项卡→"绘图"面板→"圆弧"→"起点，圆心，长度"按钮，或者选择菜单栏中的"绘图"→"圆弧"→"起点、圆心、长度"命令。

（2）分别选取圆弧的起点 A 和圆心 C。

（3）在命令行中输入长度值（如100），并按 Enter 键，完成圆弧的绘制，如图2-31所示。

注意：当输入的长度值为正数时，将沿逆时针方向绘制圆弧。当输入的长度值为负数时，将沿顺时针方向绘制圆弧，如图2-32所示。

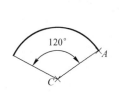 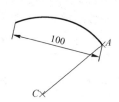 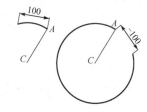

图2-30　用指定起点、圆心和　　图2-31　用指定起点、圆心和　图2-32　沿逆时针和顺时针方向
　　角度的方法绘制圆弧　　　　　长度的方法绘制圆弧　　　　　　绘制圆弧

4．用指定起点、端点和角度的方法绘制圆弧

（1）单击功能区中的"默认"选项卡→"绘图"面板→"圆弧"→"起点，端点，角度"按钮，或者选择菜单栏中的"绘图"→"圆弧"→"起点、端点、角度"命令。

（2）分别选取圆弧的起点 A 和端点 B。

（3）在命令行中输入角度值（如120°），并按 Enter 键，完成圆弧的绘制，如图2-33所示。

5．用指定起点、端点和方向的方法绘制圆弧

（1）单击功能区中的"默认"选项卡→"绘图"面板→"圆弧"→"起点，端点，方向"按钮，或者选择菜单栏中的"绘图"→"圆弧"→"起点、端点、方向"命令。

（2）分别选取圆弧的起点 A 和端点 B；移动光标，就会出现圆弧及圆弧在点 A 处的切线，且圆弧的形状随光标的移动而不断变化，移动光标至某一位置后单击，以确定圆弧在点 A 处的切线方向，完成圆弧的绘制，如图2-34所示。

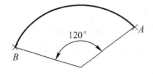 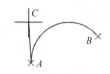

图2-33　用指定起点、端点和角度的方法绘制圆弧　　图2-34　用指定起点、端点和方向的方法绘制圆弧

6. 用指定起点、端点和半径的方法绘制圆弧

（1）单击功能区中的"默认"选项卡→"绘图"面板→"圆弧"→"起点，端点，半径"按钮，或者选择菜单栏中的"绘图"→"圆弧"→"起点、端点、半径"命令。

（2）分别选取圆弧的起点和端点。

（3）在命令行中输入半径值，并按 Enter 键，完成圆弧的绘制。

注意： 当输入的半径值为正数时，将以起点开始逆时针绘制一条劣弧；当输入的半径值为负数时，将以起点开始顺时针绘制一条劣弧。输入的半径值既不能小于起点、端点两点之间距离的一半，也不能大于起点、端点两点之间距离的两倍。

7. 用指定圆心、起点和端点的方法绘制圆弧

（1）单击功能区中的"默认"选项卡→"绘图"面板→"圆弧"→"圆心，起点，端点"按钮，或者选择菜单栏中的"绘图"→"圆弧"→"圆心、起点、端点"命令。

（2）依次选择圆心、起点和端点，完成圆弧绘制。

8. 用指定圆心、起点和角度的方法绘制圆弧

（1）单击功能区中的"默认"选项卡→"绘图"面板→"圆弧"→"圆心，起点，角度"按钮，或者选择菜单栏中的"绘图"→"圆弧"→"圆心、起点、角度"命令。

（2）依次选择圆心、起点。

（3）在命令行中输入角度值，并按 Enter 键，完成圆弧的绘制。

9. 用指定圆心、起点和长度的方法绘制圆弧

（1）单击功能区中的"默认"选项卡→"绘图"面板→"圆弧"→"圆心，起点，长度"按钮，或者选择菜单栏中的"绘图"→"圆弧"→"圆心、起点、长度"命令。

（2）依次选择圆心、起点。

（3）在命令行中输入长度值，并按 Enter 键，完成圆弧的绘制。

10. 绘制连续的圆弧

绘制与最近生成对象的端点处相切的圆弧。

（1）绘制直线段 *AB*，*A* 为起点，*B* 为端点。

（2）单击功能区中的"默认"选项卡→"绘图"面板→"圆弧"→"连续"按钮，或者选择菜单栏中的"绘图"→"圆弧"→"连续"命令。

（3）系统将自动以点 *B* 为起点，并与直线段 *AB* 相切形成圆弧，并随光标的移动而改变圆弧形状。

（4）选择圆弧端点 *D*，完成圆弧的绘制，如图 2-35 所示。

2.4.3 绘制椭圆和椭圆弧

1. 绘制椭圆

AutoCAD 2021 提供了基于椭圆圆心与基于椭圆轴和端点两种方式绘制椭圆。

图 2-35 绘制连续的圆弧

方式 1：基于椭圆圆心绘制椭圆。

方法 1：指定圆心、一条半轴的端点及另一条半轴长度来绘制椭圆。

（1）单击功能区中的"默认"选项卡→"绘图"面板→"椭圆"→"圆心"按钮，或者选择菜单栏中的"绘图"→"椭圆"→"圆心"命令。

（2）在命令行"ELLIPSE 指定椭圆的中心点:"的提示下，指定椭圆的圆心点 C。

（3）在命令行"ELLIPSE 指定轴的端点:"的提示下，指定椭圆的轴端点 A。

（4）在命令行"ELLIPSE 指定另一条半轴长度或[旋转(R)]:"的提示下，移动光标以调整从圆心到光标处的"皮筋线"长度，并在所需位置点 B 处单击，确定另一条半轴长度（也可以在命令行中直接输入长度值），生成椭圆，如图 2-36 所示。

图 2-36　用圆心法绘制椭圆

方法 2：指定圆心、一条半轴的端点及绕长轴旋转圆来绘制椭圆。

（1）单击功能区中的"默认"选项卡→"绘图"面板→"椭圆"→"圆心"按钮，或者选择菜单栏中的"绘图"→"椭圆"→"圆心"命令。

（2）在命令行"ELLIPSE 指定椭圆的中心点:"的提示下，指定椭圆的圆心点 C。

（3）在命令行"ELLIPSE 指定轴的端点:"的提示下，指定椭圆的轴端点 A。

（4）在命令行"ELLIPSE 指定另一条半轴长度或[旋转(R)]:"的提示下，输入 R，并按 Enter 键。

（5）在命令行"ELLIPSE 指定绕长轴旋转的角度:"的提示下，移动光标并在所需位置单击以确定椭圆绕长轴旋转的角度（也可以在命令行中直接输入角度值），生成椭圆。

注意：采用旋转方法绘制椭圆，当角度为 0° 时，绘制出一个正圆；旋转角度越大，椭圆的离心率就越大。

方式 2：基于椭圆轴和端点绘制椭圆。通过轴和端点定义椭圆是指定第一条轴的两个端点位置及第二条轴的长度来绘制椭圆。

方法 1：通过轴端点绘制椭圆。

（1）单击功能区中的"默认"选项卡→"绘图"面板→"椭圆"→"轴，端点"按钮；或者选择菜单栏中的"绘图"→"椭圆"→"轴、端点"命令。

（2）选择两个端点 A 和 B，以确定椭圆第一条轴。

（3）移动光标并在适合位置（点 C）单击，以确定另一条半轴的长度（也可以在命令行中直接输入另一条半轴的长度值），生成椭圆，如图 2-37 所示。

方法 2：通过轴旋转绘制椭圆。

（1）单击功能区中的"默认"选项卡→"绘图"面板→"椭圆"→"轴，端点"按钮，或者选择菜单栏中的"绘图"→"椭圆"→"轴、端点"命令。

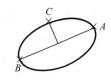
图 2-37　通过轴端点绘制椭圆

（2）选择两个端点 A 和 B，以确定椭圆第一条轴。

（3）在命令行中输入 R，并按 Enter 键。

（4）移动光标并在适当位置（点 *C*）单击，以确定椭圆绕长轴的旋转角度（也可以在命令行中直接输入角度值），生成椭圆，如图 2-37 所示。

2. 绘制椭圆弧

方法 1：指定起始角度和终止角度绘制椭圆弧。

（1）单击功能区中的"默认"选项卡→"绘图"面板→"椭圆"→"椭圆弧"按钮，或者选择菜单栏中的"绘图"→"椭圆"→"椭圆弧"命令。

（2）先绘制一个完整的椭圆。

（3）在命令行"ELLIPSE 指定起点角度或[参数(P)]:"的提示下，输入椭圆弧起始角度值（如 30°），并按 Enter 键。

（4）在命令行"ELLIPSE 指定端点角度或[参数(P)/包含角度(I)]:"的提示下，输入椭圆弧终止角度值（如 230°），并按 Enter 键，生成椭圆弧，如图 2-38 所示。

方法 2：指定起始角度和包含角度绘制椭圆弧。

（1）单击功能区中的"默认"选项卡→"绘图"面板→"椭圆"→"椭圆弧"按钮，或者选择菜单栏中的"绘图"→"椭圆"→"椭圆弧"命令。

（2）先绘制一个完整的椭圆。

（3）在命令行"ELLIPSE 指定起点角度或[参数(P)]:"的提示下，输入椭圆弧起始角度值（如 30°），并按 Enter 键。

（4）在命令行"ELLIPSE 指定端点角度或[参数(P)/包含角度(I)]:"的提示下，输入 I，并按 Enter 键。

（5）在命令行"ELLIPSE 指定圆弧的包含角度<180>:"的提示下，输入包含角度值（如 200°），并按 Enter 键，生成椭圆弧，如图 2-39 所示。

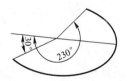　　　　　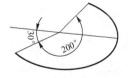

图 2-38　指定起始角度和终止角度绘制椭圆弧　　图 2-39　指定起始角度和包含角度绘制椭圆弧

2.5　绘制点和多边形

在 AutoCAD 2021 中，点对象可用作捕捉和偏移对象的节点或参考点。用户可以通过"单点""多点""定数等分"和"定距等分"4 种方法来绘制点。

2.5.1　绘制点

点的绘制较为简单，在系统默认情况下，点对象仅被显示成一个小圆点，但是用户可以选择菜单栏中的"格式"→"点样式"命令，打开"点样式"对话框，如图 2-40 所示，设置点的类型和大小。

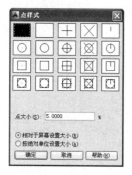

图 2-40 "点样式"对话框

（1）选择菜单栏中的"绘图"→"点"→"单点"命令，可以在绘图窗口中一次指定一个点。

（2）选择菜单栏中的"绘图"→"点"→"多点"命令，或者单击功能区中的"默认"选项卡→"绘图"面板→"多点"按钮，可以在绘图窗口中一次指定多个点，直到按 Esc 键结束。

（3）选择菜单栏中的"绘图"→"点"→"定数等分"命令，或者单击功能区中的"默认"选项卡→"绘图"面板→"定数等分"按钮，可以在指定的对象上绘制等分点或在等分点处插入块。用户输入的是等分数，而不是放置点的数目。并且使用该命令每次只能对一个对象操作，而不能对一组对象操作。

（4）选择菜单栏中的"绘图"→"点"→"定距等分"命令，或者单击功能区中的"默认"选项卡→"绘图"面板→"定距等分"按钮，可以在指定的对象上按指定的长度绘制点或插入块。该命令放置点的起始位置是从离对象选取点较近的端点开始的，当对象总长度不能被所选长度整除时，最后放置点到对象端点的距离不等于所选长度。

2.5.2 绘制矩形

RECTANG 命令用于绘制矩形。它是用四条封闭的多段线作为矩形的边，通过指定矩形对角点来实现绘制过程的。

选择菜单栏中的"绘图"→"矩形"命令，或者单击功能区中的"默认"选项卡→"绘图"面板→"矩形"按钮，又或者单击"绘图"工具栏→"矩形"按钮，即可根据系统提示绘制倒角矩形、圆角矩形、有厚度的矩形等多种矩形。

1. 绘制一个普通矩形

方法 1：指定两对角点。

（1）选择菜单栏中的"绘图"→"矩形"命令，或者单击功能区中的"默认"选项卡→"绘图"面板→"矩形"按钮，又或者单击"绘图"工具栏→"矩形"按钮，命令行提示如下：

RECTANG 指定第一个角点或[倒角(C)/标高(E)/圆角(F)/厚度(T)/宽度(W)]:

（2）指定矩形的一个角点。一旦指定了第一个角点，矩形将从该角点延伸到光标位置处，命令行提示如下：

RECTANG 指定另一个角点或[面积(A)/尺寸(D)/旋转(R)]:

（3）指定矩形的对角点。一旦指定矩形的另一个角点，AutoCAD 2021 将绘制该矩形并结束命令。

方法 2：指定长度和宽度值。

（1）选择菜单栏中的"绘图"→"矩形"命令，或者单击功能区中的"默认"选项卡→"绘图"面板→"矩形"按钮，又或者单击"绘图"工具栏→"矩形"按钮，命令行提示如下：

RECTANG 指定第一个角点或[倒角(C)/标高(E)/圆角(F)/厚度(T)/宽度(W)]:

（2）指定矩形的一个角点。一旦指定了第一个角点，矩形将从该角点延伸到光标位置处，命令行提示如下：

RECTANG 指定另一个角点或[面积(A)/尺寸(D)/旋转(R)]:

（3）在命令行中输入 D，并按 Enter 键，依次输入长度值和宽度值（如 100，50）。

（4）在命令行"RECTANG 指定另一个角点或[面积(A)/尺寸(D)/旋转(R)]:"的提示下，单击以确定矩形的生成方向。

方法 3：指定面积和长度值（或宽度值）。

（1）选择菜单栏中的"绘图"→"矩形"命令，或者单击功能区中的"默认"选项卡→"绘图"面板→"矩形"按钮，又或者单击"绘图"工具栏→"矩形"按钮，命令行提示如下：

RECTANG 指定第一个角点或[倒角(C)/标高(E)/圆角(F)/厚度(T)/宽度(W)]:

（2）指定矩形的一个角点。一旦指定了第一个角点，矩形将从该角点延伸到光标位置处，命令行提示如下：

RECTANG 指定另一个角点或[面积(A)/尺寸(D)/旋转(R)]:

（3）在命令行中输入 A，并按 Enter 键，输入面积值（如 100）。

（4）在命令行"RECTANG 计算矩形标注时依据[长度(L)/宽度(W)]<长度>:"的提示下，输入 L（或 W），并按 Enter 键，输入长度值（或宽度值，如 20），绘制完矩形。

2. 绘制一个倒圆角矩形

（1）选择菜单栏中的"绘图"→"矩形"命令，或者单击功能区中的"默认"选项卡→"绘图"面板→"矩形"按钮，又或者单击"绘图"工具栏→"矩形"按钮，命令行提示如下：

RECTANG 指定第一个角点或[倒角(C)/标高(E)/圆角(F)/厚度(T)/宽度(W)]:

（2）输入 F，并按 Enter 键，或者右击，在弹出的快捷菜单中选择"圆角"命令，命令行提示如下：

RECTANG 指定矩形的圆角半径<0.0000>:

（3）当指定圆角半径时，可以输入具体的值（如 20），并按 Enter 键确定，也可以在图形中指定两个点（半径值即为两点之间的距离），还可以直接按 Enter 键取上一次操作后的默认值，命令行提示如下：

RECTANG 指定第一个角点或[倒角(C)/标高(E)/圆角(F)/厚度(T)/宽度(W)]:

（4）其余步骤与绘制普通矩形一样，最后绘制完一个倒圆角矩形，如图 2-41 所示。

3. 绘制一个倒角矩形

（1）选择菜单栏中的"绘图"→"矩形"命令，或者单击功能区中的"默认"选项卡→"绘图"面板→"矩形"按钮，又或者单击"绘图"工具栏→"矩形"按钮，命令行提示如下：

RECTANG 指定第一个角点或[倒角(C)/标高(E)/圆角(F)/厚度(T)/宽度(W)]:

（2）输入 C，并按 Enter 键，或者右击，在弹出的快捷菜单中选择"倒角"命令，命令行提示如下：

RECTANG 指定矩形的第一个倒角距离<0.0000>:

（3）输入第一个倒角距离（如 20），并按 Enter 键确认，命令行提示如下：

RECTANG 指定矩形的第二个倒角距离<20.0000>:

（4）输入第二个倒角距离（如 15），并按 Enter 键确认，命令行提示如下：

RECTANG 指定第一个角点或[倒角(C)/标高(E)/圆角(F)/厚度(T)/宽度(W)]:

（5）其余步骤与绘制普通矩形一样，最后绘制完一个倒角矩形，如图 2-42 所示。

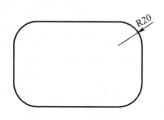

图 2-41　绘制一个倒圆角矩形

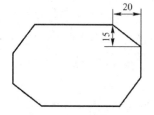

图 2-42　绘制一个倒角矩形

2.5.3　绘制正多边形

在 AutoCAD 2021 中，用户可以使用 POLYGON 命令绘制正多边形。绘制正多边形的默认方式是指定正多边形的中心及从中心点到每个顶点的距离，以便整个多边形位于一个假想的圆中（即为内接正多边形）。另外，也可以绘制一个正多边形，其每条边的中点在一个假想的圆周上（即为外切正多边形），或者用指定正多边形一条边的起点和端点（即正多边形边长）的方法来绘制正多边形。

1. 绘制内接正多边形

一个内接正多边形是由多边形的中心点到多边形的顶角点之间的距离相等确定的。绘制内接正多边形的操作步骤如下。

（1）选择菜单栏中的"绘图"→"正多边形"命令，或者单击"绘图"工具栏→"正多边形"按钮，又或者单击功能区中的"默认"选项卡→"绘图"面板→"正多边形"按钮，命令行提示如下：

POLYGON 输入侧面数<4>:

（2）输入一个从 3～1024 的数值，确定正多边形的边数（如 5），按 Enter 键确认，命令行提示如下：

POLYGON 指定正多边形的中心点或[边(E)]:5

（3）指定正多边的中心点，命令行提示如下：

POLYGON 输入选项[内接于圆(I)/外切于圆(C)]<I>:

（4）输入 I，并按 Enter 键。此时一个橡皮筋正多边形出现，一条直线从正多边形的中心点延伸到光标所在位置作为正多边形的外接圆的半径，移动光标将使正多边形随之改变，命令行提示如下：

POLYGON 指定圆的半径:

（5）可以通过键盘直接输入具体数值，也可以通过在图形中指定一个点（半径值即为多边形中心点到指定点之间的距离）确定圆的半径。一旦确定了圆的半径，AutoCAD 2021

将绘制一个如图 2-43 所示的内接正多边形并结束命令。

2. 绘制外切正多边形

一个外切正多边形是由多边形的中心到其每条边中点的距离相等确定的。因此，整个多边形外切于一个指定半径的圆。绘制外切正多边形的操作步骤如下。

（1）选择菜单栏中的"绘图"→"正多边形"命令，或者单击"绘图"工具栏→"正多边形"按钮，又或者单击功能区中的"默认"选项卡→"绘图"面板→"正多边形"按钮，命令行提示如下：

POLYGON 输入侧面数<4>:

（2）输入一个从 3～1024 的数值，确定正多边形的边数（如 5），按 Enter 键确认，命令行提示如下：

POLYGON 指定正多边形的中心点或[边(E)]:5

（3）指定正多边的中心点。命令行提示如下：

POLYGON 输入选项[内接于圆(I)/外切于圆(C)]<I>:

（4）输入 C，并按 Enter 键。此时一个橡皮筋正多边形出现，一条直线从正多边形的中心点延伸到光标所在位置作为正多边形的内切圆的半径，移动光标将使正多边形随之改变，命令行提示如下：

POLYGON 指定圆的半径:

（5）可以通过键盘直接输入具体数值，也可以通过在图形中指定一个点（半径值即为多边形中心点到指定点之间的距离）确定圆的半径。一旦确定了圆的半径，AutoCAD 2021 将绘制一个如图 2-44 所示的外切正多边形并结束命令。

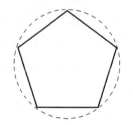

图 2-43　绘制内接正多边形

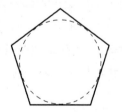

图 2-44　绘制外切正多边形

2.6　几何约束

参数化图形是一项用于使用约束进行设计的技术，约束是应用于二维几何图形的关联和限制。AutoCAD 2021 有两种常用的约束类型：几何约束和标注约束。几何约束控制对象相对于彼此的关系。标注约束控制对象的距离、长度、角度和半径。

在工程的设计阶段，通过约束，可以在试验各种设计或进行更改时强制执行要求。对对象所做的更改可能会自动调整其他对象，并将更改限制为距离和角度。

几何约束的优点如下。

（1）用户通过约束几何图形来保持设计规范和要求。在编辑受约束的几何图形时，将保留约束，因此用户可以通过使用几何约束，在图形中体现设计要求。

（2）立即将多个几何约束应用于对象。

（3）在标注约束中包括公式和方程。

（4）用户通过更改变量值可快速进行设计更改。

2.6.1 创建几何约束

利用几何约束工具，可以指定二维对象必须遵守的条件，或者指定二维对象之间必须维持的关系。用户可以通过"几何"面板或"几何约束"工具栏调用各种约束命令。"几何"面板位于功能区"参数化"选项卡中，如图 2-45 所示。"几何约束"工具栏可以通过选择菜单栏中的"工具"→"工具栏"→"AutoCAD"→"几何约束"命令调出，如图 2-46 所示。

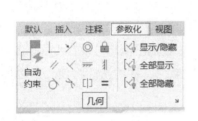

图 2-45 "几何"面板

图 2-46 调出"几何约束"工具栏的命令

"几何"面板中的按钮功能如下。

"重合"按钮：约束两个点使其重合，或者约束一个点使其位于曲线（或曲线的延长线）上。对象上的约束点根据对象类型而有所不同。例如，可以约束直线的中点和端点。第二个选定点（或对象）将设为与第一个选定点（或对象）重合，如图 2-47 所示。

"共线"按钮：使两条或多条直线段沿同一条直线方向。第二条选定直线设定为与第一条选定直线共线，如图 2-48 所示。

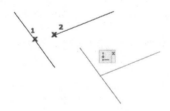

图 2-47 重合约束

图 2-48 共线约束

"同心"按钮：将两个圆弧、圆或椭圆约束到同一个中心点。第二个选定对象将设定为与第一个选定对象同心，如图 2-49 所示。

"固定"按钮：将一个点或一条曲线锁定在位，使其固定在相对于世界坐标系（WCS）的特定位置和方向上。

将固定约束应用于对象上的节点时，会将节点锁定在位。用户可以围绕锁定节点转动对象，如图 2-50 所示。

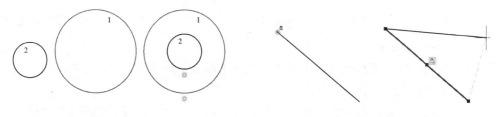

图 2-49　同心约束　　　　　　　　　图 2-50　锁定直线节点

将固定约束应用于对象时，该对象将被锁定且无法移动。例如，使用固定约束，可以锁定圆心，如图 2-51 所示。即使拉伸直线，圆仍处于锁定状态。

"平行"按钮：约束两条直线，使其具有相同的角度。选定的第二条直线设定为与第一条直线平行，如图 2-52 所示。

"垂直"按钮：约束两条直线或多段线线段，使其夹角保持为90°。选定的第二条直线设定为与第一条直线垂直，如图 2-53 所示。

图 2-51　锁定圆心　　　　　　图 2-52　平行约束　　　　　　图 2-53　垂直约束

"水平"按钮：使直线或点与当前坐标系的 X 轴平行。用户可以使用"对象"和"两点"两种模式设置直线水平。

（1）单击功能区中的"参数化"选项卡→"几何"面板→"水平"按钮，命令行提示如下：

GCHORIZONTAL 选择对象或[两点(2P)]<两点>:

（2）默认是以"对象"模式设置直线水平，设置直线水平是通过绕直线端点旋转至水平位置来实现的。将光标放置在所需旋转端点近侧后单击，即可完成直线绕端点的水平设置，如图 2-54 所示。

（3）单击命令行提示中的"两点"选项，进入"两点"模式水平约束，命令行提示如下：

GCHORIZONTAL 选择第一个点:

（4）依次单击直线两个端点，完成水平约束设置。直线绕第一个选定端点旋转至水平位置，如图 2-55 所示。

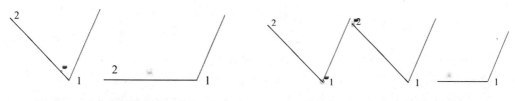

图 2-54　"对象"模式水平约束　　　　　图 2-55　"两点"模式水平约束

"竖直"按钮：使直线或点与当前坐标系的 Y 轴平行，其操作方法与"水平"约束的操作方法相似，这里不再赘述。

"相切"按钮：将一条直线和一条曲线（或两条曲线）约束为保持彼此相切或其延长线保持彼此相切，如图 2-56 所示。

"平滑"按钮：约束一条样条曲线，使其与其他样条曲线、直线、圆弧或多段线彼此相连并保持 G2 连续性。选定的第一个对象必须为样条曲线。第二个选定对象将设为与第一条样条曲线 G2 连续，如图 2-57 所示。

"对称"按钮：约束对象上的两条曲线或两个点，使其以选定直线为对称轴彼此对称。

（1）单击功能区中的"参数化"选项卡→"几何"面板→"对称"按钮，命令行提示如下：

GCSYMMETRIC 选择第一个对象或[两点(2P)]:

（2）选择直线段 1，命令行提示如下：

GCSYMMETRIC 选择第二个对象:

（3）选择直线段 2，命令行提示如下：

GCSYMMETRIC 选择对称直线:

（4）选择对称直线 3，完成对称约束设置，如图 2-58 所示。

"相等"按钮：约束两条直线和多段线线段使其具有相同长度，或者约束圆弧和圆使其具有相同半径。

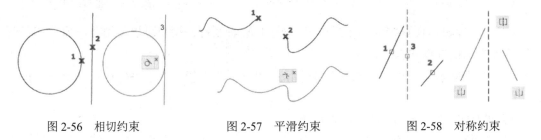

图 2-56　相切约束　　　　　图 2-57　平滑约束　　　　　图 2-58　对称约束

2.6.2　设置几何约束

在使用 AutoCAD 绘图时，用户可以利用"几何"面板中的"显示/隐藏"按钮或"约束设置"对话框来控制约束栏的显示、隐藏。

图 2-59　"几何"面板

如图 2-59 所示，"参数化"选项卡中的"几何"面板右侧有"显示/隐藏""全部显示""全部隐藏"3 个约束栏的按钮。

"显示/隐藏"按钮：显示或隐藏选定对象的几何约束。

（1）单击"显示/隐藏"按钮，命令行提示如下：

CONSTRAINTBAR 选择对象:

（2）选择所需显示、隐藏约束的对象，按 Enter 键（或右击，或按 Space 键），完成对象的选择，命令行提示如下：

CONSTRAINTBAR 输入选项[显示(S)/隐藏/重置(R)]<显示>:

（3）在命令行中单击"显示"选项或"隐藏"选项，完成约束的显示、隐藏。

"全部显示"按钮：显示图形中的所有几何约束。可以针对受约束几何图形的所有或任意选择集显示约束栏。

"全部隐藏"按钮：隐藏图形中的所有几何约束。可以针对受约束几何图形的所有或任意选择集隐藏约束栏。

单击功能区中的"参数化"选项卡→"几何"面板右下角下拉箭头；或者选择菜单栏中的"参数"→"约束设置"命令，打开"约束设置"对话框，如图 2-60 所示。

"约束设置"对话框的各选项说明如下。

- "约束栏显示设置"选项区：此选项区用于控制图形编辑器中是否为对象显示约束栏或约束点标记。如果勾选相应复选框，则显示；如果不勾选相应复选框，则隐藏。
- "全部选择"按钮：选择全部几何约束类型。
- "全部清除"按钮：清除所有选定的几何约束类型。
- "仅为处于当前平面中的对象显示约束栏"复选框：仅为当前平面上受几何约束的对象显示约束栏。
- "约束栏透明度"选项区：设置图形中约束栏的透明度。

快速隐藏约束栏：如图 2-61 所示，将光标移动到受约束对象的约束标记上，约束标记会亮显，同时在右上方出现一个"×"图标，单击"×"图标即可隐藏约束栏。

图 2-60 "约束设置"对话框

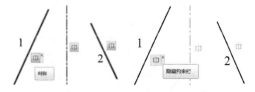

图 2-61 快速隐藏约束栏

实战演练

演练 2.1 绘制如图 2-62 所示的平面图形。

（1）运行 AutoCAD 2021，设置绘图环境，选择菜单栏中的"视图"→"缩放"→"全部"命令，将图纸缩放到整个绘图区。将状态栏中的"正交"模式开关打开。

（2）选择菜单栏中的"绘图"→"直线"命令；或者单击功能区中的"默认"选项卡→"绘图"面板→"直线"按钮，在绘图区中央绘制相互垂直的两条中心线。

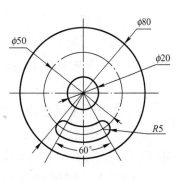

图 2-62 平面图形

（3）将状态栏中的"正交"模式开关关闭，打开"极轴捕捉"模式，并设置其增量角为30°，同时开启"对象捕捉"模式和"对象捕捉追踪"模式。

（4）选择"直线"命令，以两条中心线的交点为端点，分别绘制两条辅助线。按下鼠标左键绘制第一条辅助线，如图 2-63 所示。采用同样的方法绘制第二条辅助线，如图 2-64 所示。

（5）以两条构造线的交点为圆心，分别绘制 3 个直径为 20、50、80 的圆，如图 2-65 所示。

（6）分别以直径 50 的圆与辅助线的两个交点为圆心，绘制两个半径为 5 的圆，如图 2-66 所示。

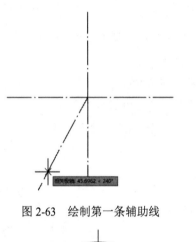

图 2-63　绘制第一条辅助线

图 2-64　绘制第二条辅助线

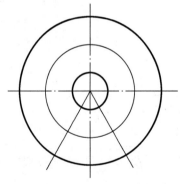

图 2-65　绘制 3 个直径为 20、50、80 的圆

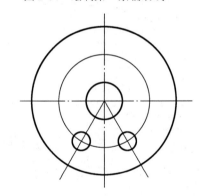

图 2-66　绘制两个半径为 5 的圆

（7）选择菜单栏中的"修改"→"修剪"命令，或者单击功能区中的"默认"选项卡→"修改"面板→"修改"按钮。此时，光标变成方形，单击第一条辅助线，按 Enter 键完成选择；单击左侧 R5 圆的右侧，完成剪切。同样，完成右侧 R5 圆的剪切，如图 2-67 所示。

（8）单击功能区中的"默认"选项卡→"绘图"面板→"圆弧"→"起点，圆心，端点"按钮，依次选择点 A、O、B 为起点、圆心和端点，如图 2-68 所示，完成上半部分圆弧的绘制。采用同样的方法完成下半部分圆弧的绘制，最终效果如图 2-69 所示。

演练 2.2　绘制如图 2-70 所示的平面图形。

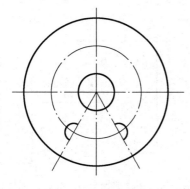

图 2-67　修剪 *R*5 圆

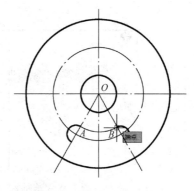

图 2-68　绘制上半部分圆弧

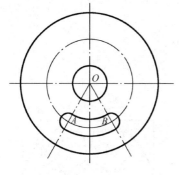

图 2-69　最终效果

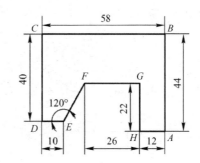

图 2-70　绘制平面图形

（1）运行 AutoCAD 2021，设置绘图环境，选择菜单栏中的"视图"→"缩放"→"全部"命令，将图纸缩放到整个绘图区。同时开启状态栏中的"正交"模式、"对象捕捉"模式和"对象捕捉追踪"模式。

（2）单击功能区中的"默认"选项卡→"绘图"面板→"直线"按钮，在绘图区适当位置单击，绘制第一个点 *A*。

（3）将光标移至点 *A* 的上方，在命令行中输入 44，按 Enter 键，得到点 *B*（此时应在英文输入状态下进行）。

（4）将光标移至点 *B* 的左方，在命令行中输入 58，按 Enter 键，得到点 *C*。

（5）将光标移至点 *C* 的下方，在命令行中输入 40，按 Enter 键，得到点 *D*。

（6）将光标移至点 *D* 的右方，在命令行中输入 10，按 Enter 键，得到点 *E*。

（7）在状态栏开启"极轴捕捉"模式，并将"角增量"设置为 30°。

（8）在如图 2-71 所示位置单击，按 Enter 键。

（9）在状态栏中开启"正交"模式。

（10）单击"直线"按钮，捕捉到点 *A* 并单击。

（11）将光标移至点 *A* 的左方，在命令行中输入 12，按 Enter 键，得到点 *H*。

（12）将光标移至点 *H* 的上方，在命令行中输入 22，按 Enter 键，得到点 *G*。

（13）如图 2-72 所示，单击"对象捕捉"工具栏→"捕捉交点"按钮，打开"捕捉交点"模式绘制直线，交点即是点 *F*。

（14）单击"修剪"按钮，将点 *F* 之上多余线段剪除，完成绘制。

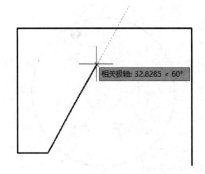

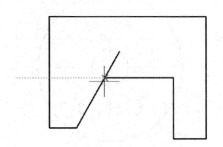

图 2-71　用"极轴捕捉"模式绘制直线　　　图 2-72　用"捕捉交点"模式绘制直线

技能拓展

拓展 2.1　绘制如图 2-73 所示的平面图形。

拓展 2.2　绘制如图 2-74 所示的平面图形。

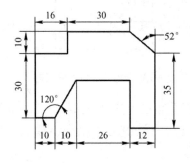

图 2-73　绘制平面图形（1）

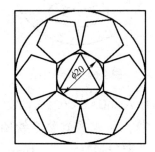

图 2-74　绘制平面图形（2）

第 3 章　基本图形编辑

知识目标

了解对象选择的常用方法；熟悉图形编辑命令的含义，包括删除对象、复制对象、镜像对象、偏移对象、阵列对象、移动对象、旋转对象、缩放对象、拉伸对象与拉长对象、修剪对象、延伸对象、打断对象与合并对象、倒角对象与圆角对象、光顺曲线、分解对象、对齐对象和使用夹点编辑图形对象等。

技能目标

熟练掌握对象选择的方法；熟练操作各种常用图形编辑命令。

在 AutoCAD 2021 中绘图时，单纯地使用绘图命令或绘图工具，只能创建一些基本的图形对象。而想要绘制复杂的图形，在很多情况下就必须借助于图形编辑命令。

3.1　对象的选择

对象的选择是指如何选择对象目标。在 AutoCAD 2021 中，正确、快捷地选择目标是进行图形编辑的基础。只要进行图形编辑，用户必须准确无误地通知 AutoCAD 将要对图形文件中的哪些对象（或目标）进行操作。

用户选择实体目标后，该实体将呈现出高亮显示，即组成实体的边界轮廓线由原先的线型变成虚线，并在其中部或两端显示若干个小方框（夹点），十分明显地与那些未被选中的实体区分开来。

对象选择的方法：用户通过单击对象，或者通过使用窗口或窗交方法来选择对象。

（1）用户通过单击对象来选择对象。

（2）用户通过使用窗口方法来选择对象：从左到右移动鼠标指针以选择完全封闭在选择矩形或套索（窗口选择）中的所有对象。

（3）用户通过使用窗交方法来选择对象：从右到左移动鼠标指针以选择由选择矩形或套索（窗交选择）相交的所有对象。

注意： 如果想要指定矩形选择区域，则单击、移动鼠标指针并再次单击。如果想要创建套索选择，则单击、移动并释放鼠标左键。

结束选择：按 Enter 键结束对象选择。

取消选择：按住 Shift 键并单击单个对象，或跨多个对象拖动，即可取消选择对象。按 Esc 键可以取消选择所有对象。

3.2　删除对象

在实际设计中，用户可以对不需要的图形对象进行删除操作。删除图形对象的操作步骤如下。

（1）选择菜单栏中的"修改"→"删除"命令，或者单击功能区中的"默认"选项卡→"修改"面板→"删除"按钮，又或者单击"修改"工具栏→"删除"按钮。

（2）选择"删除"命令后，AutoCAD 要求用户选择要删除的图形对象。

（3）按 Enter 键或按 Space 键结束对象选择，同时删除已选择的图形对象。

要删除选定的图形对象，也可以在选择要删除的图形对象后，在绘图区中右击，在弹出的快捷菜单中选择"删除"命令。此外，也可以使用 Delete 键来删除选定的图形对象。

3.3　复制对象

选择菜单栏中的"修改"→"复制"命令，或者单击功能区中的"默认"选项卡→"修改"面板→"复制"按钮，又或者单击"修改"工具栏→"复制"按钮。

使用"复制"命令可以根据已有的对象复制出副本，并放置到指定的位置。当执行"复制"命令时，先要选择对象，命令行提示如下：

当前设置：复制模式 = 单个
指定基点或 ［位移(D)/模式(O)/多个(M)］ <位移>:

如果只需创建一个副本，则直接指定位移的基点和位移矢量。如果同时创建多个副本，则设置复制模式为多个，选择"多个"选项，并指定基点，通过连续指定位移的第二点来创建对象的多个副本，直到按 Enter 键结束。

3.4　镜像对象

使用"镜像"命令可以根据已经绘制好的一半图形快速地绘制另一半对称的图形，从而完成整个图形的绘制。镜像图形对象的操作步骤如下。

（1）选择菜单栏中的"修改"→"镜像"命令，或者单击功能区中的"默认"选项卡→"修改"面板→"镜像"按钮，又或者单击"修改"工具栏→"镜像"按钮。

（2）选择要镜像的图形对象，按 Enter 键或按 Space 键或右击，完成镜像对象的选择。

（3）指定镜像直线的第一个点。

（4）指定镜像直线的第二个点。

（5）根据实际情况确定是否删除源对象。

例 3.1 将图 3-1 的中心线镜像，完成图形绘制。

解：操作步骤如下。

（1）选择"镜像"命令，命令行提示如下：

MIRROR 选择对象:

（2）选择对象。依次选择图 3-1 中 7 条要镜像的线段，按 Enter 键或按 Space 键或右击，完成镜像对象的选择。

（3）命令行提示："MIRROR 选择对象:指定镜像线的第一点:"，选择中心线上端点。

（4）命令行提示："MIRROR 指定镜像线的第二点:"，选择中心线下端点。

（5）命令行提示："MIRROR 要删除源对象吗?[是[Y]/否(N)]:"，按 Enter 键或按 Space 键或右击，完成镜像（不删除源对象），如图 3-2 所示。

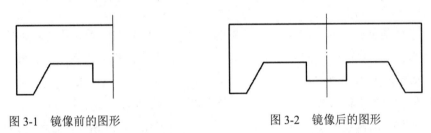

图 3-1 镜像前的图形　　　　　　　　图 3-2 镜像后的图形

3.5 偏移对象

使用"偏移"命令可以创建与原始对象平行的新对象。用户通常使用该命令创建平行直线、平行曲线和同心圆等。在实际应用中，用户常利用"偏移"的特性创建平行线或等距离分布图形。

选择菜单栏中的"修改"→"偏移"命令，或者单击功能区中的"默认"选项卡→"修改"面板→"偏移"按钮，又或者单击"修改"工具栏→"偏移"按钮，命令行提示如下：

当前设置: 删除源=否　图层=源　OFFSETGAPTYPE=0
指定偏移距离或 ［通过(T)/删除(E)/图层(L)］<通过>:

上述部分选项的功能含义如下。

- "指定偏移距离"选项：首先选择要偏移的对象，然后指定偏移方向，偏移出对象。
- "通过"选项：如果在命令行中输入 T，选择要偏移的对象，指定一个通过点，则这时偏移的对象将经过通过点。
- "删除"选项：如果在命令行中输入 E，命令行提示如下。

要在偏移后删除源对象吗? ［是(Y)/否(N)］<否>:

则输入 Y 或 N 确定是否删除源对象。

- "图层"选项：在命令行中输入 L，选择要偏移对象的图层。

偏移对象可以创建其形状与选定对象形状平行的新对象。偏移圆或圆弧可以创建更大或更小的圆或圆弧，这取决于向哪一侧偏移。在 AutoCAD 中，可以偏移的对象包括直线、圆弧、圆、椭圆和椭圆弧（形成椭圆形样条曲线）。

3.5.1 指定距离来偏移对象

（1）选择菜单栏中的"修改"→"偏移"命令，或者单击功能区中的"默认"选项卡→"修改"面板→"偏移"按钮，又或者单击"修改"工具栏→"偏移"按钮。

（2）指定偏移距离，可以在命令行中输入偏移值或使用定点设备（鼠标）。

（3）选择要偏移的对象。

（4）在要放置新对象的一侧单击一点。

（5）选择另一个要偏移的对象继续偏移，或者按 Enter 键或按 Space 键或右击结束命令。

例 3.2 利用"偏移"命令绘制如图 3-3 所示的平面图形。

解：操作步骤如下。

（1）选择菜单栏中的"绘图"→"矩形"命令，或者单击"绘图"工具栏→"矩形"按钮，又或者单击功能区中的"默认"选项卡→"绘图"面板→"矩形"按钮。

（2）指定矩形第一个角点。

（3）在命令行中输入相对坐标"@44,55"以确定矩形的第二个角点。

（4）选择"偏移"命令，输入偏移距离为 2，按 Enter 或按 Space 键。

（5）选择矩形框，将光标拖动到矩形框内单击（见图 3-4），生成内部矩形框（内框），按 Enter 键结束本次偏移。

（6）开启状态栏中的"正交"模式、"对象捕捉"模式和"对象捕捉追踪"模式。

（7）选择"直线"命令，将光标拖动到内框左下角并捕捉该端点，轻微拖动鼠标指针，出现如图 3-5 所示的水平追踪线，将光标沿该水平追踪线拖动到内框左下顶点右侧。

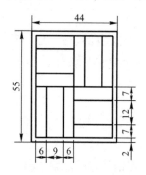
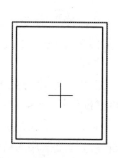

图 3-3 利用"偏移"命令绘制平面图形　　图 3-4 偏移出内部矩形框　　图 3-5 绘制直线端点

（8）在命令行中输入 6，按 Enter 键或按 Space 键或右击，获得直线第一个端点，该点与内框左下端点水平并距离右侧为 6。

（9）利用捕捉"垂直"获得直线第二个端点，如图 3-6 所示。

（10）采用同样的方法绘制如图 3-7 所示的水平直线。

（11）选择"偏移"命令，输入偏移距离为 9。

（12）选择上面绘制的垂直线，在其右侧单击，获得第一条偏移的垂直线，如图 3-8 所示。

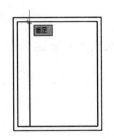

图 3-6　利用捕捉绘制垂直线

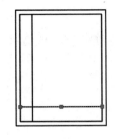

图 3-7　绘制水平直线

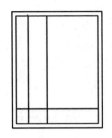

图 3-8　偏移第一条垂直线

（13）再次利用"偏移"命令，输入偏移距离为 6，获得第二条偏移的垂直线，如图 3-9 所示。

（14）同样偏移出两条水平线，如图 3-10 所示。

（15）单击功能区中的"默认"选项卡→"修改"面板→"打断于点"按钮。

（16）利用"打断于点"按钮将图 3-11 中的第 1、2、3、4 条线分别打断于点 A、B、C、D。打断后的图形如图 3-12 所示。

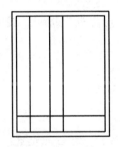

图 3-9　偏移第二条垂直线

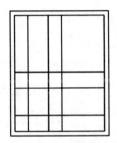

图 3-10　偏移出两条水平线

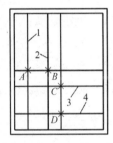

图 3-11　打断直线的断点处

（17）选择"镜像"命令，选择打断的左上角两端线关于中间垂直线镜像，并选择删除源对象，如图 3-13 所示。

（18）选择"镜像"命令，选择打断的左下角两端线关于中间水平直线镜像，并选择删除源对象，最终效果如图 3-14 所示。

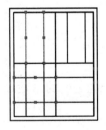

图 3-12　打断后的图形

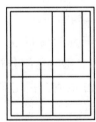

图 3-13　镜像对象

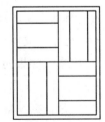

图 3-14　最终效果

3.5.2　通过一点创建偏移对象

（1）选择菜单栏中的"修改"→"偏移"命令，或者单击功能区中的"默认"选项卡→"修改"面板→"偏移"按钮，又或者单击"修改"工具栏→"偏移"按钮。

（2）在命令行中输入 T 或选择"通过"选项。

（3）选择要偏移的对象。

（4）指定通过点。

（5）选择另一个要偏移的对象继续偏移，或者按 Enter 键或按 Space 键或右击结束命令。

3.6 阵列对象

阵列功能可以用于创建按指定方式排列的多个对象副本。阵列排列模式分为矩形阵列、环形阵列和路径阵列 3 种类型。

3.6.1 矩形阵列

在 AutoCAD 2021 中，矩形阵列是按任意行、列和层级组合分布对象副本的。在二维绘图时只需考虑行和列的相关设置，层数默认为 1，行和列的轴相互垂直。

创建矩形阵列的操作步骤如下。

（1）单击功能区中的"默认"选项卡→"修改"面板→"矩形阵列"按钮，或者单击"修改"工具栏→"矩形阵列"按钮。

（2）选择所需阵列的对象，按 Enter 键或按 Space 键完成选择。

（3）此时，功能区显示出"阵列创建"上下文选项卡，如图 3-15 所示。

图 3-15 "阵列创建"上下文选项卡

矩形阵列的"阵列创建"上下文选项卡的部分选项功能含义如下。

- "列"面板：对阵列的列进行设置。
  - "列数"文本框：用于指定阵列的列数。
  - "介于"文本框：用于指定阵列的列间距。如果为正数，则向源对象的右侧分布副本；如果为负数，则向源对象的左侧分布副本。
  - "总计"文本框：计算列的总距离，指定第一列与最后一列之间的总距离，该数值是根据列数和列间距自动计算出来的。
- "行"面板：对阵列的行进行设置。
  - "行数"文本框：用于指定阵列的行数。
  - "介于"文本框：用于指定阵列的行间距。如果为正数，则向源对象的上侧分布副本；如果为负数，则向源对象的下侧分布副本。
  - "总计"文本框：计算行的总距离，指定第一行与最后一行之间的总距离，该数值是根据行数和行间距自动计算出来的。
- "关联"按钮：用于设置阵列是否具有关联性。当矩阵关联时，源对象和副本包含在单个矩阵对象中，类似于块；当矩阵非关联时，阵列中的副本将创建为独立的对象，更改其中一个不会影响阵列中的其他对象。

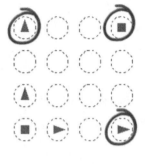

图 3-16 增加或减少行数和列数

- "基点"按钮：用于重定义阵列的基点。
- "关闭阵列"按钮：退出阵列命令。

矩形阵列的行数和列数可以通过上述的"阵列创建"上下文选项卡来设置，也可以通过拖动矩形阵列右上角、左上角或右下角的夹点来增加或减少行数和列数，如图3-16所示。

例3.3 利用"矩形阵列"按钮绘制平面图形，如图3-17所示。

解： 操作步骤如下。

（1）打开本书配套资源文件"第 3 章/t3-17.dwg"。

（2）单击功能区中的"默认"选项卡→"修改"面板→"矩形阵列"按钮，或者单击"修改"工具栏→"矩形阵列"按钮。

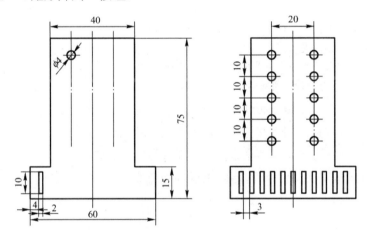

图 3-17 利用"矩形阵列"按钮绘制平面图形

（3）选择小圆，按 Enter 键或按 Space 键或右击，完成阵列源对象的选择。

（4）设置矩形阵列的"阵列创建"上下文选项卡中的参数，如图 3-18 所示。

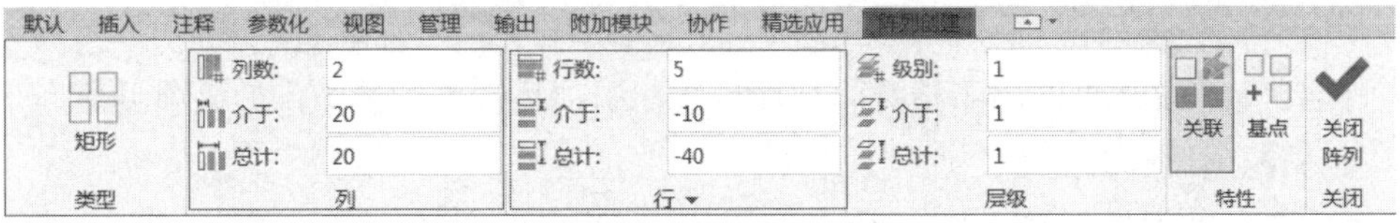

图 3-18 小圆阵列参数设置

（5）按 Enter 键或按 Space 键或右击，完成小圆的矩形阵列。

（6）按 Enter 键或按 Space 键，再次进入阵列命令。

（7）选择小矩形，按 Enter 键或按 Space 键或右击，完成阵列源对象的选择。

（8）设置"阵列创建"上下文选项卡中的参数，如图 3-19 所示。

（9）按 Enter 键或按 Space 键或右击，完成小矩形的矩形阵列。

图 3-19　小矩形阵列参数设置

3.6.2　环形阵列

环形阵列是指通过围绕指定的圆心复制选定对象来创建的阵列，即围绕中心点或旋转

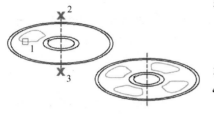

图 3-20　环形阵列

轴在环形阵列中均匀分布对象副本，如图 3-20 所示。

创建环形阵列的操作步骤如下。

（1）单击功能区中的"默认"选项卡→"修改"面板→"环形阵列"按钮，或者单击"修改"工具栏→"环形阵列"按钮。

（2）选择所需阵列的对象，按 Enter 键或按 Space 键，完成选择。

（3）命令行提示如下：

类型 = 极轴　关联 = 是

ARRAYPOLAR 指定阵列的中心点或[基点(B)/旋转轴(A)]:

上述部分选项的功能含义如下。

- "中心点"选项：指定分布阵列项目所围绕的点。旋转轴是当前 UCS 的 Z 轴。
- "基点"选项：指定用于在阵列中放置对象的基点。
- "旋转轴"选项：指定由两个指定点定义的自定义旋转轴。

（4）选择确定中心点之后，功能区出现环形阵列的"阵列创建"上下文选项卡，如图 3-21 所示。

图 3-21　环形阵列的"阵列创建"上下文选项卡

环形阵列的"阵列创建"上下文选项卡的部分选项功能含义如下。

- "项目数"文本框：用于指定阵列项目数，源项目也计入其中，如果项目数为 6，则连同源项目一共是 6 个项目。
- "介于"文本框：用于指定项目之间的夹角度数。如果夹角度数为正数，则按逆时针方向生成项目副本；如果夹角度数为负数，则按顺时针方向生成项目副本。
- "填充"文本框：用于指定第一个项目和最后一个项目之间的角度。

（5）按设计要求设置"项目"面板中"项目数""介于""填充"的参数，之后按 Enter 键或按 Space 键或右击，完成环形阵列。

例 3.4　利用"环形阵列"按钮绘制图形。图 3-22（a）所示为原始图形。图 3-22（b）所示为最终图形。

解：操作步骤如下。

（1）打开本书配套资源文件"第 3 章/t3-22.dwg"。

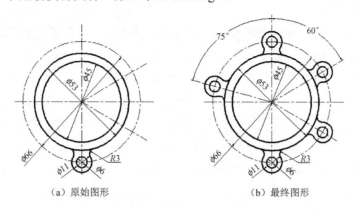

（a）原始图形　　　　　　　　　（b）最终图形

图 3-22　利用"环形阵列"按钮绘制图形

（2）单击功能区中的"默认"选项卡→"修改"面板→"环形阵列"按钮，或者单击"修改"工具栏→"环形阵列"按钮。

（3）选择圆$\phi6$，圆弧$\phi11$、$R3$ 和中心线，按 Enter 键或按 Space 键或右击，完成阵列对象的选择。

（4）拾取圆$\phi45$ 的圆心为阵列中心点。

（5）在功能区环形阵列的"阵列创建"上下文选项卡的"项目"面板中进行参数设置，如图 3-23 所示，并关闭关联性，按 Enter 或按 Space 键或右击，阵列出右侧的 4 组圆弧，如图 3-24 所示。

（6）再次单击"环形阵列"按钮，选择正上方的圆弧组。

（7）拾取圆$\phi45$ 的圆心为阵列中心点。

（8）设置"项目"面板中的参数，并关闭关联性，如图 3-25 所示。

图 3-23　"项目"面板参数设置（1）

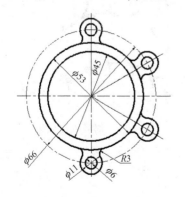

图 3-24　阵列出右侧 4 组圆弧

图 3-25　"项目"面板参数设置（2）

（9）按 Enter 键或按 Space 键或右击，完成环形阵列。

3.6.3 路径阵列

路径阵列可以沿路径或部分路径均匀分布对象副本。路径可以是直线、多段线、三维多段线、样条曲线、螺旋、圆弧、圆或椭圆。

路径阵列的"阵列创建"上下文选项卡如图 3-26 所示。

图 3-26　路径阵列的"阵列创建"上下文选项卡

路径阵列的"阵列创建"上下文选项卡的部分选项功能含义如下。

- "关联"按钮：指定是否创建阵列对象，或者是否创建选定对象的非关联副本。
  - 是：创建单个阵列对象中的阵列项目，类似于块。使用关联阵列，可以通过编辑特性和源对象在整个阵列中快速传递更改。
  - 否：创建阵列项目，并作为独立对象。更改一个项目不会影响其他项目。
- "基点"按钮：定义阵列的基点。路径阵列中的项目相对于基点放置，指定用于在相对于路径曲线起点的阵列中放置项目的基点。
- "切线方向"按钮：指定阵列中的项目如何相对于路径的起始方向对齐。
  - 两点：指定表示阵列中的项目相对于路径的切线的两个点。两个点的矢量建立阵列中第一个项目的切线。
  - 普通：根据路径曲线的起始方向调整第一个项目的 Z 方向。

图 3-27 所示的路径阵列是通过两点来确定切线方向的，并开启了"对齐项目"，使阵列中的所有项目都保持相切方向。

- "对齐项目"按钮：指定是否对齐每个项目以与路径的方向相切。对齐相对于第一个项目的方向，如图 3-28 所示。

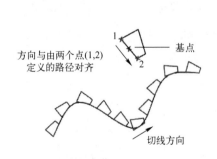

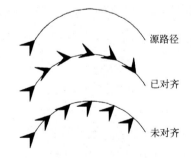

图 3-27　通过两点定切线方向　　　　图 3-28　对齐项目效果

- "Z 方向"按钮：控制如何沿路径分布项目。
- "定距等分"按钮：以指定的间隔沿路径分布项目。
- "定数等分"按钮：将指定数量的项目沿路径的长度均匀分布。

- "项目数"文本框：根据"方法"设置，指定项目数或项目之间的距离。
  - "沿路径的项目数"：（当"方法"为"定数等分"时可用）使用值或表达式指定阵列中的项目数。
  - "沿路径的项目之间的距离"：（当"方法"为"定距等分"时可用）使用值或表达式指定阵列中项目之间的距离。

在默认情况下，使用最大项目数填充阵列，这些项目使用输入的距离填充路径。用户可以指定一个更小的项目数（如果需要），也可以启用"填充整个路径"，以便在更改路径长度时调整项目数。

例3.5 利用"路径阵列"按钮绘制图形，如图3-29所示。

（a）原始图　　　　　　　　　　　　　　　（b）效果图

图3-29　利用"路径阵列"按钮绘制图形

解：操作步骤如下。

（1）打开本书配套资源文件"第3章/t3-29.dwg"。

（2）单击功能区中的"默认"选项卡→"修改"面板→"路径阵列"按钮，或者单击"修改"工具栏→"路径阵列"按钮。

（3）命令行提示如下：

ARRAYPATH 选择对象：

选择需要阵列的"V"形，按 Enter 键或按 Space 键或右击，结束选择。

（4）命令行提示如下：

ARRAYPATH 选择路径曲线：

选择曲线作为阵列路径，按 Enter 键或按 Space 键或右击，结束选择。

（5）选择路径后，在功能区弹出路径阵列的"阵列创建"上下文选项卡，如图3-30所示，命令行提示如下：

ARRAYPATH 选择夹点以编辑阵列或[关联(AS)/方法(M)/基点(B)/切向(T)/项目(I)/行(R)/层(L)/对齐项目(A)/方向(Z)/退出(X)]<退出>：

图3-30　路径阵列的"阵列创建"上下文选项卡

（6）单击"阵列创建"上下文选项卡→"特性"面板→"关联"按钮，关闭关联性。

（7）单击"阵列创建"上下文选项卡→"特性"面板→"基点"按钮，并选择源"V"形的角点为基点，生成如图3-31所示的图形。

（8）单击"阵列创建"上下文选项卡→"特性"面板→"切线方向"按钮，命令行提示如下：

ARRAYPATH 选择夹点以编辑阵列或[关联(AS)/方法(M)/基点(B)/切向(T)/项目(I)/行(R)/层(L)/对齐项目(A)/方向(Z)/退出(X)]<退出>:_T 指定切向矢量的第一个点或[法线]:

（9）选择"V"形下边两个端点控制切线方向，并开启"对齐项目"，获得最终效果，如图 3-32 所示。

图 3-31　通过基点控制路径阵列　　　　图 3-32　通过切线方向控制路径阵列

（10）单击"定距等分"按钮，修改"项目"面板中的"介于"数值，以调节阵列密度；也可以通过单击"定数等分"按钮，修改"项目"面板中的"项目数"数值，以调节阵列密度。

3.7　移动对象

移动对象是指对象的重定位。选择菜单栏中的"修改"→"移动"命令，或者单击功能区中的"默认"选项卡→"修改"面板→"移动"按钮，又或者单击"修改"工具栏→"移动"按钮，可以在指定方向上按指定距离移动对象。使用坐标、栅格捕捉、对象捕捉和其他工具都可以精确移动对象。如图 3-33 所示，将圆由直线段左端点移至直线段中点。

（1）单击"修改"工具栏→"移动"按钮。

（2）选择圆。

（3）捕捉圆心为基点（见图 3-34）来移动圆。

（4）捕捉直线段中点以确定移动后的放置点（见图 3-35），单击，完成移动。

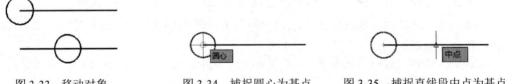

图 3-33　移动对象　　　　图 3-34　捕捉圆心为基点　　　　图 3-35　捕捉直线段中点为基点

3.8　旋转对象

用户通过"旋转"命令可以围绕基点将选定的对象旋转到指定角度。旋转对象的操作步骤如下。

（1）选择菜单栏中的"修改"→"旋转"命令，或者单击功能区中的"默认"选项卡→"修改"面板→"旋转"按钮，又或者单击"修改"工具栏→"旋转"按钮。

（2）选择要旋转的对象（可以依次选择多个对象）。

（3）指定旋转的基点，此时命令行将显示"指定旋转角度或［复制(C)参照(R)］<0>:"提示信息，选择相对或绝对的旋转角度来旋转对象。

- "指定旋转角度"选项：直接输入角度值，指定绝对角度，对象绕基点从当前角度旋转到新的绝对角度。如果角度值为正数，则按逆时针方向旋转；如果角度值为负数，则按顺时针方向旋转。
- "复制"选项：创建要旋转的选定对象的副本。
- "参照"选项：指定相对角度，将以参照方式旋转对象，需要依次指定参照方向的角度和相对于参照方向的角度。

例 3.6 利用"旋转"按钮旋转图形。图 3-36（a）所示为旋转前的效果。图 3-36（b）所示为旋转后的效果。

解：操作步骤如下。

（1）打开本书配套资源文件"第 3 章/t3-36.dwg"。

（2）单击"修改"工具栏→"旋转"按钮。

（3）选择全部对象，并右击，完成对象选择。

（4）拾取左侧圆心为基点（见图 3-37），并右击，完成基点设置。

（5）在命令行中输入 30（旋转角度为 30°），按 Enter 键完成旋转。

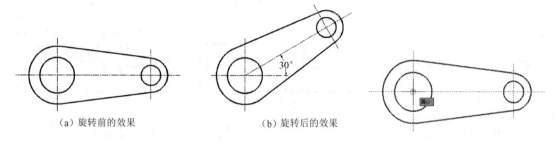

（a）旋转前的效果 　　　　　　（b）旋转后的效果

图 3-36　旋转图形　　　　　　图 3-37　拾取左侧圆心为基点

3.9　缩放对象

用户使用"缩放"命令可以将对象按照统一比例放大或缩小。要缩放对象，应指定"基点"和"比例因子"。基点将作为缩放操作的中心，并保持静止。当比例因子大于 1 时，将放大对象；当比例因子的范围为 0～1 时，将缩小对象。

选择菜单栏中的"修改"→"缩放"命令，或者单击功能区中的"默认"选项卡→"修改"面板→"缩放"按钮，又或者单击"修改"工具栏→"缩放"按钮。

执行"缩放"命令时，先选择对象，再指定基点，命令行提示如下：

指定比例因子或　［复制(C)/参照(R)］<1:0000>:

上述各选项的功能含义如下。

- "指定比例因子"选项：直接指定缩放的比例因子，对象将根据该比例因子相对于基点缩放，也可以拖动光标使对象变大或变小。
- "参照"选项：按参照长度和指定的新长度缩放所选对象，需要依次输入参照长度的值和新的长度值。AutoCAD 2021 首先根据参照长度的值与新长度的值自动计算比例因子（比例因子=新长度的值/参照长度的值），然后进行缩放。

- "复制"选项：创建要缩放的选定对象的副本。

3.10 拉伸对象与拉长对象

在 AutoCAD 2021 中，拉伸对象与拉长对象是不同的。

1. 拉伸对象

选择菜单栏中的"修改"→"拉伸"命令，或者单击功能区中的"默认"选项卡→"修改"面板→"拉伸"按钮，又或者单击"修改"工具栏→"拉伸"按钮，就可以移动或拉伸穿过或在交叉选择窗口内的对象的端点。

注意：圆、椭圆与块等一些对象不能被拉伸。

当拉伸对象时，首先要为拉伸指定一个基点，然后指定位移点，如图 3-38 所示。

例 3.7 利用"拉伸"命令修改图形。图 3-39（a）所示为拉伸前的效果。图 3-39（b）所示为拉伸后的效果。

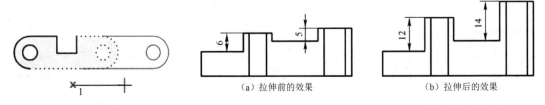

（a）拉伸前的效果　　　　　　（b）拉伸后的效果

图 3-38　拉伸对象示意图　　　　　图 3-39　利用"拉伸"命令修改图形

解：操作步骤如下。

（1）开启状态栏中的"正交"模式，选择菜单栏中的"修改"→"拉伸"命令。

（2）如图 3-40 所示，从 1 点到 2 点利用交叉选择的方式选取需要拉伸的对象，右击，完成选择。

（3）拾取如图 3-41 所示的左上端点为拉伸基点。

（4）将光标向上拖移，并在命令行中输入 6，按 Enter 键，完成左侧部分的拉伸。

（5）采用同样的方法，完成右侧部分的拉伸。

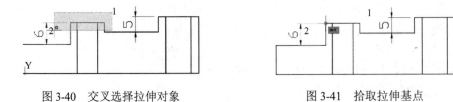

图 3-40　交叉选择拉伸对象　　　　　图 3-41　拾取拉伸基点

2. 拉长对象

用户使用"拉长"命令可以更改对象的长度和圆弧的角度。

选择菜单栏中的"修改"→"拉长"命令，或者单击功能区中的"默认"选项卡→"修改"面板→"拉长"按钮，命令行提示如下：

LENGTHEN 选择要测量的对象或[增量(DE)/百分比(P)/总计(T)/动态(DY)]<总计(T)>:

"拉长"命令各选项的功能含义如下。

- "选择要测量的对象"选项：在提示下选择要测量的对象后，显示对象的长度和角度（如果对象有角度）。
- "增量"选项：以指定的增量修改对象的长度，该增量从距离选择点最近的端点处开始测量。差值还以指定的增量修改圆弧的角度，该增量从距离选择点最近的端点处开始测量。正值表示扩展对象，负值表示修剪对象。
  - "长度增量"：以指定的增量修改对象的长度，如图 3-42 所示。
  - "角度增量"：以指定的增量修改圆弧的包含角度，如图 3-43 所示。

图 3-42　长度增量示例　　　　　　　　图 3-43　角度增量示例

- "百分比"选项：通过指定对象总长度的百分比设置对象长度。
- "总计"选项：通过指定从固定端点测量的总长度的绝对值来设置选定对象的长度，或者按照指定的总角度设置选定圆弧的包含角。
  - "总长度"：将对象从离选择点最近的端点拉长到指定值，如图 3-44 所示。
  - "总角度"：设置选定圆弧的角度，如图 3-45 所示。

图 3-44　总长度示例　　　　　　　　图 3-45　总角度示例

- "动态"选项：打开动态拖动模式。拖动选定对象的端点来更改其长度，其他端点保持不变。

3.11　修剪对象

用户使用"修剪"命令可以方便地修剪对象。在 AutoCAD 2021 中，可以作为剪切边的对象有直线、圆弧、圆、椭圆或椭圆弧、多段线、样条曲线、构造线、射线及文字等。

选择菜单栏中的"修改"→"修剪"命令，或者单击功能区中的"默认"选项卡→"修改"面板→"修剪"按钮，又或者单击"修改"工具栏→"修剪"按钮，执行"修剪"命令，命令行提示如下：

TRIM[剪切边(T)/窗交(C)/模式(O)/投影(P)/删除(R)/放弃(U)]:

"修剪"命令部分选项的功能含义如下。

- "模式"选项：包括"快速"和"标准"两种模式。

选择"模式"选项，命令行提示如下：

TRIM 输入修剪模式选项[快速(Q)/标准(S)]:<快速(Q)>

- "快速"模式：将光标移动到修剪对象上，系统会根据间隔点自动判断修剪对象，如图 3-46 所示。

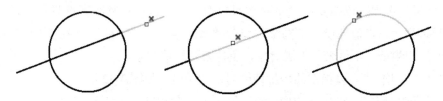

图 3-46　"快速"模式修剪示例

- "标准"模式：想要修剪对象，首先选择边界，按 Enter 键或右击结束选择；然后选择要修剪的对象。如图 3-47 所示，先选择 1 号和 2 号边作为边界；再选择 3 号和 4 号边将其修剪。

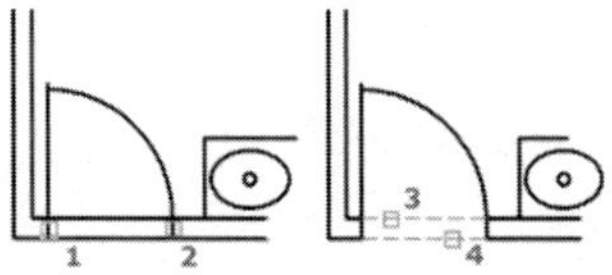

图 3-47　"标准"模式修剪示例

如果按下 Shift 键，同时选择与修剪边不相交的对象，修剪边将变为延伸边界，将选择的对象延伸至与修剪边界相交。

- "投影"选项：用于指定执行修剪的空间。该选项主要应用于三维空间的修剪，这时可以将对象投影到某一个平面上执行修剪操作。
- "放弃"选项：用于取消上一次的操作。

3.12　延伸对象

选择菜单栏中的"修改"→"延伸"命令，或者单击功能区中的"默认"选项卡→"修改"面板→"延伸"按钮，又或者单击"修改"工具栏→"延伸"按钮，执行"延伸"命令，可以延长指定的对象与另一对象相交或外观相交，如图 3-48 所示。

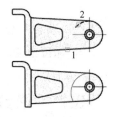

"延伸"命令的使用方法与"修剪"命令的使用方法相似。修剪对象需要选择剪切边和要修剪的边，延伸对象需要选择边界边和要延伸的边。

图 3-48　延伸示例

3.13　打断于点

用户使用"打断于点"命令可以在单个点处打断选定的对象。有效对象包括直线、开放的多段线和圆弧。

注意：不能在一点打断闭合对象（如圆）。

选择菜单栏中的"修改"→"打断于点"命令，或者单击功能区中的"默认"选项卡→"修改"面板→"打断于点"按钮，又或者单击"修改"工具栏→"打断于点"按钮，执行"打断于点"命令。当执行该命令时，首先选择需要被打断的对象，然后指定打断点即可从该点打断对象，如图 3-49 所示。

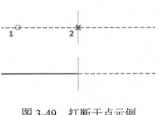

图 3-49　打断于点示例

3.14　打断对象

用户利用"打断"命令可以在两点之间打断选定的对象。

打断对象的操作步骤如下。

（1）选择菜单栏中的"修改"→"打断"命令，或者单击功能区中的"默认"选项卡→"修改"面板→"打断"按钮，又或者单击"修改"工具栏→"打断"按钮，执行"打断"命令。

（2）当执行该命令并选择需要打断的对象时，命令行提示如下：

指定第二个打断点或［第一点(F)］：

在默认情况下，以选择对象时的拾取点作为第一个打断点。当选择其他端点时，需要先输入 F，再指定第一个打断点。

（3）指定第二个打断点。

图 3-50 所示为默认选择对象时的拾取点为第一打断点的打断示例。

图 3-50　默认打断示例

3.15　合并对象

用户使用"合并"命令可以合并线性和弯曲对象的端点，以便创建单个对象，如图 3-51 所示。

注意：构造线、射线和闭合的对象无法合并。

合并对象的操作步骤如下。

（1）选择菜单栏中的"修改"→"合并"命令，或者单击功能区中的"默认"选项卡→"修改"面板→"合并"按钮，又或者单击"修改"工具栏→"合并"按钮，执行"合并"命令。

（2）选择要合并的源对象。

（3）选择要合并到源对象中的一个或多个对象。

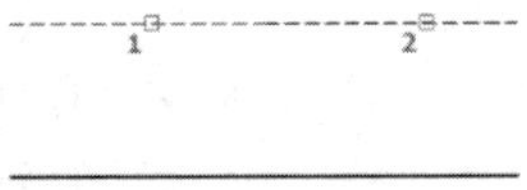

图 3-51　合并对象示例

3.16 倒角对象

选择菜单栏中的"修改"→"倒角"命令，或者单击功能区中的"默认"选项卡→"修改"面板→"倒角"按钮，又或者单击"修改"工具栏→"倒角"按钮，可以为两个对象的边绘制倒角。执行"倒角"命令时，命令行提示如下：

CHAMFER
（"修剪"模式）当前倒角距离 1 = 0.0000，距离 2 = 0.0000
选择第一条直线或 [放弃(U)/多段线(P)/距离(D)/角度(A)/修剪(T)/方式(E)/多个(M)]：

"倒角"命令部分选项的功能含义如下。

"多段线"选项：以当前设置的倒角大小对多段线的各顶点（交角）创建倒角。

"距离"选项：设置第一个对象和第二个对象的交点的倒角距离。如果两个倒角距离都为 0，则倒角操作将修剪或延伸这两个对象直至它们相交，但不创建倒角线。

"角度"选项：指定第一个选定对象的倒角线起点及其形成的角度为两个对象倒角。

"修剪"选项：设置倒角后是否保留原始拐角边。

"方式"选项：使用一个或两个距离和一个角度来创建倒角。

"多个"选项：可以为多个对象绘制倒角，将重复显示主提示和"选择第二个对象"的提示，直到按 Enter 键结束命令。

1. 使用两个距离创建倒角

需要指定两个距离（见图 3-52），如果这两个值均被设置为 0，则选定对象或线段将被延伸或修剪，以使其相交，如图 3-53 所示。

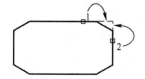

图 3-52　两个距离倒角　　　　图 3-53　两个距离都是 0 的倒角示例

设置倒角距离来创建倒角的操作步骤如下。

（1）选择菜单中的"修改"→"倒角"命令，或者单击功能区中的"默认"选项卡→"修改"面板→"倒角"按钮，又或者单击"修改"工具栏→"倒角"按钮。

（2）在命令行中输入 D，并按 Enter 键，即选择"距离"选项。

（3）指定第一个倒角距离。

（4）指定第二个倒角距离。

（5）依次选择两条直线，完成倒角。

2. 使用一个距离和一个角度创建倒角

利用设置距离选定对象交点的倒角距离，以及与第一个对象所成的角度生成倒角，如图 3-54 所示。如果这两个值均被设置为 0，则选定对象或线段将被延伸或修剪，以使其相交。

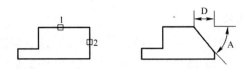

图 3-54 使用一个距离和一个角度创建倒角

下面通过设置倒角距离和倒角角度来创建倒角的操作步骤如下。

（1）选择菜单栏中的"修改"→"倒角"命令，或者单击功能区中的"默认"选项卡→"修改"面板→"倒角"按钮，又或者单击"修改"工具栏→"倒角"按钮。

（2）在命令行中输入 A，并按 Enter 键，即选择"角度"选项。

（3）指定倒角距离。

（4）指定倒角角度。

（5）依次选择两条直线，完成倒角。

3.17 圆角对象

圆角是指将两个对象通过一个指定半径的圆弧光滑链接，两个链接对象均与圆弧相切。

选择菜单栏中的"修改"→"圆角"命令，或者单击功能区中的"默认"选项卡→"修改"面板→"圆角"按钮，又或者单击"修改"工具栏→"圆角"按钮，可以用圆弧修圆角。

当执行"圆角"命令时，命令行提示如下：

```
FILLET
当前设置: 模式 = 修剪,半径 = 3.0000
选择第一个对象或［放弃(U)/多段线(P)/半径(R)/修剪(T)/多个(M)］:
```

创建圆角的方法与创建倒角的方法相似，在命令行提示中选择"半径"选项，即可以设置圆角的半径大小。

用户可以为平行直线、参照线和射线创建圆角。AutoCAD 2021 将忽略当前圆角弧并创建与两个平行对象相切且位于两个对象的共有平面上的圆弧。第一个选定对象必须是直线或射线，第二个选定对象可以是直线、构造线或射线。

3.18 光顺曲线

在两条选定直线或曲线之间的间隙中创建光顺曲线，如图 3-55 所示。

图 3-55 创建光顺曲线

创建光顺曲线的操作步骤如下。

（1）选择菜单栏中的"修改"→"光顺曲线"命令，或者单击功能区中的"默认"选项卡→"修改"面板→"光顺曲线"按钮，又或者单击"修改"工具栏→"光顺曲线"按钮。

（2）命令行提示如下：

BLEND
连续性 = 相切
BLEND 选择第一个对象或[连续性(CON)]：

（3）输入 CON，按 Enter 键，或者选择"连续性"选项。

（4）命令行提示如下：

BLEND 输入连续性[相切(T)/平滑(S)]：<相切>

（5）输入 S，按 Enter 键，或者选择"平滑"选项。

（6）命令行提示如下：

BLEND 选择第一个对象或[连续性(CON)]：

（7）选择第一个对象。

（8）选择第二个对象，完成光顺曲线的创建。

3.19　分解对象

矩形、块、多段线及面域等对象都是由多个对象组成的组合对象。如果需要对单个成员进行编辑，就需要先将它们分解。

用户使用"分解"命令可以将一个整体对象（复核对象）分解成多个组件对象。

1. 分解标注或图案填充

分解标注或图案填充后，将失去其所有的关联性。标注或图案填充对象都被替换为单个对象（如直线、文字、点和二维实体）。要在创建标注时自动将其分解，需要将 DIMASSOC 系统变量设置为 0。

2. 分解多段线

当分解多段线时，将放弃所有关联的宽度信息。所得直线和圆弧将沿原始多段线的中心线放置。如果分解包含多段线的块，则需要单独分解多段线。如果分解一个圆环，则它的宽度将变为 0。

3. 分解块参照

如果使用属性分解块，则属性值将丢失，只剩下属性定义。分解的块参照中的对象的颜色和线型可以改变。

分解对象的操作步骤如下。

（1）选择菜单栏中的"修改"→"分解"命令，或者单击功能区中的"默认"选项卡→"修改"面板→"分解"按钮，又或者单击"修改"工具栏→"分解"按钮。

（2）选择要分解的对象。

（3）按 Enter 键，完成分解对象。

3.20　对齐对象

用户在二维或三维空间中可以将对象与其他对象对齐；还可以指定一对、两对或三对源点和定义点以移动、旋转或倾斜选定的对象，从而将它们与其他对象上的点对齐。

例 3.8　将图形 *A* 与图形 *B* 对齐，如图 3-56 所示。

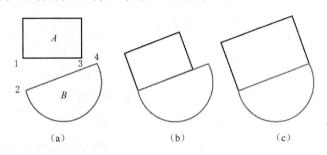

图 3-56　对齐对象示例

解： 操作步骤如下。

（1）打开本书配套资源文件"第 3 章/t3-56.dwg"。

（2）单击功能区中的"默认"选项卡→"修改"面板→"对齐"按钮，或者在命令行中输入 ALIGN 命令并按 Enter 键。

（3）命令行提示："ALIGN 选择对象:"，选择图形 *A*，按 Enter 键或按 Space 键或右击，完成对象选择。

（4）命令行提示："ALIGN 指定第一个源点:"，选择点 1。

（5）命令行提示："ALIGN 指定第一个目标点:"，选择点 2。

（6）命令行提示："ALIGN 指定第二个源点:"，选择点 3。

（7）命令行提示："ALIGN 指定第二个目标点:"，选择点 4，按 Enter 键。

（8）命令行提示："ALIGN 是否基于对齐点缩放对象? [是(Y)/否(N)]<否>:"，如果选择"否"选项，按 Enter 键，则实现图 3-56（b）形式对齐；如果选择"是"选项，按 Enter 键，则实现图 3-56（c）形式对齐。

3.21　删除重复对象

用户使用"删除重复对象"命令可以删除重复或重叠的直线、圆弧和多段线；还可以合并局部重叠或连续的对象。

（1）单击功能区中的"默认"选项卡→"修改"面板→"删除重复对象"按钮，命令行提示:"OVERKILL 选择对象:"。

(2)选择所需删除或合并的对象,按 Enter 键或按 Space 键或右击,打开"删除重复对象"对话框,如图 3-57 所示。

图 3-57　"删除重复对象"对话框

"删除重复对象"对话框中部分选项的功能含义如下。

- "公差"文本框:定义值,OVERKILL 命令使用该值进行数值比较,以便确定对象重复。
- "优化多段线中的线段"复选框:将检查选定的多段线中单独的直线和圆弧。
- "忽略多段线线段宽度"复选框:忽略多段线的线段宽度。
- "不打断多段线"复选框:当优化多段线线段时保留多段线。
  - "是":在默认情况下处于启用状态。将多段线用作 Discreet 对象,并删除重叠多段线的非多段线对象。
  - "否":强制使用 OVERKILL 命令单独检查多段线线段。多段线线段可能会作为重复的非多段线对象而被删除。
- "合并局部重叠的共线对象"复选框:将重叠对象区域合并到单个对象。
- "合并端点对齐的共线对象"复选框:将具有公共端点的对象合并到单个对象。
- "保持关联对象"复选框:不会删除或修改关联对象。

3.22　使用夹点编辑图形对象

在 AutoCAD 2021 中选中对象后,在其中部或两端将显示若干个小方框(夹点),使用它们可对图形进行简单编辑。夹点就是对象上的控制点,夹点是一种集成的编辑模式,具有非常实用的功能。

1. 拉伸对象

在不执行任何命令的情况下选择对象,显示其夹点,单击其中一个夹点,该夹点将被作为拉伸的基点，命令行提示如下：

拉伸

指定拉伸点或 [基点(B)/复制(C)/放弃(U)/退出(X)]：

在默认情况下，指定拉伸点后（可以输入点的坐标或直接利用鼠标指针拾取点），把对象拉伸或移动到新的位置。因为对于某些夹点，只能移动对象而不能拉伸对象，如文字、块、直线中点、圆心、椭圆中心和点对象上的夹点。

"拉伸"命令各选项的功能含义如下。

- "基点"选项：重新确定拉伸基点。
- "复制"选项：允许用户确定一系列的拉伸点，以实现多次拉伸。
- "放弃"选项：取消上一次操作。
- "退出"选项：退出当前操作。

2. 移动对象

移动对象只是位置上的平移，而对象的方向和大小并不会被改变。如果想要非常精确地移动对象，则可以使用"捕捉"模式、坐标、"对象捕捉"模式。在夹点编辑模式下，确定基点后，在命令行提示下输入 MO 进入移动模式，命令行提示如下：

移动

指定移动点或 [基点(B)/复制(C)/放弃(U)/退出(X)]：

用户通过输入点的坐标或拾取点的方式来确定平移对象的目的点后，即可以基点为平移起点，以目的点为终点将所选对象平移到新位置。

3. 旋转对象

在夹点编辑模式下，确定基点后，在命令行提示下输入 RO 进入旋转模式，命令行提示如下：

旋转

指定旋转角度或 [基点(B)/复制(C)/放弃(U)/参照(R) / 退出(X)]：

在默认情况下，输入旋转的角度值，或者通过拖动方式确定了旋转角度后，即可将对象绕基点旋转指定的角度，也可以选择"参照"选项，以参照方式旋转对象。

4. 缩放对象

在夹点编辑模式下，确定基点后，在命令行提示下输入 SC 进入缩放模式，命令行提示如下：

比例缩放

指定比例因子或 [基点(B)/复制(C)/放弃(U)/参照(R) / 退出(X)]：

在默认情况下，当确定了缩放的比例因子后，AutoCAD 2021 将相对于基点缩放对象。当比例因子>1 时，放大对象；当 0<比例因子<1 时，缩小对象。

5. 镜像对象

与"镜像"命令的功能类似，镜像操作后将删除源对象。在夹点编辑模式下确定基点后，在命令行提示下输入 MI 进入镜像模式，命令行提示如下：

镜像
指定第二点或 [基点(B)/复制(C)/放弃(U)/退出(X)]：

用户指定了镜像线上的第二个点后，将以基点作为镜像线上的第一个点，新的点作为镜像线上的第二个点，将对象进行镜像操作，并删除源对象。

实战演练

演练 3.1 使用阵列命令绘制如图 3-58 所示的平面图形。

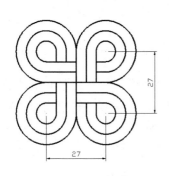

图 3-58 绘制平面图形

（1）运行 AutoCAD 2021，设置绘图环境，选择菜单栏中的"视图"→"缩放"→"全部"命令，将图纸缩放到整个绘图区。同时打开状态栏中的"对象捕捉"模式和"对象捕捉追踪"模式。

（2）选择"圆"命令，在绘图区中分别绘制 $R4.5$、$R9$、$R13.5$ 的 3 个同心圆，如图 3-59 所示。

（3）选择"直线"命令，分别捕捉 3 个圆的左边及下边象限点为起点，绘制正交的直线，可以先绘制一条直线，再利用"复制"命令复制另外两条直线，如图 3-60 所示。

（4）单击功能区中的"默认"选项卡→"修改"面板→"修剪"按钮，或者选择菜单栏中的"修改"→"修剪"命令，又或者单击"修改"工具栏→"修剪"按钮，执行"修剪"命令，根据命令行提示选择修剪边，对图形进行修剪，如图 3-61 所示。

（5）单击功能区中的"默认"选项卡→"修改"面板→"环形阵列"按钮，或者选择菜单栏中的"修改"→"环形阵列"命令，又或者单击"修改"工具栏→"环形阵列"按钮。

选择要阵列的对象，拾取图 3-61 中的点 A 为基点，弹出环形阵列的"阵列创建"上下文选项卡，设置"项目"面板中的参数，如图 3-62 所示。参数设置完成后，关闭环形阵列，完成图形的绘制。

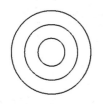

图 3-59 绘制 3 个同心圆　　图 3-60 绘制直线　　图 3-61 修剪图形　　图 3-62 环形阵列"项目"

面板参数设置

演练 3.2 绘制如图 3-63 所示的吊钩零件图形。

（1）利用"正交"模式、"直线"命令和"偏移"命令绘制各中心线。

选择"直线"命令。第一点选择绘图区中任意一点，绘制一条正交水平直线，采用同样的方法，绘制一条与水平直线相交的垂直正交直线。

选择"偏移"命令，将所绘制的水平直线向下偏移 64、160，绘制另外两条水平直线；最长垂直线分别向右偏移 8、15、20、40；再将最长垂直线向左偏移 8，生成一条垂直线，并适当拉伸直线的长度，结果如图 3-64 所示。

（2）选择"圆"命令，将鼠标指针移到构造线交点点 A 处，当显示"交点"标记时，单击拾取点 A，输入半径值，按 Enter 键确定圆形的半径，或者先输入 D 命令，再输入直径值，按 Enter 键确定圆形的直径。分别绘制直径为 26、52 的两个圆形。采用同样的方法，以点 B 为圆心绘制半径为 10 的圆形；以点 C 为圆心绘制半径为 60 的圆形；以点 O 为圆心绘制半径为 24 的圆形，结果如图 3-65 所示。

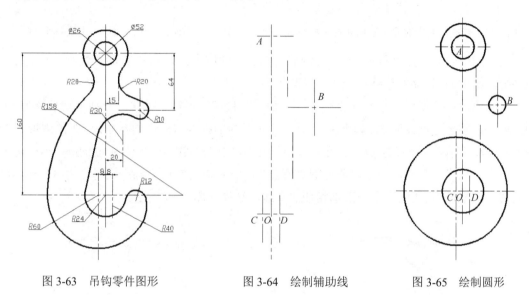

图 3-63　吊钩零件图形　　　　图 3-64　绘制辅助线　　　　图 3-65　绘制圆形

（3）单击"绘图"工具栏→"圆"→"相切、相切、半径"按钮，根据提示选择执行。根据系统提示绘制一个半径为 20 的圆形，该圆形与以点 A 为圆心、直径为 52 的圆形和最长垂直线向右偏移 15 后生成的垂直线均相切。

单击"直线"按钮；通过对象捕捉"切点"，画出与刚才画出的半径为 20 和以点 B 为圆心、半径为 10 的两个圆形都相切的直线，结果如图 3-66 所示。

（4）根据两个圆相外切圆心距为两个圆半径之和，两个圆相内切圆心距为两个圆半径之差的原理，选择绘制圆形的命令。分别以点 B 为圆心绘制半径为 40（10+30）的圆形，与最长垂直线向右偏移 20 的直线相交于点 E；以点 C 为圆心绘制半径为 20（60-40）的圆形，与最长垂直线向右偏移 8 的直线相交于点 F；以点 C 为圆心绘制半径为 98（158-60）的圆形，与最长水平直线相交于点 G，结果如图 3-67 所示。

（5）单击"绘图"工具栏→"圆"→"圆心、半径"按钮，将鼠标指针移到构造线交点 E 处，当显示"交点"标记时，单击拾取点 E，输入半径值 30，按 Enter 键确定圆形的半径，绘制出半径为 30 并且与半径为 10 的圆形和与圆心在最长垂直线向右偏移 20 的直线上的圆形。

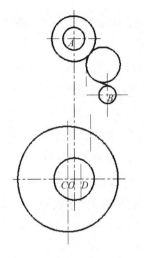

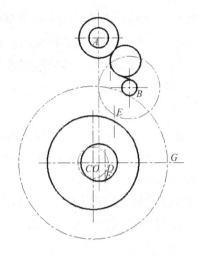

图 3-66　绘制与两个对象分别相切的圆形和直线　　　　图 3-67　根据两个圆相切关系绘制辅助圆

采用同样的方法，以点 F 为圆心绘制半径为 40 的圆形；以点 G 为圆心绘制半径为 158 的圆形，结果如图 3-68 所示。

（6）单击"绘图"工具栏→"圆"→"相切、相切、半径"按钮。分别绘制半径为 20 的圆形，该圆形与直径为 52 和半径为 158 的两个圆形相外切；绘制半径为 12 的圆形，该圆形与点 O 为圆心、半径为 24 的圆形相外切，并与以点 F 为圆心、半径为 40 的圆形相内切。

单击"直线"按钮，通过对象捕捉"切点"，绘制与以点 E 为圆心、半径为 30 和以点 O 为圆心、半径为 24 的两个圆形都相切的直线，结果如图 3-69 所示。

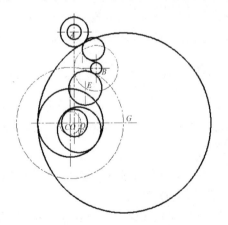

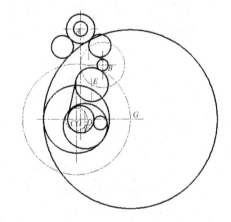

图 3-68　根据图形关系绘制圆形　　　　图 3-69　绘制与已知对象相切的圆形和直线

（7）单击"修剪"按钮，根据提示选择修剪边，对图形进行修剪，同时删除多余的线条，获得最终结果。

技能拓展

拓展 3.1　绘制如图 3-70 所示的图形。

拓展 **3.2** 绘制如图 3-71 所示的图形。
拓展 **3.3** 绘制如图 3-72 所示的图形。
拓展 **3.4** 绘制如图 3-73 所示的图形。
拓展 **3.5** 绘制如图 3-74 所示的图形。
拓展 **3.6** 绘制如图 3-75 所示的图形。

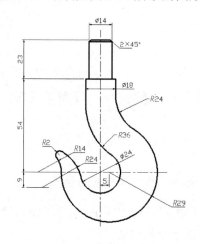

图 3-70　绘制图形（1）

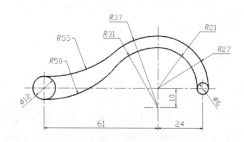

图 3-71　绘制图形（2）

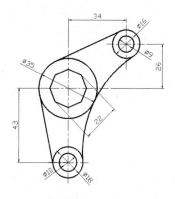

图 3-72　绘制图形（3）

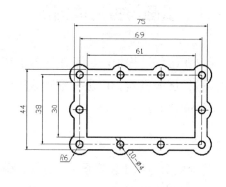

图 3-73　绘制图形（4）

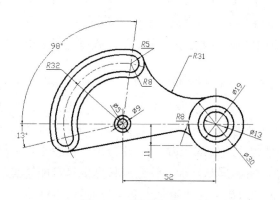

图 3-74　绘制图形（5）

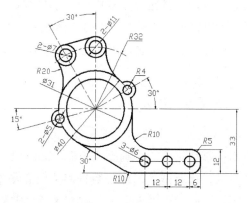

图 3-75　绘制图形（6）

第 4 章　控制图形显示与图层应用

知识目标

了解图形对象重画与重生成的含义；了解视图窗口的重要作用；了解设置图层、线型及颜色的意义。

技能目标

熟悉缩放和平移视图；熟悉视口和操作；熟悉图层、线型及颜色的设置。

视窗是绘图软件的眼睛，视窗操作是用户同计算机对话的主要手段。在 AutoCAD 2021 中，用户可以使用多种方法灵活观察图形的整体效果或局部细节。

4.1　重画与重生成图形

用户在绘图过程中，经常在屏幕上留下各种痕迹，为了消除这些痕迹，必须执行重画功能，进行屏幕刷新。但是对于某些操作，仅通过重画还不能反映其操作结果，此时必须执行重生成功能。

1. 重画图形

"重画"命令用于刷新屏幕显示，使屏幕重画。无论何时，只要看到图形中有标识指定点的点标记或临时标记，都可以调用"重画"命令刷新屏幕显示。如果在同一位置绘制了两条直线，并且删除了其中的一条直线，但是，有时看起来好像两条直线都被删除了，此时，就可以使用"重画"命令。重画只刷新屏幕显示，与数据的重生成不同。

要使用屏幕重画，可在命令行中输入 REDRAW 命令后按 Enter 键，或者选择菜单栏中的"视图"→"重画"命令。

2. 重生成图形

"重生成"命令用于重生成屏幕上的图形数据。在通常情况下，如果使用"重画"命令刷新屏幕后仍不能正确反映图形，此时应该使用"重生成"命令。"重生成"命令不仅能刷新显示，而且能更新图形数据库中所有图形对象的屏幕坐标，该命令将提供尽可能精确的图形。因此调用"重生成"命令重新生成图形的时间要比"重画"命令所用的时间长。

在 AutoCAD 2021 中，要使用屏幕重生成，可以在命令行中输入 REGEN 命令后按 Enter

键，或者选择菜单栏中的"视图"→"重生成"命令。

4.2 缩放视图

用户可以通过放大和缩小操作更改视图的比例，类似于使用相机进行缩放。使用"缩放"命令不会更改图形中对象的绝对大小，它仅更改视图的比例。

AutoCAD 2021 提供了以下 3 种调用"缩放"命令的方法。

（1）单击"缩放"工具栏→"缩放"按钮。

（2）选择菜单栏中的"视图"→"缩放"命令。

（3）单击"导航栏"→"缩放"按钮。

在默认情况下，AutoCAD 2021 中不显示"缩放"工具栏。选择菜单栏中的"工具"→"工具栏"→"AutoCAD"→"缩放"命令（见图 4-1），即可调出"缩放"工具栏。

选择菜单栏中的"视图"→"缩放"命令，即可弹出"缩放"子菜单，如图 4-2 所示。

单击功能区中的"视图"选项卡→"视图工具"面板→"导航栏"按钮，即可调出导航栏。单击导航栏中的"缩放"下拉按钮，即可弹出"缩放"下拉列表，根据需要选择缩放选项，如图 4-3 所示。

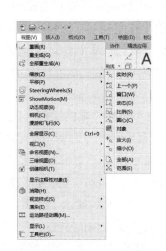

图 4-1 "缩放"工具栏　　　　图 4-2 "缩放"子菜单　　　　图 4-3 "缩放"下拉列表

"缩放"子菜单中的各命令功能含义如下。

- "实时"命令：交互缩放以更改视图的比例。光标将变为带有加号（+）和减号（−）的放大镜。

在窗口的中点按住拾取键并垂直向上移动到窗口顶部则放大 100%。反之，在窗口的中点按住拾取键并垂直向下移动到窗口底部则缩小 100%。

当达到放大极限时，光标上的加号将消失，表示无法继续放大。当达到缩小极限时，光标上的减号将消失，表示无法继续缩小。

当松开拾取键时，终止缩放。在松开拾取键后，先将光标移动到图形的另一个位置，再按住拾取键便可从该位置继续缩放显示。

如果要退出缩放，则按 Enter 键或 Esc 键。

- "上一个"命令：缩放显示上一个视图。最多可恢复此前的 10 个视图。
- "窗口"命令：缩放显示矩形窗口指定的区域，如图 4-4 所示。

当使用光标时，可以定义模型区域以填充整个窗口。

- "动态"命令：使用矩形视图框进行平移和缩放操作。视图框表示视图，可以更改它的大小，或在图形中移动。移动视图框或调整它的大小，将其中的视图平移或缩放，以充满整个视口，如图 4-5 所示。

如果想要更改视图框的大小，则单击后调整其大小，再次单击以接受视图框的新大小。

如果想要使用视图框进行平移操作，将其拖动到所需的位置，按 Enter 键。

缩放窗口之前

缩放窗口之后

视图框

新视图

图 4-4　窗口缩放　　　　　　　　　　　图 4-5　动态缩放

- "比例"命令：使用比例因子缩放视图以更改其比例。

输入的值后面跟着 X，表示根据当前视图指定比例。

输入的值后面跟着 XP，表示指定相对于图纸空间单位的比例。

例如，输入 0.5X，表示使屏幕上的每个对象显示为原大小的二分之一。

输入 0.5XP，表示以图纸空间单位的二分之一显示模型空间。创建每个视口以不同的比例显示对象的布局。

输入值，表示指定相对于图形栅格界限的比例（此选项很少用）。例如，如果缩放到图形界限，则输入 2，表示将以对象原来尺寸的两倍显示对象。

- "圆心"命令：缩放以显示由中心点和比例值/高度所定义的视图。当高度值较小时，增加放大比例，如图 4-6 所示。当高度值较大时，减小放大比例。
- "对象"命令：缩放以尽可能大地显示一个或多个选定的对象，并使其位于视图的中心。
- "放大"命令：使用比例因子 2 放大当前视图比例。
- "缩小"命令：使用比例因子 2 缩小当前视图比例。

中心缩放之前

中心缩放之后，放大比例增加

图 4-6　圆心缩放

- "全部"：缩放以显示所有可见对象和视觉辅助工具。

调整绘图区域的放大比例，以适应图形中所有可见对象的范围，或者适应视觉辅助工具[如栅格界限（LIMITS 命令）]的范围，取两者中较大者。

- "范围"命令：缩放以显示所有对象的最大范围。

计算模型中每个对象的范围，并使用这些范围来确定模型的填充窗口方式。

此外，在 AutoCAD 2021 中，用户也可以直接拖曳鼠标中键进行视图缩放。

4.3 平移视图

使用"平移"命令平移视图，可以重新定位图形，以便看清图形的其他部分。使用"平移"命令平移视图时，视图的显示比例不会变。

选择菜单栏中的"视图"→"平移"命令，弹出"平移"子菜单，如图 4-7 所示。用户除了可以使用"左""右""上""下"命令平移视图，还可以使用"实时"命令和"点"命令平移视图。

"实时"命令：在实时平移模式下，鼠标指针变成小手形状，按下鼠标左键拖动，窗口内的图形就可按鼠标指针移动的方向移动。释放鼠标左键，可以返回平移等待状态。按 Esc 键或 Enter 键，可以退出实时平移模式。

图 4-7 "平移"子菜单

"点"命令：指定基点和位移来平移视图。

此外，用户也可以通过"导航栏"中的"平移"按钮，或者按下鼠标中键，然后拖动鼠标指针进行平移操作。

4.4 使用命名视图

用户可以在一张复杂的工程图纸上创建多个视图。当要观看、修改图纸上的某部分视图时，再恢复该视图。

1. 命名视图

选择菜单栏中的"视图"→"命名视图"命令（VIEW），或者单击"视图"工具栏→"命名视图"按钮，打开"视图管理器"对话框，如图 4-8 所示。

"视图管理器"对话框中部分选项的功能含义如下。

- "当前视图"选项：显示当前视图的名称。
- "查看"选项区：已命名视图的类别。
- "置为当前"按钮：单击该按钮，可以将选中的命名视图设置为当前视图。
- "新建"按钮：单击该按钮，打开"新建视图/快照特性"对话框，如图 4-9 所示。通过该对话框可以创建新的命名视图，此时需要设置视图名称、类别，以及创建视图的区域（是当前视图还是重新定义）、UCS 设置和背景。
- "更新图层"按钮：使用选中的命名视图中保存的图层信息更新当前的图层信息。
- "编辑边界"按钮：单击该按钮，切换到绘图窗口，可以重新定义视图的边界。

2. 恢复命名视图

在 AutoCAD 2021 中，用户可以一次命名多个视图。如果想要重新使用一个已命名的视图，则只需要将该视图设置为当前视口。如果绘图窗口中包含多个视口，则可以将视图恢复到活动视口中，或者将不同的视图恢复到不同的视口中，以同时显示模型的多个视图。恢复视图时可以恢复视口的中点、查看方向、缩放比例因子、透视图等设置。如果在命名视图时将当前的 UCS 随视图一起保存起来，当恢复视图时，也可以恢复 UCS。

图 4-8 "视图管理器"对话框

图 4-9 "新建视图/快照特性"对话框

4.5 使用平铺视口

视口是显示用户的不同视图的区域。在大型或复杂的图形中，显示不同的视图可以缩短在单一视图中缩放或平移的时间。而且，在一个视图中出现的错误可能会在其他视图中表现出来。

1. 平铺视口

在 AutoCAD 2021 中，使用"视图"→"视口"子菜单中的命令，或者使用"视口"工具栏，又或者单击功能区中的"视图"选项卡→"模型视口"面板→"视口配置"下拉按钮，可以在模型空间中创建和管理平铺视口，如图 4-10 所示。

图 4-10 "视口"子菜单、"视口"工具栏和"视口配置"下拉按钮

2. 创建平铺视口

选择菜单栏中的"视图"→"视口"→"新建视口"命令，或者单击"视口"工具栏→"显示视口对话框"按钮，又或者单击功能区中的"视图"选项卡→"模型视口"面板→"命名"按钮，打开"视口"对话框，如图4-11所示。

在"视口"对话框中，用户使用"新建视口"选项卡可以显示标准视口配置列表，还可以创建并设置新的平铺视口。该选项卡包括以下几个选项。

- "新名称"文本框：设置新创建的平铺视口的名称。
- "标准视口"列表框：显示用户可用的标准视口配置。
- "预览"选项区：预览用户所选视口配置，以及已赋给每个视口的默认视图的预览图像。
- "应用于"下拉列表：设置将所选的视口配置是用于整个显示屏幕还是当前视口。该下拉列表有两个选项，"显示"选项用于设置将所选的视口配置用于模型空间中的整个显示区域，是默认选项；"当前视口"选项用于设置将所选的视口配置用于当前视口。
- "设置"下拉列表：指定二维或三维设置。如果选择"二维"选项，则使用视口中的当前视图来初始化视口配置；如果选择"三维"选项，则使用正交的视图来配置视口。
- "修改视图"下拉列表：选择一个视口配置代替已选择的视口配置。
- "视觉样式"下拉列表：选择一种视觉样式代替当前的视觉样式。

在"视口"对话框中，用户使用"命名视口"选项卡可以显示图形中已命名的视口配置。当选择一个视口配置后，该视口配置的布局情况将显示在预览窗口中，如图4-12所示。

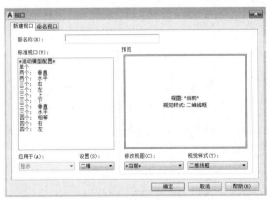

图4-11 "视口"对话框   图4-12 "命名视口"选项卡

3. 分割与合并视口

在AutoCAD 2021中，选择"视图"→"视口"子菜单中的命令，可以在不改变视口显示的情况下，分割或合并当前视口。例如，选择菜单栏中的"视图"→"视口"→"一个视口"命令，可以将当前视口扩大到充满整个绘图窗口；选择菜单栏中的"视图"→"视口"→"两个视口"命令、"三个视口"命令或"四个视口"命令，可以将当前视口分割为

2个、3个或4个视口。

选择菜单栏中的"视图"→"视口"→"合并"命令，或者单击功能区中的"视图"选项卡→"模型视口"面板→"合并"按钮，系统要求用户首先选定一个视口作为主视口，然后选择一个相邻视口，将该视口与主视口合并。

4.6 创建与设置图层

在 AutoCAD 2021 中，所有图形对象都具有图层、颜色、线型和线宽 4 个基本属性。使用不同的图层、颜色、线型和线宽绘制不同的对象元素，可以方便地控制对象的显示和编辑，提高绘制复杂图形的效率和准确性。

4.6.1 图层的概念与用途

可以这样来简单地理解图层：每一个图层就相当于一张完全透明的图纸，用 AutoCAD 来绘制图形时使用了许多张这种完全透明的图纸，即用到了许多图层。在机械、建筑等工程制图中，图形中主要包括基准线、轮廓线、虚线、剖面线、尺寸标注及文字说明等元素。如果用图层来管理，不仅能使图形的各种信息清晰有序，便于观察，而且会给图形的编辑、修改和输出带来方便。

用户在绘图时，应先创建几个图层，每个图层设置不同的颜色和线型。例如，创建一个用于绘制中心线的图层，并为该图层指定红色和 CENTER 线型；创建一个用于绘制虚线的图层，并为该图层指定蓝色和 DASHED 线型；创建一个用于标注尺寸和文本的图层，并为该图层指定黄色和 Continuous 线型。

4.6.2 创建图层

1. 图层特性管理器

对图层的操作主要是在"图层特性管理器"选项板中进行的。选择菜单栏中的"格式"→"图层"命令，或者单击功能区中的"默认"选项卡→"图层"面板→"图层特性"按钮，打开"图层特性管理器"选项板，如图4-13所示。"过滤器"列表框中显示了当前图形中所有使用的图层、组过滤器。图层列表中显示了图层的详细信息。

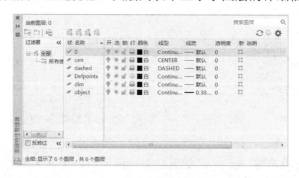

图4-13 "图层特性管理器"选项板

2. 创建新图层

当开始绘制新图形时，AutoCAD 2021 自动创建一个名称为"0"的特殊图层。在默认情况下，图层 0 指定使用 7 号颜色（白色或黑色由背景色决定）和 Continuous 线型，"默认"线宽及 Normal 打印样式。用户不能删除或重命名"0"图层。

在"图层特性管理器"选项板中单击"新建图层"按钮，可以创建一个名称为"图层 1"的新图层，且该图层与当前图层的状态、颜色、线型、线宽等设置相同。如果单击"新建图层"按钮，则可以创建一个新图层，但该图层在所有的视口中都被冻结。

当创建了新图层后，图层的名称将显示在图层列表框中，如果想要更改图层名称，则单击该图层名称，输入一个新的图层名称并按 Enter 键即可。

3. 指定图层的颜色

颜色在图形中具有非常重要的作用，可用来表示不同的组件、功能和区域。图层的颜色实际上是图层中图形对象的颜色。每个图层都拥有自己的颜色，对不同的图层可以设置相同的颜色，也可以设置不同的颜色，这样在绘制复杂图形时就可以很容易区分图形的各部分。新建图层后，在"图层特性管理器"选项板中单击图层的"颜色"对应的图标，打开"选择颜色"对话框，如图 4-14 所示。在"选择颜色"对话框中，可以使用"索引颜色""真彩色""配色系统"3 个选项卡为图层设置颜色。

图 4-14 "选择颜色"对话框

- "索引颜色"选项卡：可以使用 AutoCAD 的标准颜色。"AutoCAD 索引颜色"列表框中提供了 9 种标准常用的颜色。图层的颜色用颜色号表示，颜色号是从 1 到 255 的整数。前 7 个颜色号已赋予标准颜色，颜色号 1、2、3、4、5、6、7 分别对应红色、黄色、绿色、青色、蓝色、洋红色、白色。

- "真彩色"选项卡：使用 24 位颜色定义显示 16M 色。当指定真彩色时，可以使用 RGB 或 HSL 颜色模式。如果使用 RGB 颜色模式，则可以指定颜色的红、绿、蓝组合；如果使用 HSL 颜色模式，则可以指定颜色的色调、饱和度和亮度三要素，如图 4-15 所示。在这两种颜色模式下，可以得到同一种颜色，但是组合颜色的方式不同。

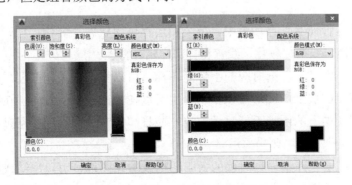

图 4-15 RGB 或 HSL 颜色模式

• "配色系统"选项卡：使用标准 Pantone 配色系统设置图层的颜色，如图 4-16 所示。

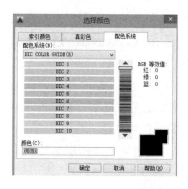

图 4-16 "配色系统"选项卡

4. 指定图层的线型

在默认情况下，图层的线型为 Continuous。如果想要改变线型，则在图层列表中单击"线型"列的 Continuous，打开"选择线型"对话框，在"已加载的线型"列表框中选择一种线型，即可将其应用到图层中，如图 4-17 所示。

在默认情况下，"选择线型"对话框的"已加载的线型"列表框中只有 Continuous 一种线型，如果想要使用其他线型，则必须将其添加到"已加载的线型"列表框中。可以单击"加载"按钮，打开"加载或重载线型"对话框，如图 4-18 所示，从当前线型库中选择需要加载的线型，单击"确定"按钮。

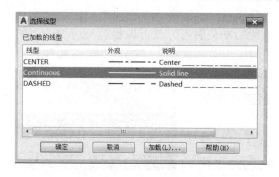

图 4-17 "选择线型"对话框

图 4-18 "加载或重载线型"对话框

4.6.3 图层的设置

图层设置包括图层状态和图层特性。图层状态包括图层是否打开、冻结、锁定、打印和在新视口中自动冻结。图层特性包括颜色、线型、线宽和打印样式，可以选择要保存的图层状态和图层特性。例如，用户可以选择只保存图形中图层的"冻结／解冻"设置，忽略所有其他设置。当恢复图层状态时，除每个图层的冻结或解冻设置外，其他设置保持当前设置。

1. 图层状态

在"图层特性管理器"选项板中，每个图层都包含状态、名称、打开／关闭、冻结／解冻、锁定／解锁、线型、颜色、线宽和打印样式等特性。

开关状态：单击"开"列对应的小灯泡图标，可以打开或关闭图层。在开状态下，灯泡的颜色为黄色，图层上的图形可以显示，也可以在输出设备上打印；在关状态下，灯泡的颜色为灰色，图层上的图形不能显示，也不能打印。在关闭当前图层时，系统将显示一个消息对话框，警告正在关闭当前层。

冻结：单击图层"冻结"列对应的太阳图标或雪花图标，可以冻结或解冻图层。当图层被冻结时显示雪花图标，此时图层上的图形对象不能显示、打印和编辑；当图层被解冻时显示太阳图标，此时图层上的图形对象能够显示、打印和编辑。

锁定：单击"锁定"列对应的关闭或打开小锁图标，可以锁定或解锁图层。图层在锁定状态下不会影响图形对象的显示，不能对该图层上已有图形对象进行编辑，但可以绘制新图形对象。此外，在锁定的图层上可以使用查询命令和对象捕捉功能。

2. 图层特性

打印样式：通过"打印样式"列确定各图层的打印样式，如果使用的是彩色绘图仪，则不能改变这些打印样式。

打印：单击"打印"列对应的打印机图标，可以设置图层是否能够被打印，在保持图层显示可见性不变的前提下控制图层的打印特性。打印功能只对没有冻结和关闭的图层起作用。

说明：双击"说明"列，可以为图层或组过滤器添加必要的说明信息。

3. 将图层置为当前层

在"图层特性管理器"选项板的图层列表中，选择某一图层后，单击"置为当前图层"按钮，即可将该图层设置为当前层。在绘图时，可通过"图层"工具栏中的图层下拉列表框来实现图层切换。

4. 删除图层

在"图层特性管理器"选项板的图层列表中先选择要删除的图层，再单击"删除图层"按钮，就可以将所选择的图层删除。在删除图层时，当前图层、"0"图层、依赖外部参照的图层及包含对象的图层都是不能被删除的。

4.6.4 改变对象所在图层

在实际绘图中，如果绘制完某一图形对象后，发现该对象并没有绘制在预先设置的图层上，可以改变对象所在图层，具体操作步骤如下。

（1）选中该图形对象。

（2）单击功能区中的"默认"选项卡→"图层"面板→"图层"下拉按钮，弹出图层下拉列表，如图 4-19 所示。

（3）在弹出的图层下拉列表中选择对象应在的图层，即可改变对象所在图层。

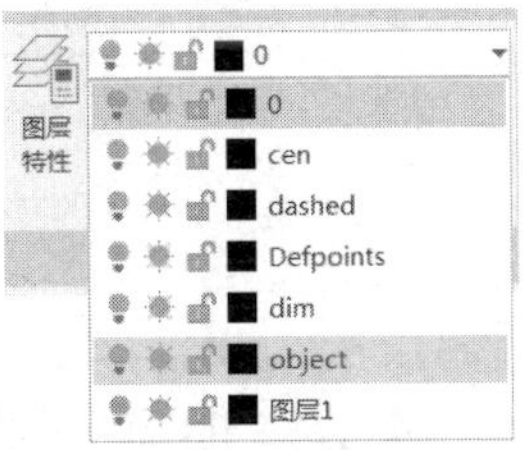

4.6.5 对图层列表进行过滤

当用户希望在"图层特性管理器"选项板中只列出某些图层时，使用图层过滤器可以限制列出的图层名称。用户可以根据下列条件过滤图层名称。

（1）是否设置打印图层。

（2）图层名称、颜色、线型、线宽和打印样式。

图 4-19 图层下拉列表

（3）打开还是关闭图层。

（4）在当前视口中冻结图层还是解冻图层。

（5）锁定图层还是解锁图层。

图层过滤功能简化了图层方面的操作，在"图层特性管理器"选项板中单击"新特性过滤器"按钮，可以使用打开的"图层过滤器特性"对话框来命名图层过滤器，如图 4-20 所示。在 AutoCAD 2021 中，用户还可以通过"新组过滤器"过滤图层。在"图层特性管理器"选项板中单击"新组过滤器"按钮，并在该选项板左侧的"过滤器"列表框中添加一个"组过滤器 1"（也可以根据需要重命名组过滤器）。在"过滤器"列表框中单击"所有使用的图层"节点或其他过滤器，显示对应的图层信息，将需要分组过滤的图层拖动到创建的"组过滤器 1"上即可，如图 4-21 所示。

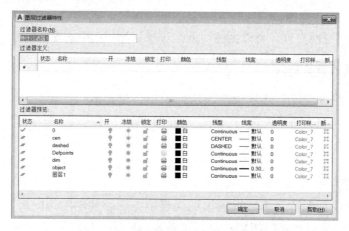

图 4-20 "图层过滤器特性"对话框

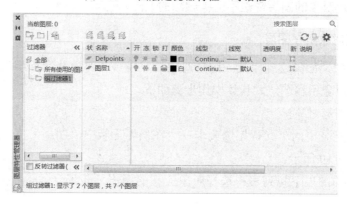

图 4-21 "新组过滤器"过滤图层

4.7 加载线型与调整线型比例

线型是作为图形基本元素的线条的组成和显示方式。AutoCAD 2021 中有简单常用线型，也有由一些特殊符号构成的复杂线型，可以满足不同行业标准的要求。

1．为对象设置线型

在绘图时，所绘的对象可以采用图层的线型，此时"默认"
选项卡中"特性"面板的"线型"下拉列表框中显示为
ByLayer，即当前线型设置为随层。也可以使用不同于图层的其
他线型进行绘图，操作方法是：单击"特性"面板→"线型"下
拉按钮，从下拉列表框中选择一种线型（如 ByLayer），如图 4-22
所示。"线型"下拉列表框内的线型需要加载，详见下面介绍。

如果用户需要使用图层的线型进行绘图，则从"特性"面
板的"线型"下拉列表框中选择 ByLayer。

图 4-22　"线型"下拉列表框

2．加载线型

在绘图时，经常要使用不同的线型，如中心线、虚线、实线等。AutoCAD 2021 中的线
型包含在线型库定义文件 acad.lin 和 acadiso.lin 中，其中，在英制测量系统下，使用线型
库定义文件 acad.lin；在公制测量系统下，使用线型库定义文件 acadiso.lin。根据需要，单
击"加载或重载线型"对话框中的"文件"按钮，打开"选择线型文件"对话框，选择合
适的线型库定义文件。

3．调整线型比例

在 AutoCAD 2021 定义的各种线型中，除 Continuous 线型外，每种线型都是由线段、
空格、点或文本所构成的序列。当用户设置的绘图界限与默认的绘图界限差别较大时，在
屏幕上显示或绘图仪输出的线型会不符合工程制图的要求，此时需要调整线型比例。

选择菜单栏中的"格式"→"线型"命令，打开"线型管理器"对话框，如图 4-23 所
示，可设置图形中的线型比例。

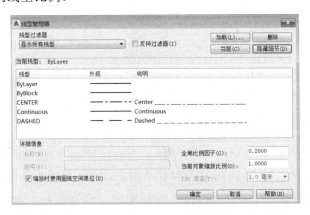

图 4-23　"线型管理器"对话框

"线型管理器"对话框显示了当前使用的线型和可选择的其他线型。当在线型列表中选
择某一线型后，可以在"详细信息"选项区中设置线型的"全局比例因子"和"当前对象
缩放比例"，其中，"全局比例因子"文本框用于设置图形中所有线型的比例；"当前对象缩
放比例"文本框用于设置当前选中线型的比例。

4.8 设置图层线宽

在"图层特性管理器"选项板的"线宽"列中单击该图层对应的线宽"默认"图标，打开"线宽"对话框，有 20 多种线宽可供选择，如图 4-24 所示。也可以选择菜单栏中的"格式"→"线宽"命令，打开"线宽设置"对话框，调整线宽比例可使图形中的线宽显示得更宽或更窄，如图 4-25 所示。

图 4-24 "线宽"对话框

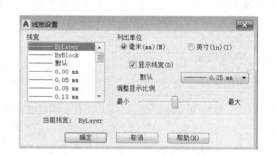

图 4-25 "线宽设置"对话框

实战演练

按表 4-1 要求新建以下图层并设置线型、颜色、线宽。

表 4-1 图层、线型、颜色及线宽设置要求

名　　称	颜　　色	线　　型	线　　宽	用　　途
粗实线	白色	Continuous	0.5mm	实体
中心线	红色	CENTER	0.25mm	中心线
虚线	蓝色	HIDDENX2	0.25mm	隐藏线
尺寸线	绿色	HIDDENX2	0.25mm	尺寸标注
细实线	白色	HIDDENX2	0.25mm	细实线
文字	绿色	HIDDENX2	0.25mm	文字
剖面线	青色	HIDDENX2	0.25mm	剖面线

（1）选择菜单栏中的"格式"→"图层"命令，或者单击功能区中的"默认"选项卡→"图层"面板→"图层特性"按钮，打开"图层特性管理器"选项板，如图 4-26 所示。

（2）单击"新建图层"按钮，创建一个新图层，在"名称"列文本框中输入图层名"粗实线"。

（3）单击"颜色"列上的图标，打开"选择颜色"对话框，在标准颜色区中单击白色，"颜色"列文本框中即可显示颜色名称"白"，单击"确定"按钮，返回"图层特性管理器"选项板。

（4）使用默认的线型 Continuous。

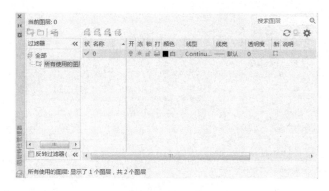

图 4-26 "图层特性管理器"选项板

（5）单击"线宽"列上的图标，打开"线宽"对话框，在"线宽"列表框中选择0.5mm，单击"确定"按钮，返回"图层特性管理器"选项板，如图 4-27 所示。

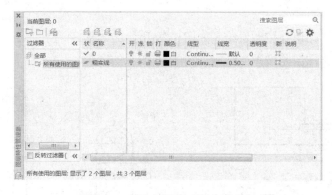

图 4-27 新建并设置"粗实线"层

（6）单击"新建图层"按钮，创建一个新图层，在"名称"列文本框中输入图层名"中心线"。

（7）单击"颜色"列上的图标，打开"选择颜色"对话框，在标准颜色区中单击红色，"颜色"列文本框中即可显示颜色名称"红"，单击"确定"按钮，返回"图层特性管理器"选项板。

（8）单击"线型"列上的图标，打开"选择线型"对话框，单击"加载"按钮，打开"加载或重载线型"对话框，在"可用线型"列表框中选择线型 CENTER，单击"确定"按钮，返回"选择线型"对话框。

（9）单击"线型"列上的图标，打开"选择线型"对话框，在"选择线型"对话框的"已加载的线型"列表框中选择 CENTER，单击"确定"按钮，返回"图层特性管理器"选项板。

（10）单击"线宽"列上的图标，打开"线宽"对话框，在"线宽"列表框中选择0.25mm，单击"确定"按钮，返回"图层特性管理器"选项板。

（11）重复以上步骤，按题中要求设置其余图层。

（12）设置完成后，单击"确定"按钮，结果如图 4-28 所示。

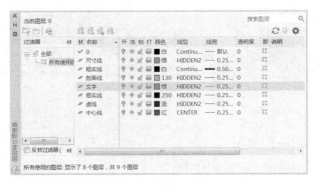

图 4-28　设置图层、线型、颜色及线宽

技能拓展

拓展 **4.1**　创建图层并按图层绘制如图 4-29 所示的图形。

拓展 **4.2**　创建图层并按图层绘制如图 4-30 所示的图形。

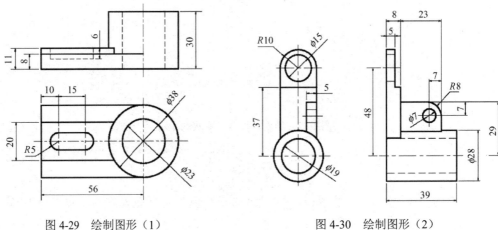

图 4-29　绘制图形（1）　　　　　　　　图 4-30　绘制图形（2）

第5章 面域与图案填充

知识目标

了解面域的基本含义；熟悉布尔运算的内涵；熟悉图案填充和渐变色的设置。

技能目标

掌握面域的创建、面域的布尔运算；掌握从面域中提取数据；熟练使用设置图案填充和渐变色的操作。

面域是指具有边界的平面区域，它是一个面对象，内部可以包含孔。从外观来看，面域和一般的封闭线框没有区别，但实际上面域就像是一张没有厚度的纸，除了包括边界，还包括边界内的平面。

图案填充是一种使用指定线条图案、颜色来充满指定区域的操作，常用于表达剖切面和不同类型物体对象的外观纹理等，被广泛应用在绘制机械图、建筑图及地质构造图等各类图形中。

5.1 使用面域

在 AutoCAD 2021 中，用户可以将由某些对象围成的封闭区域转换为面域，这些封闭区域可以是圆、椭圆、封闭的二维多段线和样条曲线等对象，也可以是由圆弧、直线、二维多段线、椭圆弧、样条曲线等对象构成的封闭区域。

5.1.1 创建面域

利用"面域"命令创建面域。

（1）选择菜单栏中的"绘图"→"面域"命令，或者单击"绘图"工具栏→"面域"按钮，又或者单击功能区中的"默认"选项卡→"绘图"面板→"面域"按钮。

（2）选择一个或多个用于转换为面域的封闭图形，当按下 Enter 键后，即可将它们转换为面域。

由于圆、多边形等封闭图形属于线框模型，而面域属于实体模型，因此它们在被选中时所表现的形式也不相同。图 5-1 所示为选中圆和圆形面域时的效果。

利用"边界"命令创建面域。

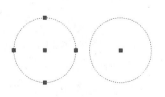

图 5-1 选中圆和圆形面域时的效果

（1）选择菜单栏中的"绘图"→"边界"命令，或者单击"绘图"工具栏→"边界"按钮，又或者单击功能区中的"默认"选项卡→"绘图"面板→"边界"按钮，打开"边界创建"对话框。

（2）在"边界创建"对话框的"对象类型"下拉列表中，选择"面域"选项，如图 5-2（a）所示。

（3）单击"拾取点"按钮。

（4）在要定义面域的闭合图形中拾取一点，并按 Enter 键，完成面域的创建，如图 5-2（b）所示。

（a）"边界创建"对话框

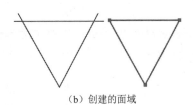
（b）创建的面域

图 5-2 "边界创建"对话框及所创建的面域

在 AutoCAD 2021 中，创建的面域总是以线框的形式显示。用户可以对面域进行一些编辑操作，如复制、移动等。

另外，如果要分解面域，则可以选择菜单栏中的"修改"→"分解"命令，或者单击"修改"工具栏→"分解"按钮，又或者单击功能区中的"默认"选项卡→"修改"面板→"分解"按钮，将面域的各个区域转换成相应的线段、圆、圆弧等对象。

5.1.2 面域的布尔运算

布尔运算是数学上的一种逻辑运算，在 AutoCAD 2021 绘图中使用布尔运算能够提高绘图效率，尤其当绘制比较复杂的图形时。布尔运算的对象只包括实体和共面的面域，而对于普通的线条图形对象无法使用布尔运算。

面域可以执行"并集""差集""交集"3 种布尔运算，其效果如图 5-3 所示。

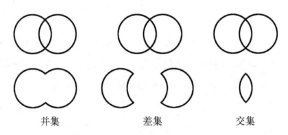
并集   差集   交集

图 5-3 面域的布尔运算

并集：在 AutoCAD 2021 中，选择菜单栏中的"修改"→"实体编辑"→"并集"命令，或者单击"实体编辑"工具栏→"并集"按钮，可以创建面域的并集。此时，系统要求用户连续选择要合并的面域对象，直至按 Enter 键，即可将选择的面域合并为一个图形，并结束当前命令。

差集：在 AutoCAD 2021 中，选择菜单栏中的"修改"→"实体编辑"→"差集"命令，或者单击"实体编辑"工具栏→"差集"按钮，可以创建面域的差集。此时，系统将用一部分面域减去另一部分面域。

交集：在 AutoCAD 2021 中，选择菜单栏中的"修改"→"实体编辑"→"交集"命令，或者单击"实体编辑"工具栏→"交集"按钮，可以创建面域的交集，即几个面域的公共部分。此时，系统需要同时选择两个或两个以上面域对象，直至按 Enter 键，即可将选择的面域对象的公共部分创建为一个面域，并结束当前命令。

5.1.3 从面域中提取数据

面域对象除了具有一般图形对象的属性，还具有面对象的属性，其中一个重要的属性就是质量特性。

在 AutoCAD 2021 中，选择菜单栏中的"工具"→"查询"→"面域/质量特性"命令，并选择要提取数据的面域对象，按 Enter 键，系统将自动切换到"AutoCAD 文本窗口"对话框，该对话框显示了选择的面域对象的数据特性，如图 5-4 所示。

从图 5-4 中可以看到，系统命令行显示"是否将分析结果写入文件？［是(Y) /否(N)］＜否>:"，提示信息是询问用户是否将分析结果以文件的形式保存在磁盘中。默认值为否，按 Enter 键不保存并结束命令。输入 Y，可将分析结果存储到文件中，这时打开"创建质量与面积特性文件"对话框，通过此对话框可以确定文件保存的路径与文件名称，如图 5-5 所示。

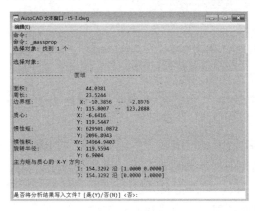

图 5-4　"AutoCAD 文本窗口"对话框　　　　图 5-5　"创建质量与面积特性文件"对话框

5.2　使用图案填充

重复绘制某些图案以填充图形中的一个区域，从而表达该区域的特征，这种填充操作称为"图案填充"。图案填充的应用非常广泛，例如，在机械工程图中，用户可以用图案填充表达一个剖切的区域，也可以使用不同的图案填充来表达不同的零部件或材料。

5.2.1 设置图案填充

选择菜单栏中的"绘图"→"图案填充"命令，或者单击"绘图"工具栏→"图案填充"按钮，又或者单击功能区中的"默认"选项卡→"绘图"面板→"图案填充"按钮，激活"图案填充"命令。如果功能区处于活动状态，将显示"图案填充创建"上下文选项卡，如图 5-6 所示。单击"选项"面板右下角的下拉箭头，打开"图案填充和渐变色"对话框，如图 5-7 所示。

图 5-6 "图案填充创建"上下文选项卡

图 5-7 "图案填充和渐变色"对话框

下面介绍"图案填充创建"上下文选项卡部分选项的功能含义。

- "边界"面板："边界"面板包括添加"拾取点""选择""删除""重新创建"按钮，各按钮的功能含义如下。
  - "拾取点"按钮：拾取内部点，根据围绕指定点构成封闭区域的现有对象来创建边界。单击该按钮，用户可以在需要填充的区域内移动光标，系统会自动计算出包围该点的封闭填充边界，并显示填充效果，单击完成填充，如图 5-8 所示。如果在拾取点后系统不能形成封闭的填充边界，则会显示错误提示信息。
  - "选择"按钮：单击该按钮后，用户可以通过选择边界对象的方式来创建填充区域的边界，如图 5-9 所示。

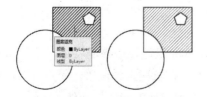

图 5-8 利用"拾取点"按钮创建边界

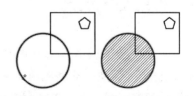

图 5-9 利用"选择"按钮创建边界

- "删除"按钮：单击该按钮后，可以取消系统自动计算或用户指定的边界。图 5-10 所示为包含边界与删除边界时的效果对比。
- "重新创建"按钮：用于重新创建图案填充边界。
- "图案"面板：用于设置填充的图案。该面板的内容随"特性"面板中的"图案填充类型"选项的改变而改变。用户可以单击"图案"面板右下角的下拉按钮，在弹出的下拉列表框中选择图案，如图 5-11 所示。

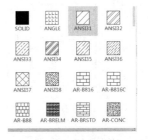

图 5-10　包含边界与删除边界时的效果对比　　　图 5-11　填充图案下拉列表框

- "特性"面板：该面板包含图案填充类型、图案填充颜色、图案背景色、图案填充透明度、角度和比例 6 个选项，如图 5-12 所示。

图 5-12　"特性"面板

- "图案填充类型"下拉列表：用于设置填充的图案类型，包括"实体""渐变色""图案""用户定义"4 个选项。这 4 个选项的功能含义如下。

"实体"选项：使用纯色填充区域。

"渐变色"选项：以一种渐变色填充封闭区域。渐变色填充可显示为明（一种与白色混合的颜色）、暗（一种与黑色混合的颜色）或两种颜色之间的平滑过渡，如图 5-13 所示。

图 5-13　渐变色填充设置

"图案"选项：从系统提供的 70 多种符合 ANSI、ISO 和其他行业标准的填充图案中进行选择，或者添加由其他公司提供的填充图案。

"用户定义"选项：基于当前的线型，以及使用指定的间距、角度、颜色和其他特性来定义填充图案。

- "角度"文本框：用于设置填充的图案旋转角度，每种图案在定义时的旋转角度都为 0°。
- "比例"文本框：用于设置图案填充时的比例值。每种图案在定义时的初始比例都为 1。用户可以根据需要放大或缩小。

- "原点"面板：在通常情况下，采用默认的填充原点基本上可以满足设计要求。但在某些设计场合，可能需要重新设置图案填充的原点。例如，如果创建砖形图案填充，则可能希望从填充区域的左下角开始铺设完整的砖块，如图 5-14 所示。

在功能区"图案填充创建"上下文选项卡中打开"原点"溢出面板，使用相应的按钮可以控制填充原点，如图 5-15 所示。

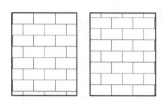

图 5-14　默认原点和"左下角"原点对比

图 5-15　"原点"溢出面板

5.2.2　设置渐变色填充

在启用功能区的情况下，单击功能区中的"默认"选项卡→"绘图"面板→"渐变色"按钮，或者选择菜单栏中的"绘图"→"渐变色"命令，又或者单击"绘图"工具栏→"渐变色"按钮，功能区会出现"图案填充创建"上下文选项卡，此时该选项卡的"特性"面板中的图案填充类型为"渐变色"，如图 5-16 所示；单击"选项"面板内右下角的下拉箭头，打开"图案填充和渐变色"对话框，并自动切换到"渐变色"选项卡，如图 5-17 所示。

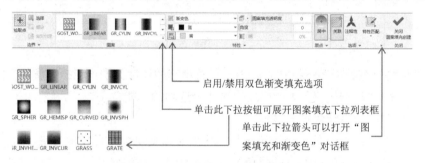

图 5-16　"渐变色"选项功能区

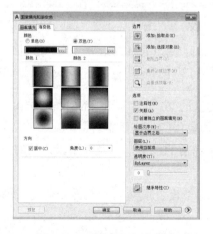

图 5-17　"渐变色"选项卡

- "单色"单选按钮：可以使用从较深着色到较浅色调平滑过渡的单色填充。
- "双色"单选按钮：可以指定两种颜色之间平滑过渡的双色渐变填充。

5.2.3 设置孤岛

在进行图案填充时，通常将位于一个已定义好的填充区域内的封闭区域称为"孤岛"。单击"图案填充和渐变色"对话框右下角的 ⊙ 按钮，将显示更多选项，如设置孤岛和边界保留等信息，如图 5-18 所示。

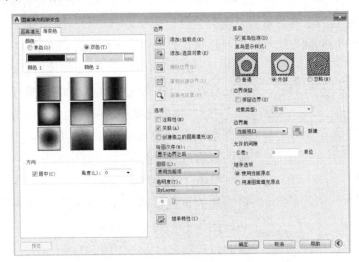

图 5-18　展开的"图案填充和渐变色"对话框

（1）在"孤岛"选项区中，勾选"孤岛检测"复选框，可以指定在最外层边界内填充对象的方法，其中包括"普通""外部""忽略"3 种方式，其填充效果如图 5-19 所示。

"普通"方式：从最外边界向里画填充线，当遇到与之相交的内部边界时断开填充线，当遇到下一个内部边界时再继续绘制填充线，将系统变量 HPNAME 设置为 N。当以"普通"方式填充时，如果填充边界内有文字、属性这样的特殊对象，且在选择填充边界时也选择了它们，则填充图案在这些对象处会自动断开，就像用一个框保护起来一样，以使这些对象更加清晰，如图 5-20 所示。

普通

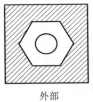
外部

忽略

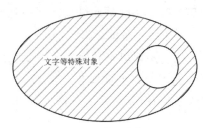
文字等特殊对象

图 5-19　孤岛的 3 种填充效果　　　　图 5-20　包含特殊对象的图案填充

"外部"方式：从最外边界向里画填充线，当遇到与之相交的内部边界时断开填充线，系统便不再继续往里面画填充线，将系统变量 HPNAME 设置为 0。

"忽略"方式：忽略边界内的对象，所有内部结构都被填充线填充，将系统变量

HPNAME 设置为 1。

（2）在"边界保留"选项区中，勾选"保留边界"复选框，可以将填充边界以对象的形式保留，并可以从"对象类型"下拉列表中选择填充边界的保留类型，如"面域"或"多段线"选项等。

（3）在"边界集"选项区中，可以定义填充边界的对象集，即 AutoCAD 将根据对象集来创建填充边界。在默认情况下，系统根据"当前视口"中的所有可见对象创建填充边界。用户也可以先单击"新建"按钮，切换到绘图窗口，再通过指定对象类创建边界集，此时"边界集"下拉列表将显示为"现有集合"选项。

（4）在"允许的间隙"选项区中，通过"公差"文本框设置允许的间隙大小。在该参数范围内，用户可以将一个几乎封闭的区域看作一个闭合的填充边界。当默认值为 0 时，对象是完全封闭的区域。

图 5-21　在功能区调用孤岛检测

（5）"继承选项"选项区用于确定在使用继承属性创建图案填充时图案填充原点的位置，可以是当前原点或源图案填充的原点。

单击"图案填充创建"上下文选项卡→"选项"面板右侧的下拉按钮，在弹出的溢出面板中单击"外部孤岛检测"右侧的下拉按钮，在弹出的下拉列表中选择所需的孤岛填充设置，如图 5-21 所示。

5.2.4　建立关联图案填充

关联图案填充能随边界更改而自动更新。在默认情况下，用"图案填充"命令创建的图案填充区域是关联的。如果想要用"图案填充"命令创建非关联图案填充，则需要在功能区"图案填充创建"上下文选项卡的"选项"面板中取消选中"关联"按钮，如图 5-22 所示。

图 5-22　取消关联

5.2.5　在不封闭区域进行图案填充

填充图案的区域通常是封闭的，但也允许填充边界未完全闭合的区域。实际是通过指定要在几何对象之间桥接的最大间隙，这些对象经过延伸后将闭合边界。

在"图案填充创建"上下文选项卡中，利用"选项"溢出面板中的"允许的间隙"文本框来设置可忽略的最大间隙值，该值默认为 0（0 表示指定对象必须是封闭的），如图 5-23 所示。

5.2.6　分解图案

图案是一种特殊的块，被称为"匿名"块。无论形状多么复杂，它都是一个单独的对象。选择菜单栏中的"修改"→"分解"命令，或者单击"修改"工具栏→"分解"按钮，又或者单击功能区中的"默认"选项卡→"修改"面板→"分

图 5-23　设置允许的间隙

解"按钮，可以分解一个已存在的关联图案。

图案被分解后，将不再是一个单一对象，而是一组组成图案的线条。同时，分解后的图案也失去了与图形的关联性。

5.2.7 控制图案填充的可见性

图案填充的可见性是可以控制的。AutoCAD 2021 中有两种方法来控制图案填充的可见性，一种是利用图层来实现，另一种是使用 FILL（填充）命令或改变系统变量 FILLMODE（填充模式）的值来实现。

（1）利用图层来实现。

对于能够熟练使用 AutoCAD 的用户来说，应该充分利用图层功能，将图案填充单独放在一个设置好的图层上，当不需要显示该图案填充时，将图案所在图层关闭或冻结即可。当使用图层控制图案填充的可见性时，不同的控制方式会使图案填充与其边界的关联关系发生变化。

当图案填充所在的图层被关闭后，图案与其边界仍保持着关联关系，即修改边界后，填充图案会根据新的边界自动调整位置。

当图案填充所在的图层被冻结后，图案与其边界脱离关系，即修改边界后，填充图案不会根据新的边界自动调整位置。

当图案填充所在的图层被锁定后，图案与其边界脱离关系，即修改边界后，填充图案不会根据新的边界自动调整位置。

（2）使用 FILL（填充）命令或改变系统变量 FILLMODE（填充模式）的值来实现。

在命令行中输入 FILL 命令，并按 Enter 键后，命令行提示如下：

输入模式 [开(ON) /关(OFF)] <开>:

此时，如果将模式设置为"开"，则可以显示图案填充；如果将模式设置为"关"，则不能显示图案填充。

在使用 FILL 命令设置模式后，用户可以选择菜单栏中的"视图"→"重生成"命令，重新生成设置生效后的图形，以观察效果；也可以使用系统变量 FILLMODE 来控制图案填充的可见性，将系统变量 FILLMODE 设置为 0 表示隐藏图案填充，将系统变量 FILLMODE设置为 1 表示显示图案填充。

实战演练

演练 5.1 运用面域功能绘制如图 5-24 所示的平面图。

（1）创建如图 5-25 所示的 *A*、*B*、*C* 三个面域。

（2）以大圆 *A* 的圆心为中心，将面域 *B* 和 *C* 进行数目为 6 的环形阵列，阵列时取消"关联"，效果如图 5-26 所示。

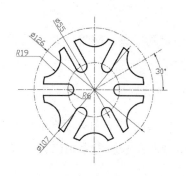

图 5-24　绘制平面图

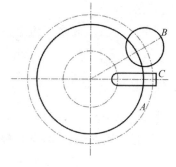

图 5-25　绘制 3 个面域

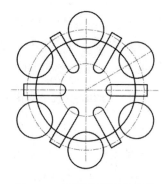

图 5-26　环形阵列后的效果

（3）选择菜单栏中的"修改"→"实体编辑"→"差集"命令，先选择面域 *A*，按 Enter 键；再选择面域 *B*、*C* 及阵列生成的其他面域，按 Enter 键，完成"差集"运算，生成如图 5-24 所示的平面图。

演练 5.2　计算如图 5-27 所示的零件图的质量数据。

（1）根据图 5-27 中的尺寸，利用"圆""修剪""环形阵列"工具绘制零件图，效果如图 5-28 所示。

（2）选择菜单栏中的"绘图"→"边界"命令，或者单击功能区中的"默认"选项卡→"绘图"面板→"边界"按钮，打开"边界创建"对话框，如图 5-29 所示。

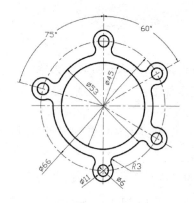

图 5-27　零件图（1）

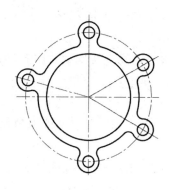

图 5-28　零件图（2）

图 5-29　"边界创建"对话框

使用打开的"边界创建"对话框定义面域。此时，在"对象类型"下拉列表中选择"面域"选项，在"边界集"选项区右侧单击"新建"按钮，选择最外边界曲线对象，如图 5-30 所示，右击后完成边界选择；单击"拾取点"按钮，拾取图 5-31 中虚线内部任意点，右击或按 Enter 键，系统提示创建一个面域，如图 5-32 所示。

（3）选择"面域"命令，并在绘图窗口中选择一个大圆和 5 个小圆，如图 5-33 所示。按 Enter 键或右击，将 5 个小圆转换为面域。

（4）选择菜单栏中的"修改"→"实体编辑"→"差集"命令，选择如图 5-34 所示的对象作为要从中减去的面域，右击。

（5）依次单击如图 5-35 所示的一个大圆和 5 个小圆，作为被减去的面域，右击，完成

"差集"运算，生成如图5-36所示的面域。

（6）选择菜单栏中的"工具"→"查询"→"面域/质量特性"命令，在绘图窗口中选择刚才创建的面域，并右击，即可显示该面域的质量数据，如图5-37所示。

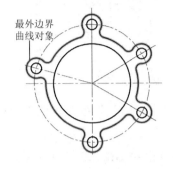
最外边界
曲线对象

图5-30 选择最外边界曲线对象

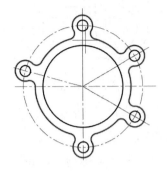

图5-31 拾取虚线内部任意点

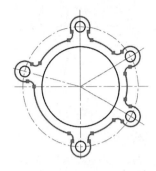

图5-32 利用最外轮廓创建的面域

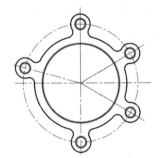

图5-33 选择对象

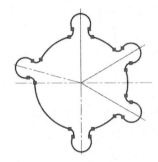

图5-34 选择要从中减去的面域

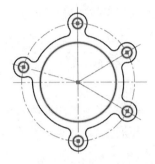

图5-35 选择被减去的面域

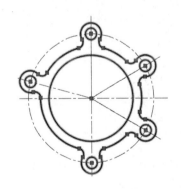

图5-36 整体面域

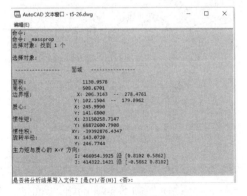

图5-37 显示面域的质量数据

演练5.3 按照图5-38进行图案填充。

（1）打开本书配套资源文件"第5章/t5-38.dwg"。

（2）单击功能区中的"默认"选项卡→"绘图"面板→"图案填充"按钮，或者选择菜单栏中的"绘图"→"图案填充"命令，又或者单击"绘图"工具栏→"图案填充"按钮，在功能区显示"图案填充创建"上下文选项卡。将图案设置为ANSI31，角度设置为0°，比例设置为1。单击"边界"面板→"拾取点"按钮，分别拾取图5-39中A、B、C、D区域处的任意点后，右击，单击"关闭"按钮，图案填充后的效果如图5-40所示。

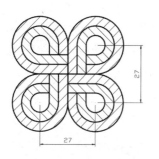

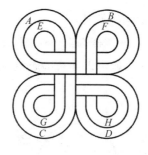

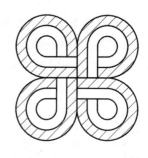

图 5-38　图案填充　　　　　　图 5-39　填充区域　　　　　图 5-40　图案填充后的效果

（3）单击功能区中的"默认"选项卡→"绘图"面板→"图案填充"按钮，或者选择菜单栏中的"绘图"→"图案填充"命令，又或者单击"绘图"工具栏→"图案填充"按钮，在功能区显示"图案填充创建"上下文选项卡。将图案设置为 ANSI31，角度设置为 90°，比例设置为 1。单击"边界"面板→"拾取点"按钮，分别拾取图 5-39 中 E、F、G、H 区域处的任意点后，右击，单击"关闭"按钮完成图案填充，最终效果如图 5-38 所示。

技能拓展

拓展 5.1　利用面域功能绘制如图 5-41 所示的平面图。

拓展 5.2　计算如图 5-42 所示的零件图的质量数据。

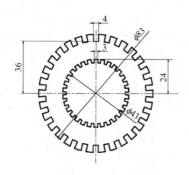

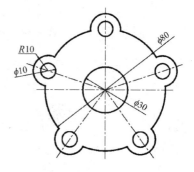

图 5-41　绘制平面图　　　　　　　　图 5-42　计算零件图的质量数据

拓展 5.3　绘制如图 5-43 所示的平面图并按图示填充图案。

拓展 5.4　绘制如图 5-44 所示的平面图并按图示填充颜色。

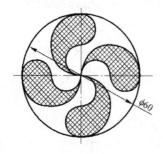

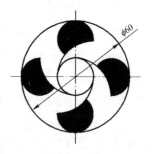

图 5-43　绘制平面图并按图示填充图案　　　图 5-44　绘制平面图并按图示填充颜色

第6章　标注图形尺寸

知识目标

掌握尺寸标注包含的要素；了解标注样式的规则；掌握不同对象的标注方法。

技能目标

熟练按照国家标准创建标注样式；熟练对图形进行标注；掌握尺寸标注编辑的技巧。

尺寸标注能准确无误地反映物体的形状、大小和相互位置关系，是工程制图的重要环节。AutoCAD 2021 包含了一套完整的尺寸标注命令和实用程序，可以轻松完成图纸中要求的尺寸标注。

6.1　创建标注样式

尺寸标注包括标注文字、尺寸线、尺寸界线、箭头等内容。不同行业的图样，标注尺寸时对这些内容的要求是不同的。而同一图样，又要求尺寸标注的形式相同、风格一样，这就是我们要讲的尺寸标注样式。要做到尺寸标注正确，绘图前或标注前需要对尺寸标注样式进行设置。

6.1.1　尺寸标注的规则

（1）物体的真实大小应以图样上所标注的尺寸数值为依据，与图形的大小及绘图的准确度无关。

（2）当图样中的尺寸以 mm 为单位时，不需要标注计量单位的代号或名称。

（3）图样中标注的尺寸为该图样所表示的物体的最后完工尺寸，否则另加说明。

6.1.2　尺寸标注的组成要素

标注的类型和外观多种多样，但绝大多数标注都包含标注文字、尺寸线、尺寸界线、尺寸线的端点符号及起点等要素，如图 6-1 所示。

1. 标注文字

标注文字用于表明实际测量值，可以使用由 AutoCAD

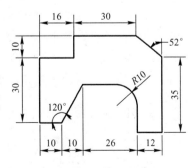

图 6-1　尺寸标注的要素

2021 自动计算出的测量值。用户通过设置标注样式，还可以为标注文字附加公差、前缀和后缀等内容。标注文字应按标准字体书写，同一张图纸上的字号要一致。在图中遇到图线时必须将图线断开，如果图线断开影响图形表达，则需要调整尺寸标注的位置。

2. 尺寸线

尺寸线用于表明标注的范围。尺寸线的末端通常有箭头，以指示尺寸线的端点。尺寸线一般被分割成两条线。在通常情况下，AutoCAD 2021 都将尺寸线放置在测量区域中，如果内存空间不足，则 AutoCAD 2021 会把尺寸线或标注文字移到测量区域的外部，具体取决于标注样式的放置规则。对于角度标注来说，尺寸线是一段圆弧。尺寸线使用细实线绘制。

3. 尺寸界线

尺寸界线一般从被标注的对象延伸到尺寸线，且垂直于尺寸线，但尺寸界线也可以被倾斜。尺寸界线使用细实线绘制。

4. 尺寸线的端点符号（以下简称"箭头"）

箭头显示在尺寸线的末端，用于指出测量开始和结束的位置。AutoCAD 2021 默认使用闭合的填充箭头符号。AutoCAD 2021 还提供了多种符号可供选择，包括建筑标记、点和斜杠等。

5. 起点

起点通常是指尺寸界线的引出点，是尺寸标注对象标注的定义点。系统测量的数据均以起点为参考计量。

6. 圆心标记

圆心标记是指标记圆或圆弧的圆心的符号。中心线从圆心向外延伸，可以只用圆心标记，也可以用圆心和中心线标记。

6.1.3 尺寸标注的步骤

一般来说，用户在对创建的每个图形进行标注之前，均应遵守以下基本步骤。

（1）为了便于将来控制尺寸标注对象的显示与隐藏，应为尺寸标注创建一个或多个独立的图层，使之与图形的其他信息分开。

（2）为尺寸标注文本创建专门的文本类型。按照我国对机械图中尺寸标注数字的要求，应将字体设置为斜体（Italic）。为了能在尺寸标注时随时修改标注文字的高度，应将文字高度（Height）设置为 0。我国要求字体的高宽比为 2/3，所以将"宽度比例"设置为 0.67。

（3）充分利用对象捕捉功能，以便快速拾取定义点。

6.1.4 创建标注样式的方法

标注样式控制着标注的格式和外观，使用标注样式可以建立和强制执行图形的绘图标准。AutoCAD 2021 通过"标注样式管理器"对话框创建标注样式。在 AutoCAD 2021 中可通过以下 3 种方法打开"标注样式管理器"对话框。

方法一：

（1）单击功能区中的"默认"选项卡→"注释"面板→"注释"下拉按钮，打开"注释"溢出面板，如图6-2所示。

（2）单击"注释"溢出面板→"标注样式"下拉按钮，弹出"标注样式"下拉列表，如图6-3所示。

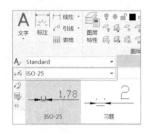

图6-2　"注释"溢出面板　　　　　　　图6-3　"标注样式"下拉列表

（3）单击"标注样式"下拉列表左侧"管理标注样式"按钮，打开"标注样式管理器"对话框，如图6-4所示。

方法二：单击功能区中的"注释"选项卡→"标注"面板右下角的下拉箭头，打开"标注样式管理器"对话框，如图6-4所示。

方法三：选择菜单栏中的"格式"→"标注样式"命令，打开"标注样式管理器"对话框，如图6-4所示。

单击"新建"按钮，在打开的"创建新标注样式"对话框中创建新标注样式，如图6-5所示。

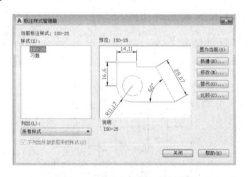

图6-4　"标注样式管理器"对话框　　　　图6-5　"创建新标注样式"对话框

"创建新标注样式"对话框中部分选项的功能含义如下。

- "新样式名"文本框：用于输入新标注样式的名称。
- "基础样式"下拉列表：选择一种基础标注样式，新标注样式将在该基础标注样式上进行修改。
- "用于"下拉列表：指定新建标注样式的适用范围。

设置了新标注样式的名称、基础标注样式和适用范围后，单击该对话框中的"继续"按钮，打开"新建标注样式"对话框，可以创建标注中的线、符号和箭头、文字、换算单位等内容，如图6-6所示。

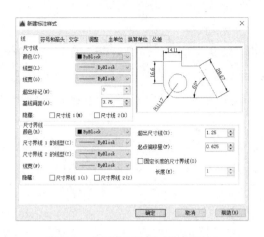

图 6-6 "新建标注样式"对话框

6.1.5 设置尺寸线和尺寸界线

"新建标注样式"对话框的"线"选项卡中包含了"尺寸线"和"尺寸界线"选项区。

• "尺寸线"选项区包含以下几个选项。

"颜色"下拉列表：设置尺寸线的颜色。在默认情况下，尺寸线的颜色随块，可以使用变量 DIMCLRD 设置。

"线型"下拉列表：设置尺寸线的线型，该选项没有对应的变量。

"线宽"下拉列表：设置尺寸线的宽度。在默认情况下，尺寸线的线宽也是随块，可以使用变量 DIMLWD 设置。

"超出标记"文本框：控制在使用倾斜、建筑标记、积分箭头或无箭头时，尺寸线超出尺寸界线的长度。图 6-7 所示为超出标记为 0 和非 0 的效果对比。

"基线间距"文本框：控制在使用基线型尺寸标注时，两条尺寸线之间的距离，如图 6-8 所示。

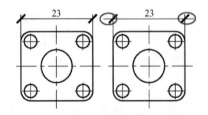

图 6-7 超出标记为 0 和非 0 的效果对比

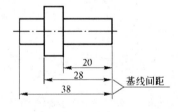

图 6-8 基线间距

"隐藏"选项：控制尺寸线及端部箭头是否隐藏。两个复选框分别用于控制尺寸线 1 及尺寸线 2 的显示/隐藏，如图 6-9 所示。

• "尺寸界线"选项区包含以下几个选项。

"颜色"下拉列表：设置尺寸界线的颜色，可以使用变量 DIMCLRE 设置。

"线宽"下拉列表：设置尺寸界线的宽度，可以使用变量 DIMLWE 设置。

"超出尺寸线"文本框：控制尺寸界线越过尺寸线的距离，可以使用变量 DIMEXE 设置，如图 6-10 所示。

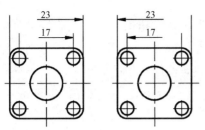

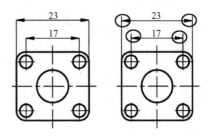

图 6-9　隐藏尺寸线 1 和 2 的效果对比　　　　图 6-10　超出尺寸线为 0 和非 0 的效果对比

"起点偏移量"文本框：控制尺寸界线到定义点的距离，如图 6-11 所示。

"隐藏"选项：控制尺寸界线是否隐藏。两个复选框分别用于控制尺寸界线 1 及尺寸界线 2 的显示/隐藏，如图 6-12 所示。

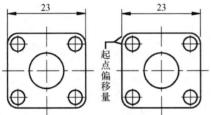
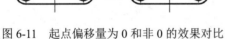
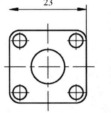
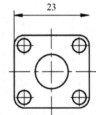

图 6-11　起点偏移量为 0 和非 0 的效果对比　　　　图 6-12　隐藏尺寸界线 1 和 2 的效果对比

"固定长度的尺寸界线"复选框：勾选该复选框，在"长度"文本框中输入尺寸界线的数值，将使用具有特定长度的尺寸界线标注图形。

6.1.6　设置符号和箭头

- "箭头"选项区：设置尺寸线和引线（对应引线标注）箭头的种类及尺寸大小，如图 6-13 所示。机械图中通常采用箭头，而建筑图中通常采用斜线，同一张图中的箭头或斜线大小要一致，并采用同一种形式，箭头端点应与尺寸界线接触。

图 6-13　"符号和箭头"选项卡

- "圆心标记"选项区：设置圆心标记的类型和大小。其中，"标记"单选按钮用于只在圆心位置以短十字线标注圆心；"直线"单选按钮用于标注圆心标记时标注线将延伸到圆外；"无"单选按钮用于关闭中心标记。当选择"标记"单选按钮或"直线"单选按钮时，可以在后面的文本框中设置圆心标记的大小。

用户通过"圆心标记"命令，可以快速标记圆心或圆中心线，其操作步骤如下。

（1）绘制圆。

（2）选择菜单栏中的"标注"→"圆心标记"命令，或者单击"标注"工具栏→"圆心标记"按钮。

（3）选择标记圆心或中心线的圆即可完成标记，如图 6-14 所示。

- "弧长符号"选项区：设置弧长符号显示的位置，包括"标注文字的前缀""标注文字的上方""无" 3 种方式，如图 6-15 所示。

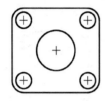

图 6-14　圆心标记

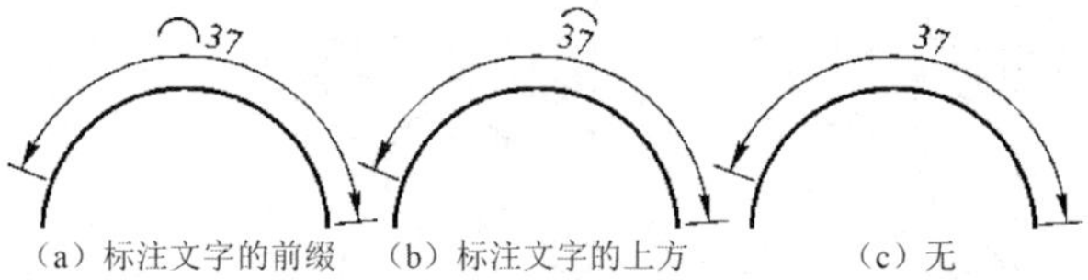

（a）标注文字的前缀　　（b）标注文字的上方　　（c）无

图 6-15　弧长符号

- "半径折弯标注"选项区："折弯角度"文本框用于设置标注圆弧半径时标注线的折弯角度。

"半径折弯标注"的用处是可在任何位置指定中心位置为标注的原点，以此来代替半径标注中圆或圆弧的中心点。为什么需要这种标注呢？这是因为有时候需要绘制一个比较大的圆弧，但圆心在图纸之外，这时就要用到折弯标注。折弯标注可以另外指定一个点来替代圆心。

- "折断标注"选项区："折断大小"文本框用于设置标注折断时标注线的长度。折断标注是指在标注线或延伸线与其他线重叠处，打断标注线或延伸线。

- "线性折弯标注"选项区："折弯高度因子"文本框用于设置折弯标注打断时折弯线的高度。

6.1.7　设置文字

- "文字外观"选项区：设置文字的样式、颜色、高度和分数高度比例，以及是否绘制文字边框，如图 6-16 所示。

"文字样式"下拉列表：选择标注的文字样式。也可以单击其后的 ··· 按钮，打开"文字样式"对话框，选择文字样式或新建文字样式。

"文字颜色"下拉列表：设置标注文字的颜色，可以使用变量 DIMCLRT 设置。

"填充颜色"下拉列表：设置标注文字的背景色。

"文字高度"文本框：设置标注文字的高度，也可以使用变量 DIMTXT 设置。如果在文字样式中文字高度的值不为 0，则"文字"选项卡上设置的文字高度不起作用。换句话说，用"文字"选项卡上的文字高度设置，必须确保文字样式中的文字高度设置为 0。

"分数高度比例"文本框：设置标注分数和公差的文字高度。使用文字高度乘以该比例所得到的值来设置分数和公差的文字高度。

图 6-16　"文字"选项卡

"绘制文字边框"复选框：设置是否给标注文字添加边框。

● "文字位置"选项区：设置文字的垂直、水平位置。

"垂直"下拉列表：设置标注文字相对于尺寸线在垂直方向的位置，如"居中""上""外部""JIS""下"。

居中：标注文字居中放置在尺寸界线间。

上：标注文字放在尺寸线的上方。

外部：标注文字放在远离第一定义点的尺寸线一侧。

JIS：标注文字的放置符合 JIS 标准（日本工业标准），即总是把标注文字放在尺寸线上方，而不用考虑标注文字是否与尺寸线平行。

下：标注文字放在尺寸线的下方。

图 6-17 所示为文字在垂直位置的效果。

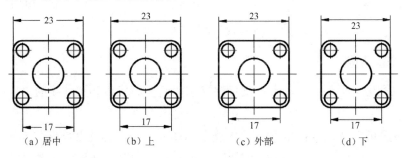

图 6-17　文字在垂直位置的效果

"水平"下拉列表：设置标注文字相对于尺寸线和尺寸界线在水平方向的位置，如"居中""第一条尺寸界线""第二条尺寸界线""第一条尺寸界线上方""第二条尺寸界线上方"，如图 6-18 所示。

"观察方向"下拉列表：用于控制标注文字的观察方向是从左到右，还是从右到左，默认选择"从左到右"选项。

"从尺寸线偏移"文本框：设置标注文字与尺寸线之间的距离。如果标注文字位于尺寸线的中间，则表示断开处尺寸线端点与尺寸文字的间距。如果标注文字带有边框，则可以控制文字边框与其中文字的距离。

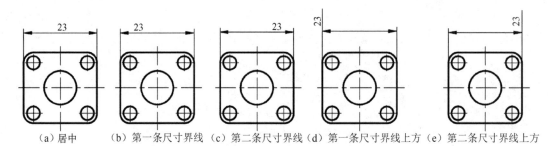

（a）居中　（b）第一条尺寸界线　（c）第二条尺寸界线　（d）第一条尺寸界线上方　（e）第二条尺寸界线上方

图 6-18　文字在水平位置的效果

- "文字对齐"选项区：设置标注文字是保持水平还是与尺寸线平行。

"水平"单选按钮：沿 X 轴水平放置文字，不用考虑尺寸线的角度。

"与尺寸线对齐"单选按钮：文字与尺寸线平行。

"ISO 标准"单选按钮：使标注文字按照 ISO 标准放置，当标注文字在尺寸界线内时，它的方向与尺寸线方向一致；当标注文字在尺寸界线之外时，水平排列文字。图 6-19 显示了上述 3 种文字对齐方式。

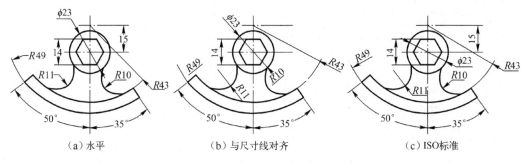

（a）水平　　　　　　　（b）与尺寸线对齐　　　　　（c）ISO标准

图 6-19　文字对齐方式

6.1.8　设置调整

用户可以利用"调整"选项卡控制标注文字、箭头、引线和尺寸线的位置，如图 6-20 所示。

- "调整选项"选项区：根据尺寸界线之间的空间控制标注文字和箭头的放置。当两条尺寸界线之间的距离足够大时，总是把文字和箭头放在尺寸界线之间。否则，AutoCAD 2021 按此处的选择移动文字或箭头。

"文字或箭头（最佳效果）"单选按钮：自动选择最佳放置，这是默认选项。

"箭头"单选按钮：首先将箭头移出。

"文字"单选按钮：首先将文字移出。

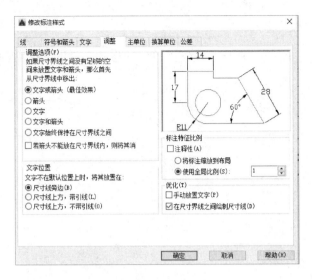

图 6-20 "调整"选项卡

"文字和箭头"单选按钮：将文字和箭头都移出。

"文字始终保持在尺寸界线之间"单选按钮：总是将文字放在尺寸界线之内。

"若箭头不能放在尺寸界线内，则将其消"复选框：如果不能将箭头和文字放在尺寸界线内，则隐藏箭头。

- "文字位置"选项区：设置标注文字的位置，标注文字的默认位置为尺寸界线之间。当文字无法放置在默认位置时，可以在该选项区中设置标注文字的放置位置。

"尺寸线旁边"单选按钮：将文字放在尺寸界线旁边。

"尺寸线上方，带引线"单选按钮：将文字放在尺寸界线的上方，带上引线。

"尺寸线上方，不带引线"单选按钮：将文字放在尺寸界线的上方，但不带引线。

- "标注特征比例"选项区：设置标注尺寸的特征比例，以便用户通过设置全局比例因子来增加或减少各标注的大小。

"将标注缩放到布局"单选按钮：选中该单选按钮，可以根据当前模型空间视口与图纸空间之间的缩放关系设置比例。

"使用全局比例"单选按钮：设置尺寸元素的比例因子，使之与当前比例相符。例如，在一个准备按 1∶2 缩小输出的图形中（图形比例因子为 2），如果箭头尺寸和文字高度都被定义为 2.5，且要求输出图形中的文字高度和箭头尺寸也都为 2.5，则必须将该值（或者变量 DIMSCALE）设置为 2。这样，在标注尺寸时，AutoCAD 2021 自动将文字和箭头等放大到高度或长度为 5。当用户用绘图仪输出该图时，长度为 5 的箭头或高度为 5 的文字又减为 2.5。比例不会改变尺寸的测量值。

- "优化"选项区：可以对标注文字、尺寸线进行细微调整。

"手动放置文字"复选框：可以根据需要手动放置标注文字。

"在尺寸界线之间绘制尺寸线"复选框：当尺寸箭头放置在尺寸界线之外时，也可以在尺寸界线之内绘制尺寸线。

6.1.9 设置主单位

用户可以利用"主单位"选项卡设置主单位的格式和精度、文字的前缀和后缀等，如图 6-21 所示。

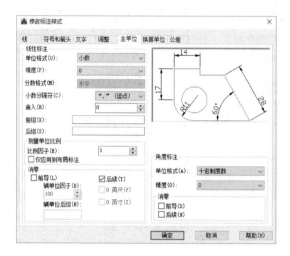

图 6-21 "主单位"选项卡

- "线性标注"选项区：设置线性标注的格式和精度。

"单位格式"下拉列表：设置除角度标注外的其余各标注类型的单位格式，可选项包括"科学""小数""工程""建筑""分数"等。

"精度"下拉列表：设置除角度标注外标注文字中保留的小数位数。

"分数格式"下拉列表：设置分数的格式，只有当"单位格式"为"分数"时该设置才可用，可选项包括"水平""对角""非堆叠"3 种方式。

"小数分隔符"下拉列表：设置十进制数的整数部分和小数部分之间的分隔符，包括句点、逗点或空格。

"舍入"文本框：为除"角度"外的所有标注类型设置标注测量值的舍入规则。如果输入 0.25，则所有标注距离都以 0.25 为单位进行舍入。如果一个对象的长度为 1.76，将其自动调整为最靠近 0.25 的倍数，即 1.75。

"前缀"文本框和"后缀"文本框：设置标注文本的前缀和后缀，在相应的文本框中输入符号即可。例如，如果使用的单位不是 mm，则此处可设置单位，如 m、km 等。该符号将覆盖 AutoCAD 2021 生成的前缀，如直径和半径符号。

- "测量单位比例"选项区：使用"比例因子"文本框可以设置测量尺寸的缩放比例。AutoCAD 2021 的实际标注值为测量值与该比例的积。勾选"仅应用到布局标注"复选框，可以设置该比例关系仅适用于布局。
- "消零"选项区：设置是否显示尺寸标注中的"前导"和"后续"零。
- "角度标注"选项区：设置角度标注的格式。角度标注设置方法与线性标注设置方法类似，此处不再赘述。

6.1.10　设置换算单位

用户可以利用"换算单位"选项卡设置换算单位的格式和精度、前缀和后缀等，如图 6-22 所示。

在 AutoCAD 2021 中，通过换算标注单位，可以转换使用不同测量单位制的标注，显示公制标注的等效英制标注或英制标注的等效公制标注。在标注文字中，换算标注单位显示在主单位旁边的方括号"[ ]"中。

当勾选"显示换算单位"复选框时，AutoCAD 2021 显示标注的换算单位。设置换算单位的格式、精度、舍入精度、前缀、后缀和消零的方法与设置主单位的方法相同，但有以下两个设置是换算单位独有的。

（1）"换算单位倍数"文本框：将主单位与输入的值相乘创建换算单位。默认值是25.4，乘法器用此值将英寸转换为毫米。如果标注一条 1 英寸的直线，则标注显示 1.00 [25.40]；如果标注一条 2 英寸的直线，则标注显示 2.00 [50.80]。

（2）"位置"选项区：设置换算单位的位置，包括"主值后"和"主值下"方式。如果选中"主值下"单选按钮，则系统将主单位放置在尺寸线的上方，而将换算单位放置在尺寸线的下方。

图 6-22　"换算单位"选项卡

6.1.11　设置公差

用户可以利用"公差"选项卡设置公差，如图 6-23 所示。此处所设置公差为尺寸公差，这与后面将要介绍的形位公差是不同的。

"公差格式"选项区用于设置公差的标注格式。

（1）"方式"下拉列表：确定以何种方式标注公差。

（2）"精度"下拉列表：设置公差值的小数位数。

（3）"上偏差"文本框与"下偏差"文本框：设置尺寸的上偏差、下偏差。

（4）"高度比例"文本框：确定公差文字的高度比例因子。AutoCAD 2021 将该比例因子与尺寸文字高度之积作为公差文字的高度。

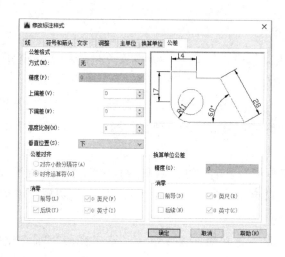

图 6-23 "公差"选项卡

（5）"垂直位置"下拉列表：控制公差文字相对于尺寸文字的位置，选择"上"选项表示将公差文字与标注文字的顶部对齐；选择"中"选项表示将公差文字与标注文字的中部对齐；选择"下"选项表示将公差文字与标注文字的底部对齐。

"换算单位公差"选项区：当标注换算单位时，可以设置换算单位精度和是否消零。

6.2 长度型尺寸标注

长度型尺寸标注是指在两个点之间的一组标注。这些点可以是端点、交点、圆弧端点，也可以是用户能识别的任意两个点。

6.2.1 线性标注

线性标注是使用水平、竖直或旋转的尺寸线创建的。在 AutoCAD 2021 中，用户可以通过指定两条尺寸界线原点和选择对象两种方式完成线性标注。

1. 以指定两条尺寸界线原点的方式完成线性标注

（1）单击功能区中的"默认"选项卡→"注释"面板→"线性"按钮，或者选择菜单栏中的"标注"→"线性"命令，又或者单击"标注"工具栏→"线性"按钮，此时命令行提示如下：

指定第一条尺寸界线原点或 <选择对象>:

（2）在默认情况下，在命令行提示下直接指定第一条尺寸界线的原点后，此时命令行提示如下：

指定第二条尺寸界线原点:

（3）在提示下指定第二条尺寸界线原点后，命令行提示如下：

指定尺寸线位置或[多行文字(M)/文字(T)/角度(A)/水平(H)/垂直(V)/旋转(R)]:

上述命令部分选项的功能含义如下。

• "多行文字"选项和"文字"选项：允许修改系统自动测量的标注文字。

- "水平"选项和"垂直"选项:标注水平尺寸和垂直尺寸。用户通过这两个选项可以直接确定尺寸线的位置,也可以选择其他选项来指定标注文字或标注文字的旋转角。
- "旋转"选项:旋转标注对象的尺寸线。该选项用于绘制既不是水平方向,也不是垂直方向的尺寸标注,而是根据指定的角度绘制尺寸标注。该角度不同于对齐标注。

旋转标注的尺寸是两个测量点之间的距离在所旋转角度线上的平行投影距离或垂直投影距离。

(4)此时拖拉鼠标,尺寸标注会随光标移动,在适当位置单击,完成尺寸线的放置。

图 6-24 所示为水平、垂直和旋转线性标注效果。

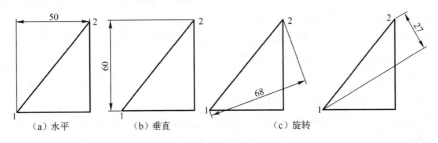

图 6-24 线性标注效果

2. 以选择对象的方式完成线性标注

(1)单击功能区中的"默认"选项卡→"注释"面板→"线性"按钮,或者选择菜单栏中的"标注"→"线性"命令,又或者单击"标注"工具栏→"线性"按钮,命令行提示如下:

指定第一条尺寸界线原点或 <选择对象>:

(2)直接按 Enter 键,此时命令行提示如下:

选择标注对象:

同时光标变成小方形的选择模式光标。

要求用户直接选择要标注尺寸的一条边,AutoCAD 2021 将自动地把所选择实体的两个端点作为两条尺寸界线的起始点。选择要标注的边后,命令行提示如下:

指定尺寸线位置或[多行文字(M)/文字(T)/角度(A)/水平(H)/垂直(V)/旋转(R)]:

(3)此时拖拉鼠标,尺寸标注会随光标移动,在适当位置单击,完成尺寸线的放置。

6.2.2 对齐标注

当标注带有角度的直线时,可能需要将尺寸线与对象直线平行,这时就要用到对齐尺寸标注。在 AutoCAD 2021 中,用户可以通过指定两条尺寸界线原点和选择对象两种方式完成对齐标注。

1. 以指定两条尺寸界线原点的方式完成对齐标注

(1)单击功能区中的"默认"选项卡→"注释"面板→"对齐"按钮,或者选择菜单栏中的"标注"→"对齐"命令,又或者单击"标注"工具栏→"对齐"按钮,可以对对象进行对齐标注,命令行提示如下:

指定第一条尺寸界线原点或 <选择对象>:

（2）选择一点作为第一条尺寸界线原点后，命令行提示如下：

指定第二条尺寸界线原点:

（3）选择一点作为第二条尺寸界线原点后，命令行提示如下：

指定尺寸线位置或[多行文字(M)/文字(T)/角度(A)]:

（4）此时拖拉鼠标，尺寸标注会随光标移动，在适当位置单击，完成尺寸线的放置。

2. 以选择对象的方式完成对齐标注

（1）单击功能区中的"默认"选项卡→"注释"面板→"对齐"按钮，或者选择菜单栏中的"标注"→"对齐"命令，又或者单击"标注"工具栏→"对齐"按钮，可以对对象进行对齐标注，命令行提示如下：

指定第一条尺寸界线原点或 <选择对象>:

（2）直接按 Enter 键，命令行提示如下：

选择标注对象:

同时光标变成小方形的选择模式光标。

（3）要求用户直接选择要标注尺寸的一条边，AutoCAD 2021 将自动地把所选择实体的两个端点作为两条尺寸界线的起始点。选择要标注的边后，命令行提示如下：

指定尺寸线位置或[多行文字(M)/文字(T)/角度(A)]:

（4）此时拖拉鼠标，尺寸标注会随光标移动，在适当位置单击，完成尺寸线的放置。

图 6-25 所示为对齐标注效果。

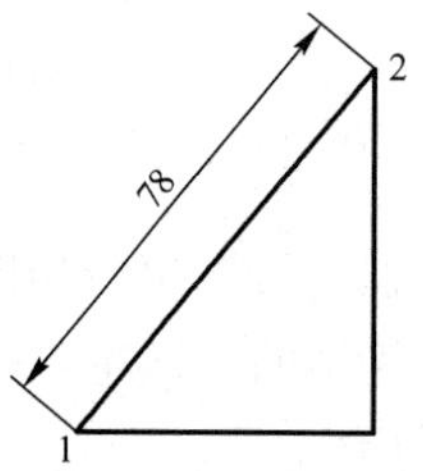

6.2.3 弧长标注

弧长标注用于标注测量圆弧或多段线弧线段上的距离。弧长标注的操作步骤如下。

图 6-25 对齐标注效果

（1）单击功能区中的"默认"选项卡→"注释"面板→"弧长"按钮，或者选择菜单栏中的"标注"→"弧长"命令，又或者单击"标注"工具栏→"弧长"按钮，命令行提示如下：

选择圆弧段或多段线圆弧段:

（2）当选择需要的标注对象后，命令行提示如下：

指定弧长标注位置或 [多行文字(M)/文字(T)/角度(A)/部分(P)/引线(L)]:

（3）此时拖拉鼠标，尺寸标注会随光标移动，单击鼠标左键指定了尺寸线的位置后，系统将按实际测量值标注出圆弧的长度，如图 6-26 所示。

用户也可以利用"多行文字"或"文字"两个选项设置尺寸文字，利用"角度"选项设置尺寸文字的旋转角度。如果选择"部分"选项，则可以标注选定圆弧某一部分的弧长。

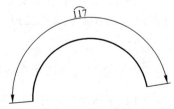

6.2.4 连续标注

连续标注用于创建首尾相连（除第一个尺寸和最后一个

图 6-26 弧长标注效果

尺寸外）的尺寸标注。在这些尺寸中，前一个尺寸的第二条尺寸界线就是后一个尺寸的第一条尺寸界线。在进行连续标注之前，必须先创建或选择一个线性标注、角度标注或坐标标注作为基准标注（如果当前任务中未创建任何标注，将提示用户选择线性标注、角度标注或坐标标注），用于确定连续标注所需要的前一个尺寸标注的尺寸界线。

连续标注的操作步骤如下。

（1）利用"线性标注"建立第一个尺寸，该尺寸的第二条尺寸界线将是后面建立的第一个连续尺寸的第一条尺寸界线。

（2）选择菜单栏中的"标注"→"连续"命令，或者单击"标注"工具栏→"连续"按钮，命令行提示如下：

指定第二条尺寸界线原点或 [放弃(U)/选择(S)] <选择>:

（3）确定了下一个尺寸的第二条尺寸界线原点后，AutoCAD 2021 将按连续标注方式标注出尺寸，即把上一个或所选标注的第二条尺寸界线作为新尺寸标注的第一条尺寸界线标注尺寸。命令行再次提示如下：

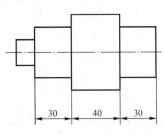

指定第二条尺寸界线原点或 [放弃(U)/选择(S)] <选择>:

（4）当标注完成后，按 Enter 键结束命令，效果如图 6-27 所示。

图 6-27　连续标注效果

6.2.5　基线标注

基线标注用于多个尺寸标注使用同一条尺寸界线作为尺寸界线的情况，是共用第一条尺寸界线（可以是线性标注、角度标注或坐标标注）原点的一系列相关标注。

与连续标注一样，在进行基线标注之前也必须先创建（或选择）一个线性标注、角度标注或坐标标注作为基准标注。

基线标注的操作步骤如下。

（1）利用"线性标注"命令建立第一个尺寸，作为后面标注的基准。

（2）选择菜单栏中的"标注"→"基线"命令，或者单击"标注"工具栏→"基线"按钮，命令行提示如下：

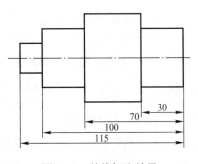

指定第二条尺寸界线原点或 [放弃(U)/选择(S)] <选择>:

（3）确定下一个尺寸的第二条尺寸界线的起始点后，将按基线标注方式标注出尺寸，按 Enter 键结束命令，效果如图 6-28 所示。

图 6-28　基线标注效果

6.3　半径、直径、折弯标注和圆心标记

下面介绍半径、直径、折弯标注和圆心标记的设置。

6.3.1　半径标注

半径标注用于标注圆或圆弧的半径。测量选定圆或圆弧的半径，并显示当前带有半径符号的标注文字。用户可以使用夹点轻松地重新定位已经生成的半径标注。半径标注的操作步骤如下。

（1）单击功能区中的"默认"选项卡→"注释"面板→"半径"按钮，或者选择菜单栏中的"标注"→"半径"命令，又或者单击"标注"工具栏→"半径"按钮，命令行提示如下：

选择圆弧或圆:

（2）选择要标注半径的圆弧或圆，命令行提示如下：

指定尺寸线位置或[多行文字(M)/文字(T)/角度(A)]:

（3）指定了尺寸线的位置后，系统将按实际测量值标注出圆或圆弧的半径。

用户也可以利用"多行文字"或"文字"两个选项设置尺寸文字，利用"角度"选项设置尺寸文字的旋转角度。

6.3.2　直径标注

直径标注用于标注圆或圆弧的直径。测量选定圆或圆弧的直径，并显示当前带有直径符号的标注文字。用户可以使用夹点轻松地重新定位已经生成的直径标注。直径标注的操作步骤如下。

（1）单击功能区中的"默认"选项卡→"注释"面板→"直径"按钮，或者选择菜单栏中的"标注"→"直径"命令，又或者单击"标注"工具栏→"直径"按钮，命令行提示如下：

选择圆弧或圆:

（2）选择要标注直径的圆弧或圆，命令行提示如下：

指定尺寸线位置或 [多行文字(M)/文字(T)/角度(A)]:

（3）指定了尺寸线的位置后，系统将按实际测量值标注出圆或圆弧的直径。

用户也可以利用"多行文字"或"文字"两个选项设置尺寸文字，利用"角度"选项设置尺寸文字的旋转角度。当通过"多行文字"选项和"文字"选项重新确定尺寸文字时，需要在尺寸文字前面添加前缀%%C，才能使标注出的直径尺寸有直径符号ϕ。

6.3.3　折弯标注

折弯标注用于标注圆或圆弧的折弯半径。当圆或圆弧的中心位于布局之外并且无法在其实际位置显示时，将创建折弯半径标注。用户可以在更方便的位置指定标注的原点（这个称为"中心位置替代"）。

单击功能区中的"默认"选项卡→"注释"面板→"折弯"按钮，或者选择菜单栏中的"标注"→"折弯"命令，又或者单击"标注"工具栏→"折弯"按钮，可以折弯标注圆和圆弧的半径。

折弯标注的方法与半径标注的方法基本相同，但需要指定一个位置代替圆或圆弧的圆心。

6.3.4　圆心标记

圆心标记用于标注圆和圆弧的圆心。

选择菜单栏中的"标注"→"圆心标记"命令，或者单击"标注"工具栏→"圆心标记"按钮，命令行提示如下：

选择圆弧或圆：

此时只需要选择待标注圆心的圆弧或圆即可。

6.4　角度标注与其他类型标注

角度标注主要用于标注圆、圆弧、两条直线或 3 个点之间的夹角。用户还可以使用其他类型的标注，对图形中的坐标等元素进行标注。

6.4.1　角度标注

角度标注用于测量选定的几何对象或 3 个点之间的角度。

单击功能区中的"默认"选项卡→"注释"面板→"角度"按钮，或者选择菜单栏中的"标注"→"角度"命令，又或者单击"标注"工具栏→"角度"按钮，命令行提示如下：

选择圆弧、圆、直线或 <指定顶点>：

1．选择圆弧

如果选择的对象是一段圆弧，则 AutoCAD 2021 自动将圆弧的圆心作为顶点，并且将圆弧的两个端点分别作为第一条尺寸界线和第二条尺寸界线的端点，命令行提示如下：

指定标注弧线位置或 [多行文字(M)/文字(T)/角度(A)/象限点(Q)]：

用户可以直接确定标注弧线的位置，而 AutoCAD 2021 会按实际测量值标注出角度；也可以利用"多行文字"或"文字"两个选项设置尺寸文字，利用"角度"选项设置尺寸文字的旋转角度。图 6-29 所示为圆弧标注角度。

2．选择圆

如果选择的对象是一个圆，则 AutoCAD 2021 自动将圆的圆心作为顶点，将选择圆时的点作为角度标注的第一条尺寸界线的端点，命令行提示如下：

指定角的第二个端点：

要求确定另一点作为角的第二个端点（该点可以在圆上，也可以不在圆上），再确定标注弧线的位置。

标注的角度将以圆心作为角度的顶点，以通过所选择的两个点作为尺寸界线（或延伸线），如图 6-30 所示。

3．选择直线

如果选择的对象是一条直线，则命令行提示如下：

选择第二条直线：

选择另一条直线后，将两条直线的交点作为绘制角度尺寸的顶点，用这两条直线作为角的两条边，此时系统提示指定圆弧尺寸线的位置，该尺寸线（弧线）角度通常小于180°。如果圆弧尺寸线超出了两条直线的范围，则系统会自动添加必要的尺寸界线的延长线，如图6-31所示。

图6-29　圆弧标注角度

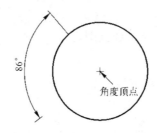

图6-30　圆标注角度

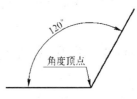

图6-31　直线标注角度

4．三点绘制角度标注

如果按Enter键，则AutoCAD 2021将使用三点方式绘制角度标注尺寸，这时首先需要确定角的顶点，然后分别指定角的两个端点，最后指定标注弧线的位置。

6.4.2　坐标标注

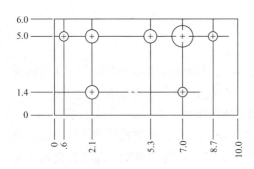

图6-32　坐标标注示意图

坐标标注用于测量从原点（称为"基准"）到标注元素（例如部件上的一个孔）的水平或垂直距离。这些标注通过保持特征与基准点之间的精确偏移量来避免误差增大，如图6-32所示。

单击功能区中的"默认"选项卡→"注释"面板→"坐标"按钮，或者选择菜单栏中的"标注"→"坐标"命令，又或者单击"标注"工具栏→"坐标标注"按钮，可以标注相对于用户坐标原点的坐标，此时命令行提示如下：

指定点坐标:

在该命令行提示下确定要标注坐标尺寸的点，命令行提示如下：

指定引线端点或 [X 基准(X)/Y 基准(Y)/多行文字(M)/文字(T)/角度(A)]:

在"指定点坐标:"提示下确定引线的端点位置之前，应首先确定标注点坐标是 X 还是 Y。如果在此提示下相对于标注点上下移动光标，则标注点的 X 坐标；如果相对于标注点左右移动光标，则标注点的 Y 坐标。

6.4.3　引线标注

引线用于指示图形中包含的特征，并给出关于这个特征的信息。引线标注与尺寸标注命令不同，它不能测量距离。引线可以由直线段或平滑的样条曲线构成。用户可以在引线末端输入任何注释，如文字等；也可以为引线附着块参照和特征控制框（特征控制框用于显示形位公差）。

单击功能区中的"默认"选项卡→"注释"面板→"引线"下拉按钮，在弹出的"引线"下拉列表中单击"引线"按钮，如图 6-33 所示；或者选择菜单栏中的"标注"→"多重引线"命令；又或者单击"多重引线"工具栏→"多重引线"按钮，如图 6-34 所示，可以创建引线和注释，并且可以设置引线和注释的样式。

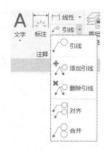
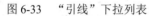

图 6-33　"引线"下拉列表　　　　图 6-34　"多重引线"工具栏

"引线"下拉列表中部分按钮的功能含义如下。

"引线"按钮：创建多引线对象。

"添加引线"按钮：将引线添加至现有的多重引线对象。

"删除引线"按钮：将引线从现有的多重引线对象中删除。

"对齐"按钮：将选定的多重引线对象对齐并按一定的间距排列。

"合并"按钮：将包含块的选定多重引线组织整理到行或列中，并通过单引线显示结果。

1. 创建多重引线标注

（1）单击"引线"按钮，命令行提示如下：

指定引线箭头的位置或 [引线基线优先(L)/内容优先(C)/选项(O)] <选项>:

（2）首先在图形中单击确定引线箭头的位置，然后在打开的文字输入窗口中输入注释内容即可，如图 6-35 所示。

2. 编辑多重引线对象

对多重引线对象的编辑包括将引线添加至多重引线对象；将引线从多重引线对象中删除；设置多重引线对象对齐、隔离与合并。

（1）添加引线。单击"添加引线"按钮，可以将引线添加至选定的多重引线对象。根据光标的位置，新引线将添加到选定多重引线的左侧或右侧，如图 6-36 所示。

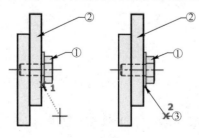
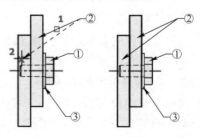

图 6-35　创建引线　　　　　　　图 6-36　添加引线

添加引线的操作步骤如下。

① 单击"添加引线"按钮。

② 选择多重引线。

③ 指定添加引线箭头的位置。

④ 可以继续指定添加引线箭头的位置。

⑤ 按 Enter 键完成。

（2）删除引线。单击"删除引线"按钮，可以从选定的多重引线对象中删除引线，如图 6-37 所示。

删除引线的操作步骤如下。

① 单击"删除引线"按钮。

② 选择多重引线。

③ 指定要删除的引线。

④ 可以继续选择要删除的引线。

⑤ 按 Enter 键完成。

（3）对齐。单击"对齐"按钮，可以对齐并间隔排列选定的多重引线对象，如图 6-38 所示。

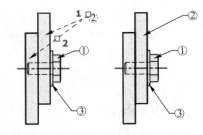
图 6-37　删除引线

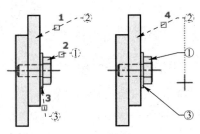
图 6-38　对齐引线

对齐引线的操作步骤如下。

① 单击"对齐"按钮。

② 选择要对齐的多重引线，按 Enter 键。

③ 选择要对齐的多重引线。

④ 指定方向。

用户可以在对齐多重引线对象中更改多重引线对象的间距，其操作步骤如下。

① 单击"对齐"按钮。

② 选择要对齐的多重引线，按 Enter 键。

③ 此时，命令行提示如下：

选择要对齐的多重引线或[选项(O)]:

④ 在命令行中输入 O，按 Enter 建，命令行提示如下：

输入选项[分布(D)/使引线线段平行(P)/指定间距(S)/使用当前距离(U)]<使用当前间距>:

⑤ 根据需要执行以下操作之一。

• D：将内容在两个选定点之间均匀隔开。

- P：放置内容并使选定多重引线中每条最后的引线线段均平行。
- S：指定选定的多重引线内容范围之间的距离。
- U：使用多重引线内容之间的当前距离。

（4）合并。单击"合并"按钮，可以将包含块的选定多重引线整理到行或列中，并通过单引线显示结果，如图 6-39 所示。

合并引线的操作步骤如下。

① 单击"合并"按钮。

② 依次选择要合并成组的多重引线对象（要求多重引线的类型为块），按 Enter 键。

③ 指定收集的多重引线位置。指定该放置位置之前，可以进行"垂直""水平""缠绕"设置。

用户可以根据需要设置多重引线样式。单击功能区中的"注释"选项卡→"引线"面板右下角的下拉箭头；或者单击功能区中的"默认"选项卡→"注释"溢出面板→"多重引线样式"按钮；或者单击"多重引线"工具栏→"多重引线样式"按钮；又或者选择菜单栏中的"格式"→"多重引线样式"命令，打开"多重引线样式管理器"对话框，如图 6-40 所示，利用该对话框可以新建、修改、删除和设置多重引线样式。

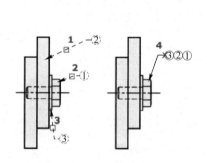

图 6-39　合并引线

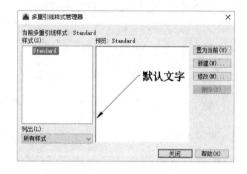

图 6-40　"多重引线样式管理器"对话框

单击"新建"按钮，打开"创建新多重引线样式"对话框，如图 6-41 所示，在该对话中可以创建多重引线样式。

设置了新样式的名称和基础样式后，单击"继续"按钮，将打开"修改多重引线样式：副本 Standard"对话框，可以指定基线、引线、箭头和内容的格式，如图 6-42 所示。

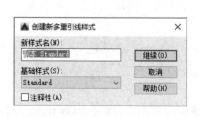

图 6-41　"创建新多重引线样式"对话框

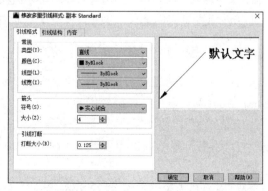

图 6-42　"修改多重引线样式：副本 Standard"对话框

6.4.4　标注间距

用户使用"标注间距"命令可以自动调整现有平行尺寸线的间距为相等；也可以将间距值设置为0，使一系列线性标注或角度标注的尺寸线齐平。由于使用"标注间距"命令能调整尺寸线的间距或对齐尺寸线，因此无须重新创建标注或使用夹点逐条对齐并重新定位尺寸线。

选择菜单栏中的"标注"→"标注间距"命令，或者单击"标注"工具栏→"标注间距"按钮，可以修改已经标注的图形中标注线的位置间距。执行"标注间距"命令，命令行提示如下：

选择基准标注:

在图形中选择第一条标注线，命令行提示如下：

选择要产生间距的标注:

选择平行线性标注或角度标注，按 Enter 键结束选择，命令行提示如下：

输入值或 [自动(A)] <自动>:

输入标注线的间距数值，按 Enter 键完成标注间距，如图 6-43 所示。

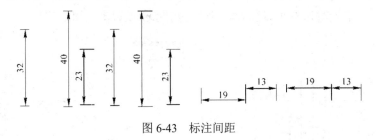

图 6-43　标注间距

6.4.5　标注打断

在尺寸线或尺寸界线与几何对象或其他标注相交的位置将其打断。

选择菜单栏中的"标注"→"标注打断"命令，或者单击"标注"工具栏→"标注打断"按钮，可以在标注线和图形之间产生一个隔断。执行"标注打断"命令，命令行提示如下：

选择标注或 [多个(M)]:

选择需要打断的标注线，命令行提示如下：

选择要打断标注的对象或 [自动(A)/恢复(R)/手动(M)] <自动>:

选择该标注对应的选段，按 Enter 键完成标注打断。

6.4.6　快速标注

快速标注是指从选定对象快速创建一系列标注。它特别适合用于创建一系列基线或连续标注，或者为一系列圆或圆弧创建标注。

选择菜单栏中的"标注"→"快速标注"命令，或者单击"标注"工具栏→"快速标注"按钮，执行"快速标注"命令，选择需要标注尺寸的各图形对象后，命令行提示如下：

指定尺寸线位置或[连续(C)/并列(S)/基线(B)/坐标(O)/半径(R)/直径(D)/基准点(P)/编辑(E)/设置(T)] <连续>:

"快速标注"命令各选项的功能含义如下。

- "连续"选项：创建一系列连续标注。
- "并列"选项：创建一系列并列标注。
- "基线"选项：创建一系列基线标注。
- "坐标"选项：创建一系列坐标标注。
- "半径"选项：创建一系列半径标注。
- "直径"选项：创建一系列直径标注。
- "基准点"选项：为基线标注和坐标标注设置新的基准点，这时系统要求用户选择新的基准。用户指定一个定点，使 AutoCAD 2021 返回前面的提示。
- "编辑"选项：AutoCAD 2021 将提示用户从现有标注中添加或删除标注点。
- "设置"选项：为指定尺寸界线原点（交点或端点）设置对象捕捉优先级。

6.5　公差标注

在机械设计中，用户经常要创建极限偏差形式的尺寸标注。利用多行文字功能可以非常方便地创建这类尺寸标注，如图 6-44 所示。公差标注的操作步骤如下。

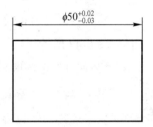

图 6-44　极限偏差形式的尺寸标注

（1）创建 50×30 的矩形。

（2）单击"线性标注"按钮。

（3）选择矩形长度上的两个端点。

（4）创建文字：在命令行中输入 M（选择"多行文字(M)"选项），并按 Enter 键；在系统弹出的文字输入窗口中输入文字字符"%%C50＋0.02＾−0.03"；符号"＾"在数字键"6"上，在英文输入状态下，按 Shift+6 组合键，即可输入"＾"符号。

（5）选中"+0.02＾−0.03"，并单击此时功能区中的"文字编辑器"上下文选项卡→"格式"面板→"堆叠"按钮，公差文字变成公差形式 ∅50$^{+0.02}_{-0.03}$。

（6）单击公差标注，此时标注的尺寸随光标的移动而移动，在合适位置单击，完成尺寸放置。

6.6　形位公差标注

AutoCAD 2021 提供了形位公差标注命令，方便用户（特别是从事机械设计、制造的用户）创建包含在特征控制框中的形位公差。

形位公差包括形状公差和位置公差，是指导生产、检验产品、控制质量的技术依据。图 6-45 是标注形位公差时一般使用的标注样式。它通常由指引线、形位公差代号、形位公差框、形位公差值和基准代号等组成。

1. 创建不带引线的形位公差

选择菜单栏中的"标注"→"公差"命令，或者单击"标注"工具栏→"公差"按钮，打开"形位公差"对话框，在该对话框中，用户可以设置公差的符号、值及基准等参数，如图 6-46 所示。

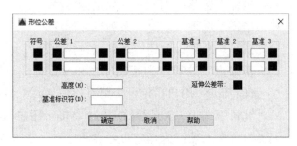

图 6-45 形位公差   图 6-46 "形位公差"对话框

"形位公差"对话框中各选项的功能含义如下。

- "符号"选项区：显示或设置所要标注形位公差的符号。单击该选项区中的■图标，打开"特征符号"对话框，可以为第一个或第二个公差选择几何特征符号，如图 6-47 所示。

- "公差 1"选项区和"公差 2"选项区：单击■图标插入直径符号，在中间的文本框中可以输入公差值。单击■图标后，将打开"附加符号"对话框，如图 6-48 所示，从中选择公差包容条件，选择要使用的符号后，关闭该对话框。在"形位公差"对话框中，将符号插入到第一个公差值的"附加符号"对话框中。

图 6-47 "特征符号"对话框   图 6-48 "附加符号"对话框

- "基准 1"选项区、"基准 2"选项区和"基准 3"选项区：设置基准的有关参数，可以在"基准 1""基准 2""基准 3"文本框中输入相应的基准代号。

- "高度"文本框：设置投影公差带的值。投影公差带控制固定垂直部分延伸区的高度变化，并以位置公差控制公差精度。

- "延伸公差带"图标：单击该图标，在延伸公差带值的后面插入延伸公差带符号。

- "基准标识符"文本框：创建由参照字母组成的基准标识符。基准是理论上精确的几何参照，用于建立其他特征的位置和公差带。点、直线、平面、圆柱或者其他几何图形都能作为基准。

2．创建带引线的形位公差

在图形中创建带引线的形位公差的操作步骤如下。

（1）在命令行中输入 LEADER 命令或 LE 命令，并按 Enter 键，命令行提示如下：

指定第一个引线点或[设置(S)] <设置>:

（2）在命令行输入 S，按 Enter 键，系统打开"引线设置"对话框，如图 6-49 所示。

（3）选择"注释"选项卡，选中"公差"单选按钮，单击"确定"按钮，命令行提示如下：

指定第一个引线点或[设置(S)]<设置>:

（4）指定引线起点。

（5）指定引线下一个点，系统打开"形位公差"对话框，如图 6-50 所示。

（6）按需要依次选择或输入形位公差符号、公差数值、基准等，单击"确定"按钮，生成带引线的形位公差，如图 6-51 所示。

图 6-49　"引线设置"对话框

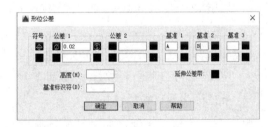

图 6-50　"形位公差"对话框

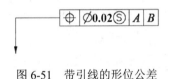

图 6-51　带引线的形位公差

6.7　编辑尺寸标注

如果已标注的尺寸需要修改，则不用将所标注的尺寸对象删除并重新进行标注。用户可以利用 AutoCAD 2021 提供的尺寸编辑命令进行修改。

1．编辑标注

单击"标注"工具栏→"编辑标注"按钮，即可编辑标注对象上的标注文字和尺寸界线，命令行提示如下：

输入标注编辑类型 [默认(H)/新建(N)/旋转(R)/倾斜(O)] <默认>:

"编辑标注"命令部分选项的功能含义如下。

• "默认"选项：将选定的标注文字移动到由标注样式指定的默认位置和旋转角。

- "新建"选项：使用"文字格式"对话框修改标注文字。先在文字输入窗口中输入尺寸文本，再选择需要修改的尺寸对象。
- "旋转"选项：可以将尺寸文字旋转一定的角度，先设置角度，再选择尺寸对象。
- "倾斜"选项：可以调整线性标注尺寸界线的倾斜角度。当尺寸界线与图形的其他部件冲突时，该选项很有用处。先选择尺寸对象，再设置倾斜角度。

2. 编辑标注文字

编辑标注文字可以修改现有标注文字的位置和方向，移动和旋转标注文字并重新定位尺寸线。用户可以使用"编辑标注文字"命令更改或恢复标注文字的位置、对正方式和角度。

选择菜单栏"标注"→"对齐文字"中的命令，或者单击"标注"工具栏→"编辑标注文字"按钮，命令行提示如下：

选择标注：

选择需要修改的尺寸对象后，命令行提示如下：

指定标注文字的新位置或 [左(L)/右(R)/中心(C)/默认(H)/角度(A)]:

在默认情况下，AutoCAD 2021 允许用户利用光标确定标注文字的位置，并在拖动光标过程中动态更新。

"编辑标注文字"命令部分选项的功能含义如下。

- "左"选项：将标注文字移动到靠近左边的尺寸界线处。该选项适用于线性标注、半径标注和直径标注。
- "右"选项：将标注文字移动到靠近右边的尺寸界线处。该选项适用于线性标注、半径标注和直径标注。
- "中心"选项：将标注文字移动到尺寸界线中心处。
- "默认"选项：将标注文字移动到原来的位置。
- "角度"选项：改变标注文字的旋转角度。

3. 更新标注

用户可以通过更新标注设置来控制标注的外观。选择菜单栏中的"标注"→"更新"命令，或者单击"标注"工具栏→"标注更新"按钮，命令行提示如下：

输入标注样式选项[注释性(AN)/保存(S)/恢复(R)/状态(ST)/变量(V)/应用(A)/?] <恢复>:

"更新"命令部分选项的功能含义如下。

- "注释性"选项：创建注释性标注样式。
- "保存"选项：将标注系统变量的当前设置保存到标注样式中。
- "恢复"选项：将标注系统变量设置恢复为选定标注样式的设置。
- "状态"选项：查看当前各尺寸系统变量的状态。如果选择该选项，则可以切换到文本窗口，显示所有标注系统变量的当前值。
- "变量"选项：显示指定标注样式或对象的全部或部分尺寸系统变量及其设置。

- "应用"选项：根据当前尺寸系统变量的设置更新指定的尺寸对象。
- "?"符号：显示当前图形中命名的尺寸标注样式。

4. 尺寸关联

尺寸关联是指标注尺寸与标注对象有关联关系。如果标注的尺寸值是自动测量值，且尺寸标注是按尺寸关联模式标注的，则标注对象的大小被改变后，相应的标注尺寸也发生变化，即尺寸界线、尺寸线的位置都将改变到相应的新位置，尺寸值也改变为新测量值。反之，改变尺寸界线起始点的位置，尺寸值也会发生相应的变化。

5. 分解尺寸对象

当用户利用 EXPLODE 命令分解尺寸对象时，可以将其分解为文本、箭头和尺寸线等多个对象。尺寸对象被分解后，用户可以单独选择尺寸对象的文本、箭头和尺寸线等对象。

实战演练

演练 6.1 按机械图的标准，创建"直线""圆或圆弧""直线直径"等标注样式。

（1）单击"标注"工具栏→"标注样式"按钮，或者选择菜单栏中的"格式"→"标注样式"命令，打开"标注样式管理器"对话框，如图 6-52 所示。

（2）单击"新建"按钮，在打开的"创建新标注样式"对话框中创建新标注样式。

（3）在"基础样式"下拉列表中选择一种与所要创建的标注样式相近的标注样式作为基础样式（在默认状态下，基础样式中只有"ISO-25"一种标注样式），在"新样式名"文本框中输入要创建的标注样式名称"直线"，如图 6-53 所示。

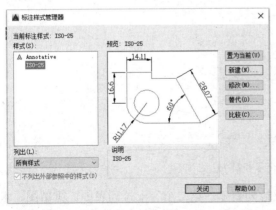

图 6-52 "标注样式管理器"对话框

图 6-53 "创建新标注样式"对话框（1）

（4）单击"创建新标注样式"对话框中的"继续"按钮，打开"新建标注样式：直线"对话框，在该对话框中选择"线"选项卡（见图 6-54），进行如下设置。

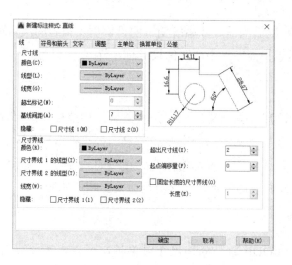

图 6-54　"线"选项卡

①　"尺寸线"选项区：将"颜色"设置为"ByLayer"随层；"线型"设置为"ByLayer"随层；"线宽"设置为"ByLayer"随层；"超出标记"设置为"0"；"基线间距"设置为"7"；取消勾选"隐藏"中的复选框。

②　"尺寸界线"选项区：将"颜色"设置为"ByLayer"随层；"尺寸界线 1 的线型"和"尺寸界线 2 的线型"均设置为"ByLayer"随层；"线宽"设置为"ByLayer"随层；"超出尺寸线"设置为"2"；如果是机械图，将"起点偏移量"设置为"0"，如果是水工图或建筑图，将"起点偏移量"设置为"3"以上；取消勾选"隐藏"中的复选框。

（5）选择"符号和箭头"选项卡（见图 6-55），进行如下设置。

图 6-55　"符号和箭头"选项卡

①　"箭头"选项区：在"第一个"下拉列表和"第二个"下拉列表中，机械图、水工图均选择"实心闭合"选项（水工图有时根据需要选择"倾斜"选项，即细 45 度斜线，建筑图选择"建筑标记"选项，即粗 45 度斜线）；将"箭头大小"设置为"3"或"4"。

②　"圆心标记"选项区：选中"标记"单选按钮，大小设置为"3"。

③　"打断标注"选项区：将"打断大小"设置为"2"。

④ "弧长符号"选项区：选中"标注文字的上方"单选按钮。

⑤ 其他设置选择系统默认值。

（6）在"新建标注样式：直线"对话框中选择"文字"选项卡（见图 6-56），进行如下设置。

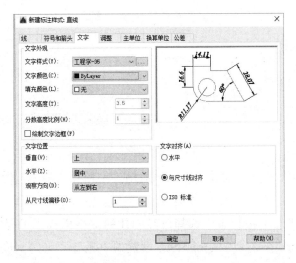

图 6-56 "文字"选项卡

① "文字外观"选项区：单击"文字样式"右侧的"显示文字样式"按钮，打开"文字样式"对话框，如图 6-57 所示。

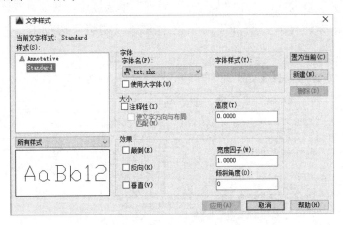

图 6-57 "文字样式"对话框

② 单击"文字样式"对话框中的"新建"按钮，在打开的"新建文字样式"对话框的"样式名"文本框中输入"工程字-35"，如图 6-58 所示，单击"确定"按钮返回"文字样式"对话框。

③ 在"字体名"下拉列表中选择"Times New Roman"选项，"字体样式"下拉列表中选择"斜体"选项，"高度"文本框中输入"3.5"，其他项目均为默认设置，如图 6-59 所示。

图 6-58 "新建文字样式"对话框

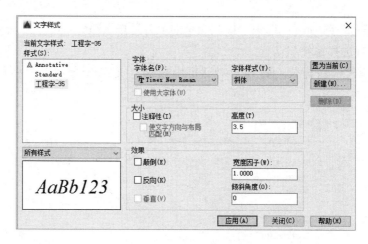

图 6-59　新字体样式设置

④ 依次单击"文字样式"对话框中的"应用"按钮和"关闭"按钮，返回"新建标注样式：直线"对话框，选择"文字"选项卡。

⑤ 在"文字样式"下拉列表中选择已经创建的文字样式"工程字-35"；将"文字颜色"设置为"ByLayer"随层；"填充颜色"设置为"无"；"文字高度"设置为"3.5"；取消勾选"绘制文字边框"复选框。

⑥ "文字位置"选项区：在"垂直"下拉列表中选择"上"选项；"水平"下拉列表中选择"居中"选项；"从尺寸线偏移"文本框中输入"1"。

⑦ "文字对齐"选项区：选中"与尺寸线对齐"单选按钮，其他设置选择系统默认值。

（7）在"新建标注样式：直线"对话框中选择"调整"选项卡（见图 6-60），进行如下设置。

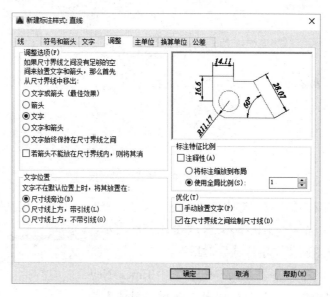

图 6-60　"调整"选项卡

① "调整选项"选项区：选中"文字始终保持在尺寸界线之间"单选按钮或"文字"

单选按钮；取消勾选"若箭头不能放在尺寸界线内，则将其消"复选框。

② "文字位置"选项区：选中"尺寸线旁边"单选按钮。

③ "标注特征比例"选项区：选中"使用全局比例"单选按钮，将数值设置为"1"。

④ "优化"选项区：勾选"在尺寸界线之间绘制尺寸线"复选框。

（8）在"新建标注样式：直线"对话框中选择"主单位"选项卡（见图6-61），进行如下设置。

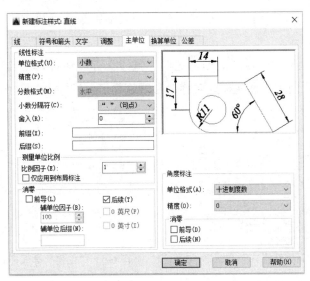

图6-61 "主单位"选项卡

① "线性标注"选项区：在"单位格式"下拉列表中选择"小数"选项；"精度"下拉列表中选择"0"选项（表示尺寸数值是整数，如果是小数则应按要求选择）；"小数分隔符"下拉列表中选择"'.'（句点）"选项；"比例因子"应根据当前图的绘图比例输入比例值。

② "角度标注"选项区：在"单位格式"下拉列表中选择"十进制度数"选项；"精度"下拉列表中选择"0"选项。

（9）在"新建标注样式：直线"对话框中的"换算单位"选项卡和"公差"选项卡中，保持默认设置。

（10）设置完成后，单击"确定"按钮，系统保存新创建的"直线"标注样式，返回"标注样式管理器"对话框，并在"样式"列表框中显示"直线"标注样式名称，完成该标注样式的创建。

（11）单击"标注样式管理器"对话框中的"新建"按钮，打开"创建新标注样式"对话框，按以上操作进行另一个新标注样式——"圆或圆弧"标注样式的创建。

（12）"圆或圆弧"标注样式的创建以"直线"标注样式为基础样式，在"新样式名"文本框中输入要创建的标注样式名称"圆或圆弧"，如图6-62所示。

（13）单击"创建新标注样式"对话框中的"继续"按钮，打开"新建标注样式：圆或圆弧"对话框。

（14）在"新建标注样式：圆或圆弧"对话框中，只需要修改与"直线"标注样式不同的 3 处便可。

① 选择"文字"选项卡：在"文字对齐"选项区中选中"水平"单选按钮。

② 选择"调整"选项卡：在"调整选项"选项区中选中"文字"单选按钮。在"优化"选项区中勾选"手动放置文字"复选框。

（15）设置完成后，单击"确定"按钮，系统保存新创建的"圆或圆弧"标注样式，返回"标注样式管理器"对话框，并在"样式"列表框中显示"圆或圆弧"标注样式名称，完成该标注样式的创建。

（16）"直线直径"标注样式的创建是以"直线"标注样式为基础样式的，在"新样式名"文本框中输入要创建的标注样式名称"直线直径"，如图 6-63 所示。

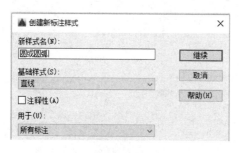

图 6-62　"创建新标注样式"对话框（2）　　图 6-63　"创建新标注样式"对话框（3）

（17）单击"创建新标注样式"对话框中的"继续"按钮，打开"新建标注样式：直线直径"对话框。

（18）在"新建标注样式：直线直径"对话框中，只需要修改与"直线"标注样式不同的一处便可。

选择"主单位"选项卡：在"线性标注"选项区，在"前缀"文本框中输入"%%c"。

（19）设置完成后，单击"确定"按钮，系统保存新创建的"直线直径"标注样式，返回"标注样式管理器"对话框，并在"样式"列表框中显示"直线直径"标注样式名称，完成该标注样式的创建。

（20）单击"标注样式管理器"对话框中的"关闭"按钮，完成所有标注样式的创建。打开"样式"工具栏中的"标注样式"下拉列表，可以看到新创建的标注样式，如图 6-64 所示。

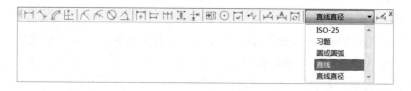

图 6-64　"样式"工具栏中显示新创建的标注样式

演练 6.2　标注如图 6-65 所示的零件图的尺寸。

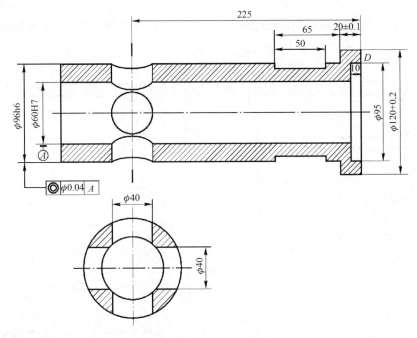

图 6-65　标注零件图的尺寸

（1）标注零件图的基本尺寸。

① 根据演练 6.1 的方法，按照机械图的标准，创建"直线""圆或圆弧""直线直径"等标注样式。

② 打开"标注"工具栏中的"标注样式"下拉列表，选择"直线"选项为当前标注样式，如图 6-66 所示。

图 6-66　选择"直线"为当前标注样式

③ 选择菜单栏中的"标注"→"线性"命令。

④ 在状态栏上单击"对象捕捉"按钮，打开"对象捕捉"模式。

⑤ 在样图上捕捉圆心 B，指定第一条尺寸界线的起点；在样图上捕捉交点 C，指定第二条尺寸界线的起点；拖动光标，在适当位置单击，确定尺寸线的位置，创建水平标注 225。采用同样的方法，分别捕捉需要标注的对象起点，可以标注其他线性对象，如图 6-67 所示。

（2）带直径符号的线性标注。

① 选择"直线直径"为当前标注样式。

② 选择菜单栏中的"标注"→"线性"命令。在状态栏上单击"对象捕捉"按钮，打开"对象捕捉"模式。

③ 在样图上捕捉端点 D，指定第一条尺寸界线的起点；在样图上捕捉端点 E，指定第二条尺寸界线的起点；拖动光标，在适当位置单击，确定尺寸线的位置，创建水平标注 ϕ95。

采用同样的方法，分别捕捉需要标注的对象起点，可以标注其他线性对象，如图 6-68 所示。

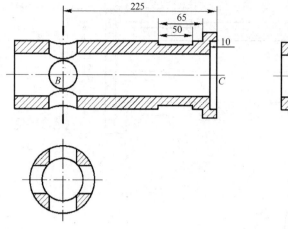

图 6-67　标注线性对象

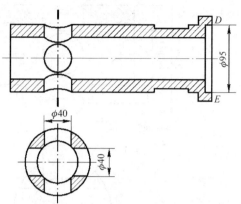

图 6-68　带直径符号的线性标注

（3）公差标注。

① 以"直线"为标注样式的基础样式，再新建一个"直线有公差 0.2"标注样式。在"修改标注样式：直线有公差 0.2"对话框中，只需要修改与"直线"标注样式不同的一处便可。

选择"公差"选项卡：在"方式"下拉列表中选择"对称"选项；将"精度"设置为"0.0"；"上偏差"与"下偏差"均设置为"0.2"；其他取默认值，如图 6-69 所示。

② 打开"标注"工具栏中的"标注样式"下拉列表，选择"直线有公差 0.2"选项为当前标注样式。

③ 选择菜单栏中的"标注"→"线性"命令。在样图上捕捉端点 F，指定第一条尺寸界线的起点；在样图上捕捉端点 G，指定第二条尺寸界线的起点；拖动光标，在适当位置单击，确定尺寸线的位置，创建水平标注对称偏差为 0.2 的线性标注。采用同样的方法，分别捕捉需要标注的对象起点，可以标注其他线性对象。采用同样的方法可以标注其他公差标注，如图 6-70 所示。

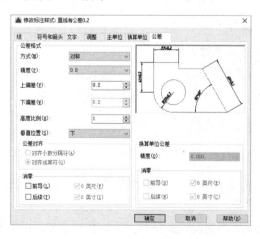

图 6-69　"公差"选项卡设置

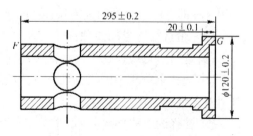

图 6-70　标注公差

（4）公差与配合代号的标注。

① 打开"标注"工具栏中的"标注样式"下拉列表，选择"直线直径"选项为当前标注样式。

② 选择菜单栏中的"标注"→"线性"命令。

③ 在样图上捕捉端点 *F*，指定第一条尺寸界线的起点；在样图上捕捉端点 *H*，指定第二条尺寸界线的起点；拖动光标，命令行提示如下：

指定尺寸线位置或［多行文字(M)/文字(T)/角度(A)/水平(H)/垂直(V)/旋转(R)］:

在命令行中输入 T，按 Enter 键，命令行提示如下：

输入标注文字 <95>:

在命令行中输入"%%c95h6"。

在适当位置单击，确定尺寸线的位置，如图 6-71 所示。采用同样的方法，分别捕捉需要标注的对象起点，可以标注其他公差与配合的代号。

（5）标注形位公差。

① 打开"标注"工具栏中的"标注样式"下拉列表，选择"直线"为当前标注样式。

② 在命令行中输入 LE 命令，按 Enter 键，命令行提示如下：

指定第一个引线点或［设置(S)］<设置>:

在命令行中输入 S，按 Enter 键。在打开的"引线设置"对话框中选中"公差"单选按钮，单击"确定"按钮，如图 6-72 所示。

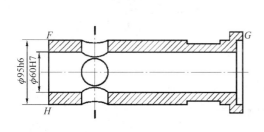

图 6-71　标注公差与配合代号

图 6-72　"引线设置"对话框

③ 在样图上捕捉"*φ*95h6"尺寸线下端箭头，命令行提示如下：

指定下一点:

在垂直方向上相对下一点选取一点，命令行提示如下：

指定下一点:

在水平方向上向右选取一点，打开"形位公差"对话框。

④ 在"形位公差"对话框中，单击"符号"选项区下方的■图标，在打开的"符号"对话框中选择 ◎ 符号，单击"公差 1"列前面的■图标添加直径符号，并在文本框中输入公差值"0.04"，在"基准 1"文本框中输入基准参照字母 A，如图 6-73 所示。单击"确定"按钮，关闭"形位公差"对话框，此时创建的形位公差效果如图 6-74 所示。

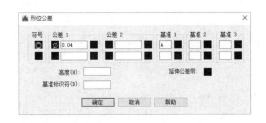

图 6-73 "形位公差"对话框设置

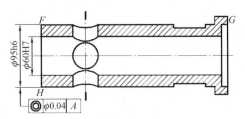

图 6-74 创建的形位公差效果

技能拓展

拓展 6.1 绘制如图 6-75 所示的图形并标注。

拓展 6.2 绘制如图 6-76 所示的图形并标注。

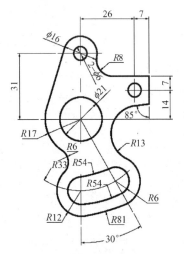

图 6-75 绘制图形并标注（1）

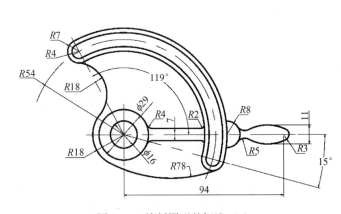

图 6-76 绘制图形并标注（2）

拓展 6.3 绘制如图 6-77 所示的图形并标注。

拓展 6.4 绘制如图 6-78 所示的图形并标注。

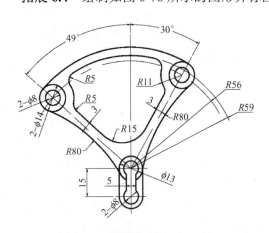

图 6-77 绘制图形并标注（3）

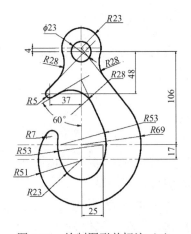

图 6-78 绘制图形并标注（4）

拓展 6.5 绘制如图 6-79 所示的图形并标注。

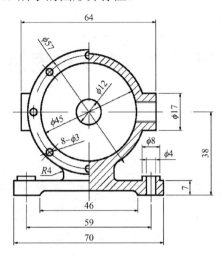

图 6-79 绘制图形并标注（5）

拓展 6.6 绘制如图 6-80 所示的零件图并标注。

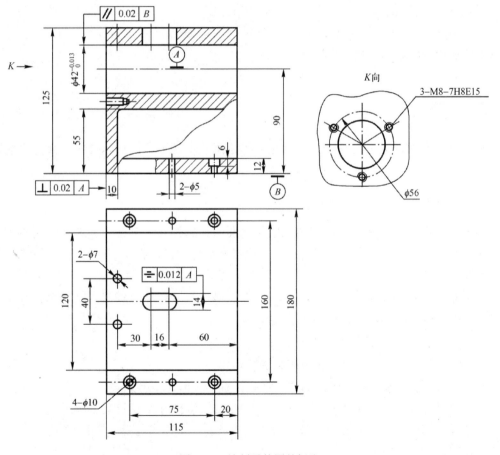

图 6-80 绘制零件图并标注

第7章 文字与表格

知识目标

　　了解工程图中需要注写文字的场合；掌握单行文字和多行文字的编辑；了解工程图中使用表格的场合。

技能目标

　　熟练掌握创建文字样式的方法；熟练掌握创建和编辑文字的方法和技巧；熟练掌握设置表格样式和创建表格的方法。

　　工程图中包含技术要求、标题栏和明细表等文字。AutoCAD 2021 提供了强大的注写及编辑文字功能。在 AutoCAD 2021 中，用户使用表格功能可以创建不同类型的表格，还可以在其他软件中复制表格，简化制图操作。

7.1　使用文字

　　一个完整的图样通常包含一些文字注释等信息，如图形中的技术要求、装配说明、材料说明、施工要求等。

7.1.1　创建文字样式

　　根据所绘图形的用途不同，有些说明文字要求使用黑体，某些场合要求使用斜体，对于我国用户来说，通常要使用汉字。所以，设置文字样式是进行文字注释的首要任务。

　　如图 7-1 所示，单击功能区中的"注释"选项卡→"文字"面板右下角的下拉箭头 ↘，或者选择菜单栏中的"格式"→"文字样式"命令，打开"文字样式"对话框，利用该对话框可修改或创建文字样式，如图 7-2 所示。

　　"文字样式"对话框中部分选项的功能含义如下。

- "样式"列表框：当前可使用的文字样式。
- "置为当前"按钮：将选定的文字样式设置为当前文字样式。
- "新建"按钮：单击该按钮，AutoCAD 2021 将打开"新建文字样式"对话框，如图 7-3 所示，在"样式名"文本框中输入新建文字样式名后，单击"确定"按钮，即可创建新的文字样式。
- "删除"按钮：单击该按钮，可以删除所选择的文字样式，但无法删除已经被使用的文字样式和默认的 Standard 样式。

图 7-1 "文字"面板   图 7-2 "文字样式"对话框

- "字体名"下拉列表：用于选择字体。
- "字体样式"下拉列表：用于选择字体格式，如常规、斜体、粗体等，但不是所有的字体都能设置。
- "使用大字体"复选框：如果勾选"使用大字体"复选框，则"字体样式"下拉列表变为"大字体"下拉列表，用于指明使用汉字。

图 7-3 "新建文字样式"对话框

- "高度"文本框：用于设置文字的高度。如果将其设置为 0，则用户在输入文字时会提示指定文字高度。如果希望将该文字样式用作尺寸文字样式，则必须将高度设置为 0，否则用户在设置尺寸文字样式时所设置的文字高度将不起作用。
- "颠倒"复选框、"反向"复选框：用于倒置或反向显示文字。
- "垂直"复选框：用于垂直排列文字。对于 TrueType 字体来说，该复选框不可用。
- "宽度因子"文本框：用于设置文字的高度和宽度之比。当宽度因子的值为1时，按系统定义的高宽比书写文字；当宽度因子的值小于 1 时，文字会变窄；当宽度因子的值大于1时，文字会变宽。
- "倾斜角度"文本框：用于指定文字的倾斜角度（默认值为 0°，即不倾斜），其范围为-85°～+85°。当角度为正数时，文字向右倾斜；反之，文字向左倾斜。

7.1.2 创建与编辑单行文字

在 AutoCAD 2021 中，用户可以创建和编辑文字。对于不需要使用多种文字的简短内容，可以创建单行文字。使用"单行文字"命令可以创建单行文字或多行文字，每一行都是一个文字对象，可以进行单独编辑。

选择菜单栏中的"绘图"→"文字"→"单行文字"命令，或者单击"文字"工具栏→"单行文字"按钮，又或者单击功能区中的"默认"选项卡→"注释"面板→"单行文字"按钮，可以创建单行文字对象。

执行"单行文字"命令时，命令行提示如下：

当前文字样式: "Standard" 文字高度: 2.5000 注释性:否 对正:左
指定文字的起点或［对正(J)/样式(S)］:

- "指定文字的起点"选项：在默认情况下，通过指定单行文字行基线的起点位置创建文字。
- "对正"选项：在"指定文字的起点或[对正(J)/样式(S)]:"提示下输入 J，可以设置文字的排列方式。

命令行提示如下：

输入选项［对齐(A)/调整(F)/中心(C)/中间(M)/右(R)/左上(TL)/中上(TC)/右上(TR)/左中(ML)/正中(MC)/右中(MR)/左下(BL)/中下(BC)/右下(BR)］:

在 AutoCAD 2021 中，系统为文字提供了多种对正方式。

- "对齐"选项：可以确定文字的起点和终点。AutoCAD 2021 自动调整文字高度，以使文字在两点之间。
- "调整"选项：确定文字的起点、终点与高度。AutoCAD 2021 自动调整宽度系数，使文字适于放在两点之间。
- "中心"选项：确定一点为文字基线的中点。
- "中间"选项：确定一点为文字的中间点，即以该点为文字行的水平和竖直中点。
- "右"选项：确定文字基线右端点。
- "左上""中上""右上"选项：分别表示将以所确定点作为文字行顶线的始点、中点和终点。
- "左中""正中""右中"选项：分别表示将以所确定点作为文字行中线的始点、中点和终点。
- "左下""中下""右下"选项：分别表示将以所确定点作为文字行底线的始点、中点和终点。
- "样式"选项：在"指定文字的起点或 [对正(J)/样式(S)]:"提示下输入 S，可以设置当前使用的文字样式。

命令行提示如下：

输入样式名或［?］ <Standard>:

可以直接输入文字样式的名称，也可输入"?"，在绘图窗口中显示当前图形已有的文字样式。

7.1.3　创建与编辑多行文字

AutoCAD 2021 的多行文字是单独的对象，由任意数目的文字行或段落组成。多行文字应用于较长的、较复杂的内容。在多行文字中，用户可以很方便地添加特殊符号，还可以对多行文字进行移动、旋转、复制、删除、镜像或缩放等操作。多行文字的应用比单行文字的应用灵活得多，编辑选项也比单行文字多。

创建多行文字的操作步骤如下。

（1）选择菜单栏中的"绘图"→"文字"→"多行文字"命令，或者单击"文字"工具栏→"多行文字"按钮，又或者单击功能区中的"默认"选项卡→"注释"面板→"多行文字"按钮。

（2）在绘图窗口中指定边框的两个对角点以定义多行文字的宽度。如果功能区处于激活状态，则 AutoCAD 2021 将打开"文字编辑器"上下文选项卡，并显示一个多行文字输入框，如图 7-4 所示。

图 7-4　"文字编辑器"上下文选项卡和多行文字输入框

（3）利用"文字编辑器"上下文选项卡中的"样式"面板和"格式"面板，可以设置所需的文字样式和文字格式。

（4）利用"插入"面板，可以在多行文字输入框中添加特殊符号。

（5）利用"段落"面板，可以对多行文字进行段落形式、对齐方式、部分字符的特殊格式等设置。

（6）单击"关闭文字编辑器"按钮，完成多行文字的创建。

7.1.4　在多行文字中插入特殊符号

用户在创建多行文字的过程中可以插入一些特殊符号。

单击功能区中的"文字编辑器"上下文选项卡→"插入"面板→"符号"按钮，弹出"符号"下拉列表，从中选择所需符号的选项，可以在多行文字中插入该符号，如图 7-5 所示。

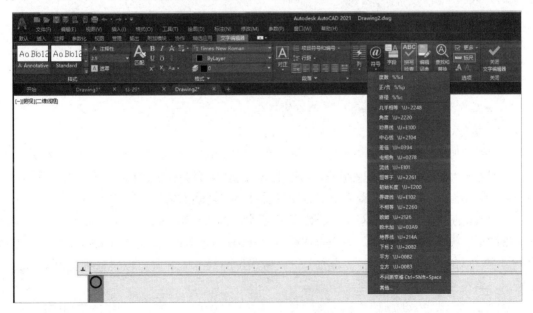

图 7-5　"符号"下拉列表

有些其他特殊符号可以在"字符映射表"对话框中选择。在"符号"下拉列表中选择

"其他"命令，即可打开"字符映射表"对话框，如图 7-6 所示。

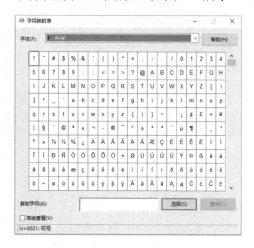

图 7-6　"字符映射表"对话框

7.1.5　创建堆叠文字

堆叠文字是指应用于多行文字对象和多重引线对象中的字符的分数与公差格式。图 7-7 所示为几组堆叠文字方式。

$$\emptyset 20^{+0.03}_{-0.02} \qquad \emptyset 20^{H7}_{p6} \qquad \emptyset 20^{H7}\!/_{p6}$$

图 7-7　堆叠文字

创建堆叠文字的操作步骤如下。

（1）依次单击"默认"选项卡→"注释"面板→"多行文字"按钮。

（2）指定边框的对角点以定义多行文字对象的宽度。

（3）输入要堆叠的文字，并用以下任意一个字符作为分隔符。

正斜杠（/）：以垂直方式堆叠文字，由水平线分隔。

磅字符（#）：以对角形式堆叠文字，由对角线分隔。

插入符（^）：创建公差堆叠，不用直线分隔。

（4）执行以下操作之一。

- 手动堆叠：选择文字，单击功能区中的"文字编辑器"上下文选项卡→"格式"面板→"堆叠"按钮。"文字编辑器"上下文选项卡只会在用户选择多行文字时显示。

- 自动堆叠：在事先设置启用"自动堆叠文字"功能的前提下，输入由"插入符(^)"分隔的数字后，再输入一个非数字字符或按 Space 键，文字将自动堆叠。

例 7.1　在"文字编辑器"输入框中输入"ϕ50+0.03^-0.01"；选中+0.03^-0.01；单击功能区中的"文字编辑器"上下文选项卡→"格式"面板→"堆叠"按钮，堆叠效果如图 7-8 所示，单击"关闭文字编辑器"按钮。

例 7.2　在"文字编辑器"输入框中输入"ϕ40 +0.016^-0.02"，其中ϕ40 与+0.016^-0.02 之间用"空格"隔开；在数字"0.02"后面按 Space 键，+0.016^-0.02 将自动堆叠，效果如图 7-9 所示。

图 7-8　堆叠效果（1）

图 7-9　堆叠效果（2）

例 7.3　在"文字编辑器"输入框中输入"ϕ20H7/p6";选中"H7/p6";单击功能区中的"文字编辑器"上下文选项卡→"格式"面板→"堆叠"按钮,堆叠效果如图 7-10 所示,单击"关闭文字编辑器"按钮。

图 7-10　堆叠效果（3）

更改堆叠文字的操作步骤如下。

（1）先双击多行文字,再选择已堆叠的文字。

（2）单击显示在文字附近的闪电图标,弹出快捷菜单。

（3）选择"对角线"选项、"水平"选项或"非堆叠"选项可以改变堆叠文字的堆叠方式。图 7-11 所示为不同堆叠方式的效果。

图 7-11　不同堆叠方式的效果

7.1.6　控制码与特殊符号

在 AutoCAD 2021 中,某些符号（如上画线、下画线、直径等）不能用标准键盘直接输入,而用户可以使用某些替代形式输入这些符号。当输入这些符号时,单行文字所使用的编码方法不同于多行文字。下面分别介绍使用上述命令输入符号的方法。

AutoCAD 2021 的控制码由两个百分号（％％）及紧跟其后的一个字符构成。常用的控制码如表 7-1 所示。

注意：控制码一定要在英文输入状态下输入才能生效。

表 7-1　常用的控制码

控 制 码	功　　能
%%O	打开或关闭上画线
%%U	打开或关闭下画线
%%D	度（°）
%%C	直径（Φ）
%%P	正负（±）

7.1.7　编辑文字

1．编辑单行文字

用户可以通过菜单命令和文字夹点对单行文字进行相应编辑。单行文字编辑包括编辑文字的内容、对正方式及缩放比例，可以选择"修改"→"对象"→"文字"子菜单中的命令进行设置，如图 7-12 所示。

图 7-12　"文字"子菜单中的命令

"文字"子菜单中各命令的功能含义如下。

- "编辑"命令：选择该命令，在绘图窗口中选择需要编辑的单行文字，进入文字编辑状态，可以重新输入文字内容。

也可以在绘图窗口中直接双击输入的单行文字，进入文字编辑状态，重新输入文字内容。

- "比例"命令：选择该命令，在绘图窗口中选择需要编辑的单行文字，此时需要输入缩放的基点，以及指定新高度、匹配对象或缩放比例。
- "对正"命令：选择该命令，在绘图窗口中单击需要编辑的多行文字，此时可以重新设置文字的对正方式。

例 7.4　修改文字对象的比例。

（1）选择菜单栏中的"修改"→"对象"→"文字"→"比例"命令，命令行提示如下：

选择对象：

（2）选择所要修改的文字对象，按 Enter 键完成选择，命令行提示如下：

输入缩放的基点选项［现有(E)/左(L)/中心(C)/中间(M)/右(R)/左上(TL)/中上(TC)/右上(TR)/左中(ML)/正中(MC)/右中(MR)/左下(BL)/中下(BC)/右下(BR)］〈现有〉：

（3）按 Enter 键，命令行提示如下：

指定新模型高度或 [图纸高度(P)/匹配对象(M)/比例因子(S)] <3.5>:

（4）在命令行中输入 S，按 Enter 键，命令行提示如下：

指定缩放比例或[参照(R)]<2>:

（5）在命令行中输入"1.5"，按 Enter 键，完成文字对象的修改。

完成操作后，文字对象被放大为原来的 1.5 倍，放大前后效果如图 7-13 所示。

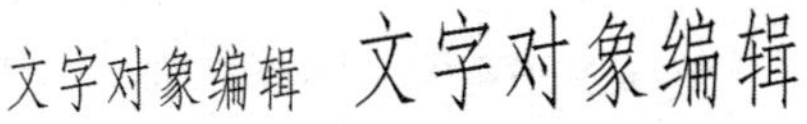

图 7-13　修改文字对象比例的前后效果

如果在绘图区中单击单行文字或多行文字，则在文字对象上显示夹点（小正方形）。选择一个夹点可以对文字对象进行拉伸、移动、缩放、镜像、旋转等操作。

例 7.5　使用夹点对文字对象进行 30°旋转。

（1）选择文字对象，选择夹点，命令行提示如下：

　　** 拉伸 **
指定拉伸点或[基点(B)复制(C)放弃(U)退出(X)]:

（2）此时按 Space 键或 Enter 键，命令行会依次在"拉伸""移动""旋转""比例缩放""镜像"之间循环切换。

（3）切换至"旋转"状态，命令行提示如下：

** 旋转 **
指定旋转角度或 [基点(B)/复制(C)/放弃(U)/参照(R)/退出(X)]:

（4）在命令行中输入"30"，并按 Enter 键，旋转前后效果如图 7-14 所示。

图 7-14　使用夹点旋转文字对象的前后效果

2. 编辑多行文字

上述单行文字的编辑方法同样适用于多行文字的编辑。

也可以直接双击所需编辑的多行文字，在功能区显示如图 7-15 所示的"文字编辑器"上下文选项卡，可对多行文字进行编辑。

图 7-15　"文字编辑器"上下文选项卡

例 7.6 修改多行文字对象的对齐方式。

（1）选择菜单栏中的"修改"→"对象"→"文字"→"对正"命令，命令行提示如下：

选择对象：

（2）选择所要修改的文字对象，按 Enter 键完成选择，命令行提示如下：

输入对正选项 [左(L)/对齐(A)/调整(F)/中心(C)/中间(M)/右(R)/左上(TL)/中上(TC)/右上(TR)/左中(ML)/正中(MC)/右中(MR)/左下(BL)/中下(BC)/右下(BR)] <左>：

（3）在命令行中输入 MC，并按 Enter 键，或者选择"正中"选项，完成多行文字"正中"对齐，如图 7-16 所示。

文字对象编辑　　　　　文字对象编辑

文字对象的对齐方式　文字对象的对齐方式

图 7-16　"正中"对齐的前后效果

文字的对齐方式也可以通过单击功能区中的"文字编辑器"上下文选项卡→"段落"面板→"对正"按钮进行编辑，操作步骤如下。

（1）双击所需编辑的文字，功能区会出现"文字编辑器"上下文选项卡。

（2）单击"段落"面板→"对正"下拉按钮，在弹出的下拉列表中有各种文字对齐方式。

（3）选择所需文字对齐方式即可，如图 7-17 所示。

图 7-17　利用"段落"面板编辑对齐方式

7.2　使用表格

在 AutoCAD 2021 中，用户可以使用"表格"命令创建表格，还可以从 Microsoft Excel 中直接复制表格，并将其作为 AutoCAD 2021 表格对象粘贴到图形中，也可以从外部直接导入表格对象。此外，还可以输出来自 AutoCAD 2021 的表格数据，以供 Microsoft Excel 或其他应用程序使用。

7.2.1　创建表格样式

表格的外观由表格样式控制。在默认情况下，表格样式是 Standard。Standard 表格样式如图 7-18 所示，第一行是标题行，第二行是表头行，其他行是数据行。

用户也可以根据自己的需要创建表格样式，操作步骤如下。

（1）单击功能区中的"注释"选项卡→"表格"面板右下角的下拉箭头，或者选择菜单栏中的"格式"→"表格样式"命令，打开"表格样式"对话框，如图 7-19 所示。

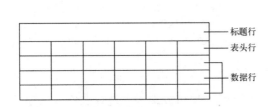

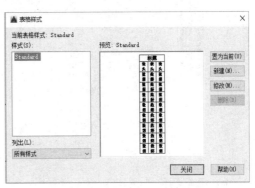

图 7-18　Standard 表格样式　　　　　　　图 7-19　"表格样式"对话框

（2）在"表格样式"对话框中，单击"新建"按钮，在打开的"创建新的表格样式"对话框中，输入新表格样式的名称（如"自建"），如图 7-20 所示。

（3）在"基础样式"下拉列表中，选择一种表格样式作为新表格样式的默认设置，新样式将在该样式的基础上进行修改。单击"继续"按钮，打开"新建表格样式：自建"对话框，在其中设置"表格方向""单元样式"等内容，如图 7-21 所示。

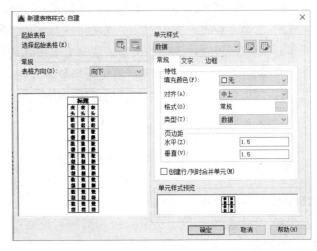

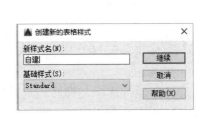

图 7-20　"创建新的表格样式"对话框　　　　图 7-21　"新建表格样式：自建"对话框

7.2.2　设置表格样式

在"新建表格样式：自建"对话框中，"单元样式"下拉列表中有"数据""标题""表头"等选项。用户选择任意一种选项可以分别设置表格的数据、标题和表头对应的样式。其中，"数据"选项如图 7-21 所示，"标题"选项如图 7-22 所示，"表头"选项如图 7-23 所示。由图 7-21～图 7-23 可看出以上 3 个选项的设置内容基本相似。

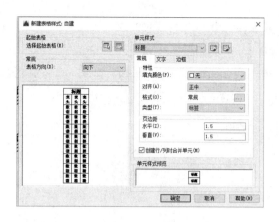

图 7-22 "标题"选项	图 7-23 "表头"选项

1. "常规"选项卡

（1）填充颜色：指定单元的背景色。默认值为"无"，也可以选择"选择颜色"选项，打开"选择颜色"对话框，从中选择单元的背景色。

（2）对齐：设置表格单元中文字的对正和对齐方式。文字相对于单元的左边框和右边框进行居中对正、左对正或右对正。文字相对于单元的顶部边框和底部边框进行居中对齐、上对齐或下对齐。

（3）格式：为表格中的"数据""列标题""标题行"设置数据类型和格式。单击"格式"按钮将显示"表格单元格式"对话框，从中可以进一步定义格式选项。

（4）类型：将单元样式指定为标签或数据。

（5）水平：设置单元中的文字或块与左右单元边界之间的距离。

（6）垂直：设置单元中的文字或块与上下单元边界之间的距离。

（7）创建行/列时合并单元：将使用当前单元样式创建的所有新行或新列合并为一个单元。用户可以使用此复选框在表格的顶部创建标题行。

2. "文字"选项卡

（1）文字样式：列出图形中的所有文字样式。

（2）文字高度：设置文字高度。数据和列标题单元的默认文字高度为 0.1800。表标题的默认文字高度为 0.25。

（3）文字颜色：指定文字颜色。选择列表底部的"选择颜色"选项，打开"选择颜色"对话框。

（4）文字角度：设置文字角度，默认的文字角度为 0°。文字角度范围为–359°～+359°。

3. "边框"选项卡

（1）线宽：单击"边界"按钮，设置将要应用于指定边界的线宽。如果使用粗线宽，则可能要增加单元边距。

（2）线型：单击"边界"按钮，设置将要应用于指定边界的线型。将显示标准线型随块、随层和连续，或者选择"其他"选项加载自定义线型。

（3）颜色：单击"边界"按钮，设置将要应用于指定边界的颜色。

（4）双线：将表格边界显示为双线。

（5）间距：确定双线边界的间距，默认间距值为0.1800。

7.2.3 创建新表格

单击功能区中的"注释"选项卡→"表格"面板→"表格"按钮，或者选择菜单栏中的"绘图"→"表格"命令，打开"插入表格"对话框，如图7-24所示。

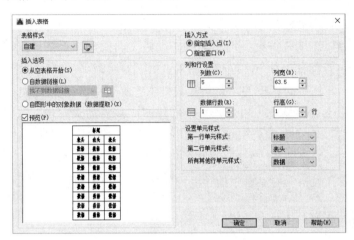

图7-24 "插入表格"对话框

"表格样式"选项区：从下拉列表中选择一个表格样式，或者单击下拉列表右侧的 ![按钮] 按钮，创建一个新的表格样式。

- "插入选项"选项区各选项的功能含义如下。

"从空表格开始"单选按钮：创建可以手动填充数据的空表格。

"自数据链接"单选按钮：通过外部电子表格中的数据创建表格。

"自图形中的对象数据（数据提取）"单选按钮：启动"数据提取"向导。

- "插入方式"选项区各选项的功能含义如下。

"指定插入点"单选按钮：指定表格左上角的位置。用户可以使用指定点，也可以在命令行提示下输入坐标值。如果表格样式将表格的方向设置为由下而上读取，则插入点位于表格的左下角。

"指定窗口"单选按钮：指定表格的大小和位置。用户可以使用指定点，也可以在命令行提示下输入坐标值。当选中该单选按钮时，行数、列数、列宽和行高取决于窗口的大小，以及列和行的设置。

- "列和行设置"选项区各选项的功能含义如下。

"列数"文本框：指定列数。当选中"指定窗口"单选按钮并指定列宽时，"自动"选项将被选定，且列数由表格的宽度控制。如果已指定包含起始表格的表格样式，则可以选择要添加到此起始表格的其他列的数量。

"列宽"文本框：指定列的宽度。当选中"指定窗口"单选按钮并指定列数时，"自动"选项被选定，且列宽由表格的宽度控制，最小列宽为一个字符。

"数据行数"文本框：指定行数。当选中"指定窗口"单选按钮并指定行高时，"自动"选项被选定，且行数由表格的高度控制，带有标题行和表格头行的表格样式最少应有3行，最小行高为一个文字行。如果已指定包含起始表格的表格样式，则可以选择要添加到此起始表格的其他数据行的数量。

"行高"文本框：按照行数指定行高。"行高"是系统根据表格样式中的文字高度及单元边距确定出来的。

例 7.7 创建如图 7-25 所示的表格。

（1）单击功能区中的"注释"选项卡→"表格"面板→"表格"按钮，或者选择菜单栏中的"绘图"→"表格"命令，打开"插入表格"对话框。

（2）在"插入表格"对话框的"表格样式"下拉列表中选择"Standard"选项；在"插入选项"选项区中选中"从空表格开始"单选按钮；在"插入方式"选项区中选中"指定插入点"单选按钮；在"列和行设置"选项区中将"列数"设置为"6"，"列宽"设置为"20"；将"数据行数"设置为"3"，"行高"设置为"1"，如图 7-26 所示。

（3）单击"插入表格"对话框中的"确定"按钮，命令行提示如下：

指定插入点:

（4）在绘图区单击，放置空表格。

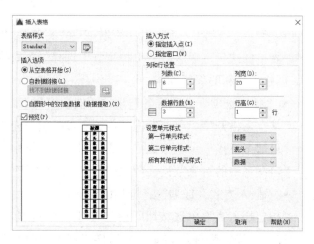

零件尺寸参考表

序号	A1	A2	B2	B2	C
1					
2					
3					

图 7-25　表格示例　　　　　　　　图 7-26　设置"插入表格"对话框

（5）填写表格。双击表格中的单元格，功能区将显示"文字编辑器"上下文选项卡，如图 7-27 所示，实现该单元格内的文字输入。

图 7-27　"文字编辑器"上下文选项卡

（6）按照上述步骤（5）的方法依次填写表格中的单元格。

7.2.4 编辑表格和表格中的单元格

1. 通过夹点修改表格的行高和列宽

修改单一行高或列宽的操作步骤如下。

（1）在所要修改行高或列宽的任意单元格内单击，该单元格被选中，上下和左右正中间各有一个夹点，如图 7-28 所示。

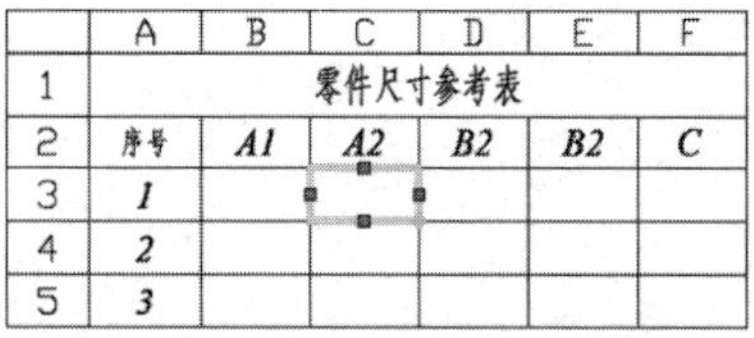

注意： 上夹点和下夹点用于修改行高；左夹点和右夹点用于修改列宽。

图 7-28　选中需修改行高或列宽的单元格

（2）选中上夹点或下夹点，命令行提示如下：

**　** 拉伸 **　**
指定拉伸点或 [基点(B)/复制(C)/放弃(U)/退出(X)]:

（3）开启"正交"模式，向上或向下拖动光标，并在命令行中输入所要增加或减少的行高量，如本示例中输入"1"，代表行高增加或减少 1mm。

（4）生成效果如图 7-29 所示。

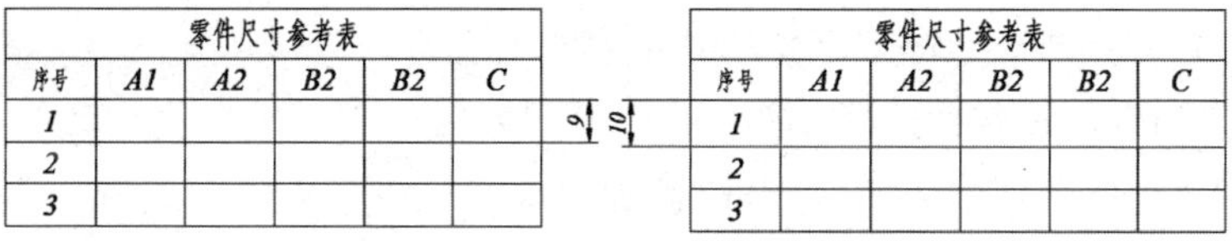

图 7-29　单一行高的修改示例

单一列宽的修改方法与单一行高的修改方法一样，此处不再赘述。

均匀更改表格高度和宽度的操作步骤如下。

（1）单击表格上的任意网格线，使表格显示夹点。

（2）拖拉左下箭头夹点可以统一拉伸表格高度；拖拉右上角箭头夹点可以统一拉伸表格宽度，如图 7-30 所示。

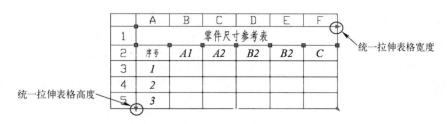

图 7-30　利用夹点统一拉伸表格高度和宽度

2. 利用"特性"选项板编辑表格

利用"特性"选项板编辑表格的操作步骤如下。

（1）单击要编辑的行或列中的任意单元格。

（2）选择菜单栏中的"修改"→"特性"命令，或者右击表格，在弹出的快捷菜单中选择"特性"命令，打开"特性"选项板，如图 7-31 所示。

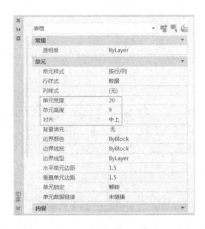

图 7-31 "特性"选项板

（3）在"特性"选项板中可以直接输入数值，即可修改单元格宽度和高度。

3. 编辑表格中的单元格

单击选中所需编辑的单元格，此时功能区显示"表格单元"上下文选项卡，如图 7-32 所示。该选项卡中部分选项的主要功能含义如下。

• "行"面板：包含插入行和删除行。

"从上方插入"按钮：在所选单元格上方插入一行。

"从下方插入"按钮：在所选单元格下方插入一行。

"删除行"按钮：删除所选单元格所在的行。

• "列"面板：包含插入列和删除列。

"从左侧插入"按钮：在所选单元格左侧插入一列。

"从右侧插入"按钮：在所选单元格右侧插入一列。

"删除列"按钮：删除所选单元格所在的列。

• "合并"面板：包含合并单元和取消合并单元等。

图 7-32 "表格单元"上下文选项卡

在进行合并单元格操作时，需要选中要合并的多个单元格，可在选中第一个单元格后，按住 Shift 键的同时，在另外一个单元格内单击，同时选中这两个单元格及它们为对角线所形成的矩形框内的所有单元格。如图 7-33 所示，选中 C3:F5 单元格。

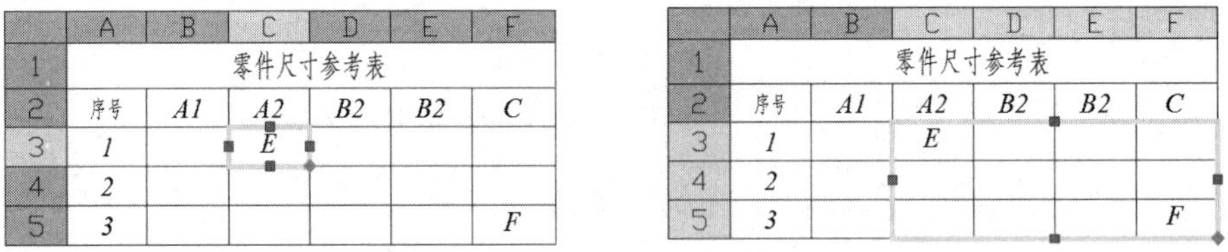

	A	B	C	D	E	F
1	零件尺寸参考表					
2	序号	A1	A2	B2	B2	C
3	1		E			
4	2					
5	3					F

	A	B	C	D	E	F
1	零件尺寸参考表					
2	序号	A1	A2	B2	B2	C
3	1		E			
4	2					
5	3					F

图 7-33 选择多个单元格

选中所需合并的多个单元格之后，单击"合并单元"按钮即可。也可以按行合并单元格或按列合并单元格。

• "单元样式"面板：包含"匹配单元"按钮和"对齐方式"按钮等。

"匹配单元"按钮：将选定单元格的特性应用到其他单元格。

"对齐方式"按钮：设置单元格内的文字对象与单元框的对齐方式。

实战演练

演练 7.1 创建国标规定的工程数字及英文工程字体。

（1）单击功能区中的"注释"选项卡→"文字"面板右下角的下拉箭头，或者选择菜单栏中的"格式"→"文字样式"命令，打开"文字样式"对话框，如图 7-34 所示。

（2）单击"新建"按钮，在打开的"新建文字样式"对话框的"样式名"文本框中输入"数字及英文工程字体"，如图 7-35 所示，单击"确定"按钮后返回"文字样式"对话框。

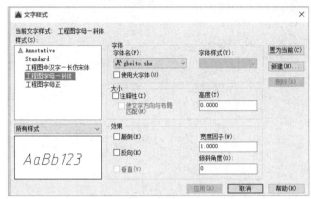

图 7-34 "文字样式"对话框　　　图 7-35 "新建文字样式"对话框

（3）此时，在"样式"列表框中已有"数字及英文工程字体"样式名称，如图 7-36 所示。

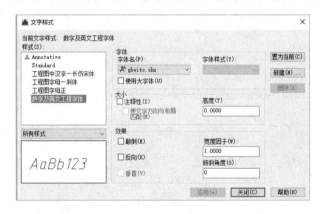

图 7-36 新建"数字及英文工程字体"样式

（4）在"文字样式"对话框中进行设置：将"字体名"设置为"gbeitc.shx"；"高度"设置为"0.0000"；"宽度因子"设置为"1.0000"。

注意："gbeitc.shx"字体是国标规定的工程数字及英文斜体字体。

（5）依次单击"应用"按钮与"关闭"按钮，完成文字样式的创建。

演练 7.2 创建国标规定的中文工程字体。

国标规定的中文工程字体为长仿宋体。

（1）单击功能区中的"注释"选项卡→"文字"面板右下角的下拉箭头，或者选择菜单栏中的"格式"→"文字样式"命令，打开"文字样式"对话框，单击"新建"按钮，创建一个名称为"中文工程字体"的文字样式。

（2）在"文字样式"对话框中进行设置。

将"字体名"设置为"长仿宋体"；"字体样式"设置为"常规"；"高度"设置为"0.0000"；"宽度因子"设置为"1.0000"；"倾斜角度"设置为"0"，如图7-37所示。

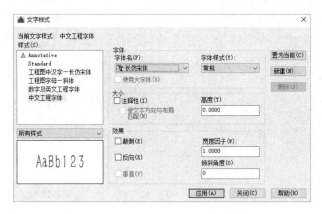

图7-37　新建"中文工程字体"文字样式

（3）先单击"应用"按钮，再单击"关闭"按钮，完成中文工程字体创建。

演练7.3　注写图7-38中的文字，将字体设置为"长仿宋体"；文字高度设置为"10"。

（1）单击功能区中的"注释"选项卡→"文字"面板→"文字样式"右侧的下拉按钮，在弹出的下拉列表中选择已经创建的"中文工程字体"文字样式，如图7-39所示。

图7-38　注写单行文字　　　　　　　　　　　图7-39　选择文字样式

（2）单击功能区中的"注释"选项卡→"文字"面板→"单行文字"按钮，或者选择菜单栏中的"绘图"→"文字"→"单行文字"命令，命令行提示如下：

当前文字样式:"Standard"　文字高度:2.5000　注释性:否　对正:左
指定文字的起点或［对正(J)/样式(S)］:

（3）先输入J，按Enter键，命令行提示如下：

输入选项［左(L)/居中(C)/右(R)/对齐(A)/中间(M)/布满(F)/左上(TL)/中上(TC)/右上(TR)/左中(ML)/正中(MC)/右中(MR)/左下(BL)/中下(BC)/右下(BR)］:

（4）再输入M（中间对齐），按Enter键，命令行提示如下：

指定文字的中间点:

（5）在绘图区中间位置单击，命令行提示如下：

指定高度 <2.5000>:

（6）在命令行中输入数字"10"（文字高度），按Enter键，命令行提示如下：

指定文字的旋转角度 <0>:

（7）在命令行中输入数字"0"（将文字旋转角度设置为0°），按 Enter 键，切换到中文输入模式，输入"工程图中汉字格式"，按 Enter 键完成。

演练 7.4 注写如图 7-40 所示的技术要求等文字。

图 7-40　注写技术要求等文字

（1）如演练 7.2 中所述，创建"中文工程字体"文字样式，如图 7-41 所示。

图 7-41　建立文字样式

（2）单击功能区中的"注释"选项卡→"文字"面板→"文字样式"右侧的下拉按钮，在弹出的下拉列表中选择"中文工程字体"文字样式。

（3）单击功能区中的"注释"选项卡→"文字"面板→"多行文字"按钮，或者选择菜单栏中的"绘图"→"文字"→"多行文字"命令。

（4）在绘图区中双击，以确定多行文字的宽度。此时，功能区显示"文字编辑器"上下文选项卡，绘图区出现多行文字输入框，如图 7-42 所示。

图 7-42　多行文字输入框

（5）在"样式"面板中的文字大小输入框中输入"5"，并按 Enter 键，确定当前字号为5 号。

（6）在多行文字输入框中输入"技术要求"，按 Enter 键换行。

（7）再次在"样式"面板中的文字大小输入框中输入"3.5"，并按 Enter 键，确定当前字号为 3.5 号。

（8）在多行文字输入框中依次输入其他文字。

（9）在"技术要求"前面单击，利用空格键调整"技术要求"字样与其他文字的相对位置。

（10）单击"关闭文字编辑器"按钮，完成多行文字创建。

演练 7.5 创建如图 7-43 所示的明细表。

定位器装配图明细表							
序号	代号	名称	数量	材料	重量		备注
					单件	总计	
1	6A01	板	1	HT150			
2	GB/T5782-2000	螺栓M12x50	2	35			表面氧化
3	GB/T97.1-2002	垫圈12-140HV	2				表面氧化
4	6A01-02	底板	1	HT150			
5	6A01-03	螺钉	1	45			表面氧化
6	GB/T6107-2000	螺母M14	1	35			表面氧化

图 7-43 创建明细表

（1）单击功能区中的"注释"选项卡→"表格"面板右下角的下拉箭头，或者选择菜单栏中的"格式"→"表格样式"命令，打开"表格样式"对话框，如图 7-44 所示。

（2）单击"新建"按钮，新建一个名称为"定位器装配图明细表"的表格样式，打开"修改表格样式：定位器装配图明细表"对话框，如图 7-45 所示。

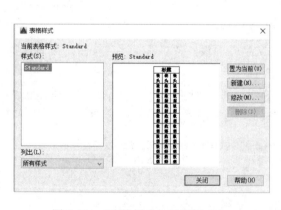

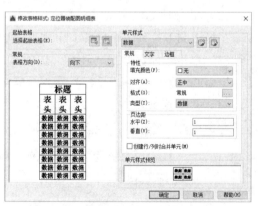

图 7-44 "表格样式"对话框（1）　　图 7-45 "修改表格样式：定位器装配图
明细表"对话框

（3）在"单元样式"下拉列表中选择"数据"选项，设置文字对齐方式为"正中"，文字高度为"3.5"；在"单元样式"下拉列表中选择"表头"选项，设置文字对齐方式为"正中"，文字高度为"4.5"；在"单元样式"下拉列表中选择"标题"选项，设置文字对齐方式为"正中"，文字高度为"5"；设置"页边距"中的"水平"和"垂直"均为"1"。

（4）依次单击"确定"按钮和"关闭"按钮，关闭"修改表格样式：定位器装配图明细表"对话框和"表格样式"对话框。

（5）单击功能区中的"注释"选项卡→"表格"面板→"表格"按钮，或者选择菜单栏中的"绘图"→"表格"命令，打开"插入表格"对话框。

（6）单击"表格样式"选项区右侧的 按钮，打开"表格样式"对话框，在"样式"列表框中选择"定位器装配图明细表"选项，单击"关闭"按钮，返回"插入表格"对话框，在"插入方式"选项区中选中"指定插入点"单选按钮；在"列和行设置"选项区中分别设置"列数"和"数据行数"为"8"和"7"；设置列宽为"20"，行高为"1"；其他为默认值，如图 7-46 所示。

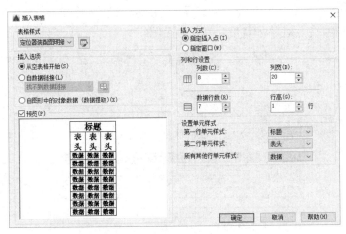

图 7-46 "插入表格"对话框（1）

（7）单击"确定"按钮，返回绘图窗口，单击即可，绘制出如图 7-47 所示的表格。

	A	B	C	D	E	F	G	H
1								
2								
3								
4								
5								
6								
7								
8								
9								

图 7-47 绘制表格（1）

（8）双击第一行单元格，功能区显示"文字编辑器"上下文选项卡，如图 7-48 所示。在"样式"面板中选择已建好的"工程图中汉字—长仿宋体"文字样式；并在表格第一行输入文字"定位器装配图明细表"，效果如图 7-49 所示。

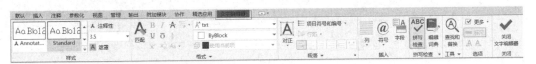

图 7-48 "文字编辑器"上下文选项卡

	A	B	C	D	E	F	G	H
1				定位器装配图明细表				
2								
3								
4								
5								
6								
7								
8								
9								

图 7-49　在单元格中输入文字

（9）拖动鼠标指针选中 A2:A3 单元格，功能区显示"表格单元"上下文选项卡，如图 7-50 所示，单击该选项卡中的"合并"面板→"合并单元"下拉列表→"合并全部"按钮，将 A2 单元格和 A3 单元格合并，如图 7-51 所示。采用同样的方法可以合并其他需要合并的单元格，并利用夹点对各列宽度进行拖拉调整。

图 7-50　"表格单元"上下文选项卡

	A	B	C	D	E	F	G	H
1								
2								
3								
4								
5								
6								
7								
8								
9								

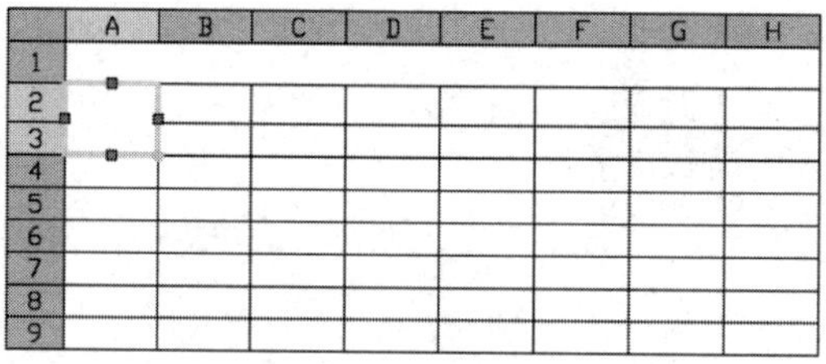

图 7-51　合并单元格

（10）单击其他单元格，采用同样的方法输入相关文字内容。

演练 7.6　创建如图 7-52 所示的表格。

（1）单击功能区中的"注释"选项卡→"表格"面板右下角的下拉箭头，或者选择菜单栏中的"格式"→"表格样式"命令，打开"表格样式"对话框，如图 7-53 所示。

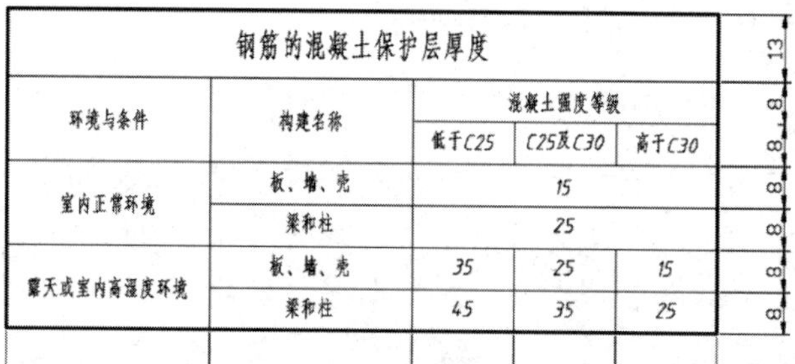

钢筋的混凝土保护层厚度				
环境与条件	构建名称	混凝土强度等级		
		低于C25	C25及C30	高于C30
室内正常环境	板、墙、壳	15		
	梁和柱	25		
露天或室内高湿度环境	板、墙、壳	35	25	15
	梁和柱	45	35	25

图 7-52　创建表格 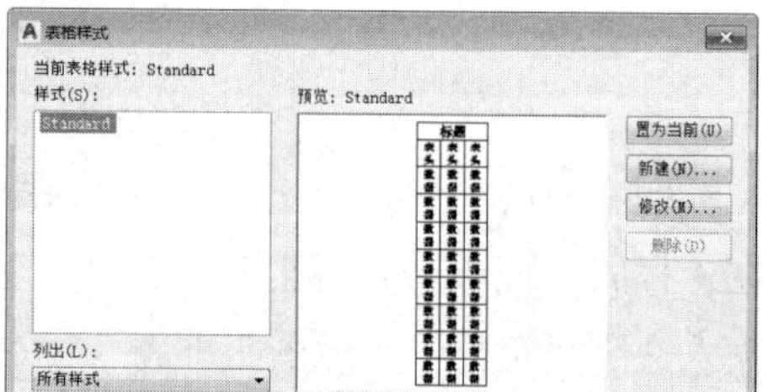　　　　　图 7-53　"表格样式"对话框（2）

（2）单击"新建"按钮，打开"创建新的表格样式"对话框，如图 7-54 所示。在"新样式名"文本框中输入"钢筋的混凝土保护层厚度"；在"基础样式"下拉列表中选择

"Standard"选项,单击"继续"按钮,打开如图 7-55 所示的"新建表格样式:钢筋的混凝土保护层厚度"对话框。

图 7-54 "创建新的表格样式"对话框

图 7-55 设置"新建表格样式:钢筋的混凝土保护层厚度"对话框

(3)在"新建表格样式:钢筋的混凝土保护层厚度"对话框的"单元样式"选项区中进行如下设置。

设置"标题"选项中的"文字高度"为"5";"表头"选项中的"文字高度"为"3.5";"数据"选项中的"文字高度"为"3.5";其他选项均为默认值。单击"确定"按钮,返回"表格样式"对话框,如图 7-56 所示。

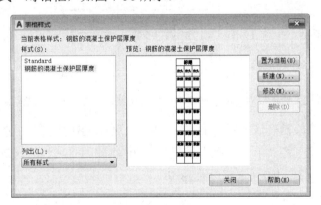

图 7-56 "表格样式"对话框(3)

(4)在"表格样式"对话框中单击"置为当前"按钮,将刚才创建的"钢筋的混凝土保护层厚度"样式置为当前;单击"关闭"按钮。

(5)单击功能区中的"注释"选项卡→"表格"面板→"表格"按钮,或者选择菜单栏中的"绘图"→"表格"命令,打开"插入表格"对话框,如图 7-57 所示。

(6)在"插入表格"对话框中进行参数设置。设置"列数"和"数据行数"均为"5";"列宽"为"20";"行高"为"1"。单击"确定"按钮,在绘图区中单击,绘制出如图 7-58 所示的表格。

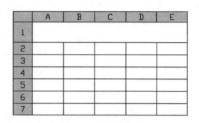

图 7-57　"插入表格"对话框（2）　　　　图 7-58　绘制表格（2）

（7）利用"特性"选项板调整表格单元格的行高和列宽。选中第一行单元格，右击，在弹出的快捷菜单中选择"特性"命令，弹出"特性"选项板，将"单元高度"设置为"13"，关闭"特性"选项板，如图 7-59 所示。

（8）选中 E2:E7 单元格（见图 7-60），右击，在弹出的快捷菜单中选择"特性"命令，弹出"特性"选项板，将"单元高度"设置为"8"，关闭"特性"选项板，如图 7-61 所示。这样就将第 2 行到第 7 行的所有行高都设置为 8。

　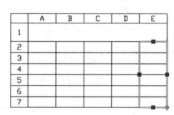　

图 7-59　设置"特性"选项板　　图 7-60　选中所需调整行高的单元格　　图 7-61　统一设置多行行高

（9）选中 A2:B7 单元格（见图 7-62），右击，在弹出的快捷菜单中选择"特性"命令，弹出"特性"选项板，将"单元宽度"设置为"40"，关闭"特性"选项板，如图 7-63 所示。这样就将 A 列和 B 列的列宽都设置为 40。

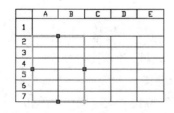

图 7-62　选中所需调整列宽的单元格　　　　图 7-63　统一设置多列列宽

（10）利用演练 7.5 中的方法，对表格进行单元格合并与文字填充。

技能拓展

拓展 7.1 利用多行文字标注文字，如图 7-64 所示。要求：字体为长仿宋体；"技术要求" 4 个字的字号为 5 号；其他文字的字号为 3.5 号。

技术要求

1. 未标注圆角R3。
2. 铸件不得有气孔、裂纹。
3. 铸件退火处理，消除内应力。

图 7-64　标注多行文字

拓展 7.2 创建如图 7-65 所示的表格。

6	泵轴	1	45	
5	垫圈B12	2	A3	GB97-76
4	螺母M12	8	45	GB98-76
3	内转子	1	45	
2	外转子	1	40Cr	
1	泵体	1	HT25-47	
序号	名称	数量	材料	备注
泵体装配图明细表				

图 7-65　创建表格

第 8 章　块与外部参照和设计中心

知识目标

了解块的含义；了解外部参照在绘制图形中的好处；了解利用设计中心管理和绘制图形文件的好处。

技能目标

熟练掌握创建块、创建有属性的块、插入块、编辑块；把已有的图形文件以参照的形式插入当前图形中；熟练运用设计中心管理和绘制图形文件。

在 AutoCAD 2021 中，使用块是提高绘图效率的有效方法，而且能够增加绘图的准确性，提高绘图速度和减少文件大小等。用户也可以把已有的图形文件以参照的形式插入当前图形中（即外部参照），或者通过 AutoCAD 2021 设计中心浏览、查找、预览、使用和管理图形、块、外部参照等不同的资源文件。

8.1　创建块

无论绘制机械图还是建筑图，其中都有一些通用部件，如齿轮、轴、门窗、家具、标题框等。因此，在绘图时可将这些通用部件定义成块，再将其应用于当前图形或其他图形中，从而增加绘图的准确性和提高绘图速度。由于使用块时图形中仅保留一个块定义及若干块引用，因此，使用块还可以减少文件大小。

8.1.1　由已绘制的图形创建块

在 AutoCAD 2021 图形文件中，由已绘制当前图形创建块的操作步骤如下。

（1）新建一个空白文件，在绘图区中绘制需要写成块的图形对象，如图 8-1 所示的锥度符号。

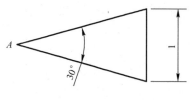

图 8-1　锥度符号

（2）单击功能区中的"默认"选项卡→"块"面板→"创建"按钮，或者单击功能区中的"插入"选项卡→"块定义"面板→"创建块"按钮，或者选择菜单栏中的"绘图"→"块"→"创建"命令，或者单击"绘图"工具栏→"创建块"按钮，又或者直接在命令行中输入 BLOCK 命令，打开"块定义"对话框，将已绘制的对象创建为块，如图 8-2 所示。

（3）设置块名称。在"名称"文本框中输入块的名称，最多可以使用 255 个字符。在此示例中，输入"锥度符号"块名称。

（4）设置块的插入点。在"基点"选项区，用户可以直接输入基点的坐标，也可以单击"拾取点"按钮，在屏幕上直接指定一点。

实际上，基点可以视为一个参照点，在插入一个块时，AutoCAD 2021 需要用户指定块在图形中的"插入点"，被插入的块将以"基点"为基准，放在图形中指定的位置。在此示例中，单击"拾取点"按钮，并捕捉图 8-1 中的 *A* 点作为锥度块的插入点。

（5）选取组成块的源图形对象。用户可以利用"对象"选项区中的"选择对象"按钮和"快速选择"按钮选取组成块的源图形对象。

- "选择对象"按钮：用户直接选择要包含在块中的对象。
- "快速选择"按钮：单击该按钮后，系统将打开"快速选择"对话框，利用该对话框定义选择集。

在此示例中，单击"选择对象"按钮，并选择如图 8-3 所示的源图形对象。

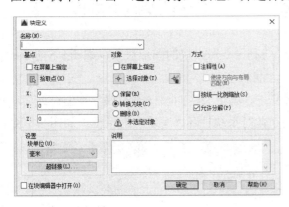
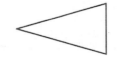

图 8-2   "块定义"对话框   图 8-3   选择组成块的源图形对象

（6）设置源图形对象的处理方式。在创建块后，对源图形对象的处理有 3 种方式：保留、转换为块和删除。

- "保留"单选按钮：创建块后，仍在绘图窗口保留组成块的各图形对象。
- "转换为块"单选按钮：创建块后，将组成块的对象保留并把它们转换成块。
- "删除"单选按钮，创建块后，删除绘图窗口组成块的源图形对象。

在此示例中，选中"保留"单选按钮。

（7）用户可以根据实际情况在"方式"选项区中更改设置。

- "按统一比例缩放"复选框：设置对象是否按统一比例缩放。
- "允许分解"复选框：设置对象是否允许分解。

（8）在"说明"文本框中输入当前块的说明。此说明将显示在 AutoCAD 2021 设计中心。

块的各选项设置完成之后如图 8-4 所示。

（9）单击"块定义"对话框中的"确定"按钮，完成块定义。

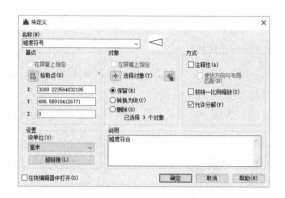

图 8-4　创建块的选项设置

8.1.2　写块

当使用BLOCK命令创建块时，该块只能在当前图形中使用。但是在很多情况下，需要在其他图形中使用这些块。WBLOCK（写块）命令用于将图形中的全部或部分对象以文件的形式写入，并可以像在图形内部定义的块一样，将一个图形文件插入图形中。

写块的操作步骤如下。

（1）新建一个空白文件，在绘图区中绘制需要写成块的图形对象，如图 8-5 所示的表面粗糙度符号。

（2）单击功能区中的"插入"选项卡→"块定义"面板→"写块"按钮；或者在命令行中输入 WBLOCK 命令，并按 Enter 键，此时系统打开"写块"对话框，如图 8-6 所示。

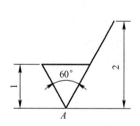

图 8-5　表面粗糙度符号

图 8-6　"写块"对话框

（3）定义写入块的对象来源。"源"选项区中的"块""整个图形""对象" 3 个单选按钮用于定义写入块的来源。

- "块"单选按钮：选取某个使用 BLOCK（块定义）命令创建的块作为写入来源。所有使用 BLOCK 命令创建的块都会列在其后的下拉列表中。
- "整个图形"单选按钮：选取当前的全部图形作为写入块的来源。选中此单选按钮后，系统自动选取全部图形。

- "对象"单选按钮：选取当前图形中的某些对象作为写入块的来源。选中此单选按钮后，系统可根据需要使用"基点"选项区和"对象"选项区来设置块的插入基点和组成块的对象。在此示例中，选中"对象"单选按钮，并单击"对象"选项区中的"选择对象"按钮，在绘图区中选择要写入块的源图形对象，如图 8-7 所示。

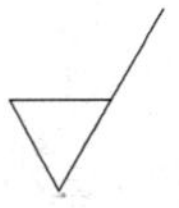

图 8-7　选择要写入块的源图形对象

（4）选择写入块的对象。"保留""转换为块""从图形中删除"3 个单选按钮的含义与 BLOCK 命令创建块的含义相同。在此示例中，选中"保留"单选按钮。

（5）设置写入块的插入点。单击"基点"选项区中的"拾取点"按钮，在绘图区捕捉图 8-5 中的点 A。

（6）设置写入块的保存路径和文件名。在"目标"选项区的"文件名和路径"下拉列表中，输入块文件的保存路径和名称；也可以单击下拉列表后面的 ... 按钮，在打开的"浏览图形文件"对话框中设置写入块的保存路径和文件名。

（7）设置插入单位。在"插入单位"下拉列表中选择从 AutoCAD 2021 设计中心拖动块时的缩放单位。在此示例中，选择默认的"毫米"单位。

写入块的选项设置完成后如图 8-8 所示。

（8）单击"写块"对话框中的"确定"按钮，完成块的写入操作。

图 8-8　写入块的选项设置

8.1.3　块与图层的关系

块可以由绘制在若干图层上的对象组成。系统可以将图层的信息保留在块中，当插入这样的块时，AutoCAD 2021 执行以下标准。

（1）插入块后，位于原来图层上的对象被绘制在当前层，按当前层的颜色与线型绘制。

（2）对于块中其他图层上的对象，如果块中含有与图形中的图层同名的图层，则块中该图层上的对象仍绘制在图形中的同名图层上，并按图形中该图层的颜色与线型绘制。块中其他图层上的对象仍在原来的图层上绘出，并给当前图形增加相应的图层。

（3）如果插入的块由多个位于不同图层上的对象组成，则冻结某一对象所在的图层后，此图层上属于块上的对象将不可见；当冻结插入块的当前层时，不管块中各对象处于哪一个图层，整个块将不可见。

8.2　插入块

创建好块后，在需要时可以采用插入的方式来调用块图形。在实际制图中，通常先将所需的块插入图形中，再对插入的块进行编辑处理。

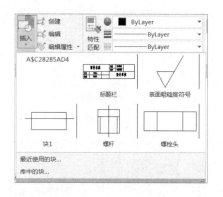

图 8-9　单击"插入"下拉按钮

插入块的操作步骤如下。

（1）选择菜单栏中的"插入"→"块选项板"命令，或者单击"绘图"工具栏→"插入块"按钮；或者单击功能区中的"默认"选项卡→"块"面板→"插入"按钮；又或者单击功能区中的"插入"选项卡→"块"面板→"插入"下拉按钮，如图8-9所示。

（2）选择"最近使用的块"选项或"库中的块"选项，系统弹出"块"选项板，如图8-10所示，该选项板主要由"预览区""选项卡""插入选项"等部分组成，在其中可以设置要插入的块及插入位置。

"块"选项板主要选项的功能含义如下。

- 预览区：显示基于当前选项卡可用块的预览或列表。单击选项板顶部"过滤器"右侧的"显示模式"下拉按钮，弹出"块预览模式"下拉列表，如图8-11所示。选择不同模式可以更改块在预览区内的显示状态。

图 8-10　"块"选项板

图 8-11　"块预览模式"下拉列表

- 选项卡：包含"当前图形""最近使用""库"3个选项卡。

"当前图形"选项卡：显示当前图形中可用块定义的预览或列表。

"最近使用"选项卡：显示当前和上一个任务中最近插入的块定义的预览或列表。

"库"选项卡：显示单个指定图形或文件夹中块定义的预览或列表。选择"库"选项卡后，在"块"选项板的顶部会增加"为块库选择文件夹或文件"选项栏，如图8-12所示。

单击"为块库选择文件夹或文件"选项栏中的"浏览"按钮，系统打开"为块库选择文件夹或文件"对话框，如图8-13所示，在其中可以设置"库"所在的路径、文件名、文件类型。所选文件夹（或文件）中的块将在"预览区"内显示。

- "插入选项"选项区：包含"插入点""比例""旋转""重复放置""分解"5 个复选框。

图 8-12　"库"选项卡　　　　图 8-13　"为块库选择文件夹或文件"对话框

"插入点"复选框：设置块的插入点位置。此处的"插入点"功能与"插入"对话框中"插入点"的功能相同。在"插入"对话框中，如果清除"在屏幕上指定"复选框，则在"X""Y""Z"文本框中分别输入 X、Y、Z 的坐标值来定义插入点。如果想要在屏幕上拾取插入点，则勾选"在屏幕上指定"复选框。

"比例"复选框：设置块的插入比例。此处的"比例"功能与"插入"对话框中"比例"的功能相同。在"插入"对话框中，用户可以直接在"X""Y""Z"文本框中输入块在 3 个方向的比例，也可以通过勾选"在屏幕上指定"复选框在屏幕上指定。默认的缩放比例值为 1（原图比例）。如果指定的比例值为 0~1，则插入的块尺寸比源对象的尺寸小；如果指定的比例值大于 1，则插入的块尺寸比源对象的尺寸大。如果将 X 轴和 Y 轴方向的比例值都设置为-1，则该对象进行"双向镜像"，其效果就是将块旋转 180°。"统一比例"复选框用于确定所插入块在 X 轴、Y 轴、Z 轴 3 个方向的插入比例是否相同，当勾选该复选框时，表示比例相同，只需在"X"文本框中输入比例值。

"旋转"复选框：设置块插入时的旋转角度。指定的块旋转角度无论是正数还是负数，都是参照块的原始位置的。用户可以直接在"角度"文本框中输入角度值，也可以勾选"插入"对话框中"旋转"选项区的"在屏幕上指定"复选框，在屏幕上指定旋转角度。

"重复放置"复选框：控制是否自动重复插入块。如果勾选该复选框，则系统将自动提示其他插入点，直至按 Esc 键取消命令。如果取消勾选该复选框，将插入一次指定的块。

"分解"复选框：勾选该复选框，可以将插入的块分解成组成块的各基本对象。

MINSERT（多重插入）命令用于生成块的矩形阵列，它实际上是将阵列命令和块插入命令合二为一的命令。尽管表面上使用 MINSERT 命令的效果与使用 ARRAY 命令的效果一样，但它们本质上是不同的。使用 ARRAY 命令产生的每一个目标都是图形文件中的单一对象，而使用 MINSERT 命令产生的多个块则是一个整体，用户不能单独编辑其中一个组成块。

（3）设置完成后，按住鼠标左键将所需块从"预览区"中拖出，即可完成块插入。

8.3 块应用综合实例

利用块创建如图 8-14 所示的螺栓图形。

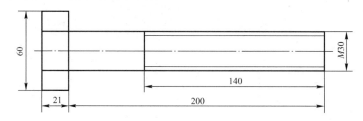

图 8-14 螺栓图形

（1）新建一个空白文件，并按照螺杆的比例画法，绘制如图 8-15 所示的图形。

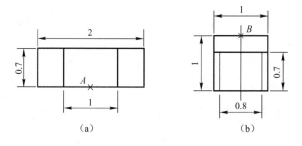

图 8-15 比例画法的螺杆尺寸

（2）使用 WBLOCK（写块）命令创建"螺栓头"和"螺杆"两个块文件。在命令行中输入 WBLOCK 命令，并按 Enter 键，打开"写块"对话框，如图 8-16 所示。

在"源"选项区中选中"对象"单选按钮；单击"基点"选项区中的"拾取点"按钮，并捕捉图 8-15（a）中的点 A 为块的基点；单击"对象"选项区中的"选择对象"按钮，并选择图 8-17 中的图形对象；设置文件名为"螺栓头"，并设置保存路径。

单击"写块"对话框中的"确定"按钮，完成块"螺栓头"的创建。

采用相同的方法，创建完成块"螺杆"，基点设置在图 8-15（b）的点 B 处。

（3）单击功能区中的"默认"选项卡→"块"面板→"插入"下拉按钮→"更多选项"按钮，打开"插入"对话框，如图 8-18 所示。

在"插入"对话框中进行设置。单击"名称"后面的"浏览"按钮，在打开的"选择图形文件"对话框中选择刚才创建的"螺栓头"文件，如图 8-19 所示，单击"打开"按钮；返回"插入"对话框，在"插入点"选项区中勾选"在屏幕上指定"复选框；在"比例"选项区中勾选"统一比例"复选框，并在"X"文本框中输入"30"；在"旋转"选项区中设置"角度"为 90°。

图 8-16 "写块"对话框

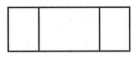

图 8-17 选择"螺栓头"块所包含的图形

图 8-18 "插入"对话框

图 8-19 "选择图形文件"对话框

（4）单击"确定"按钮，完成"螺栓头"块的插入。插入后的"螺栓头"块被旋转了90°，并在 X 轴和 Y 轴方向放大 30 倍。

（5）采用相同的方法，插入"螺杆"块，插入时按图 8-20 进行设置。插入后的"螺杆"块被旋转了 90°，并在 X 轴方向放大 30 倍，Y 轴方向放大 200 倍。

（6）设置完成后，单击"确定"按钮，将螺杆拖动到如图 8-21 所示的中点位置后单击，完成螺杆的放置。

图 8-20 螺杆插入时的设置

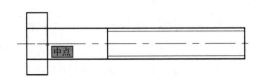

图 8-21 拖动螺杆

注意：当插入块后，用户可以利用"分解"命令将块分解后再继续编辑。在本示例中，用户可以先将块分解后，再继续修改、完善螺栓的绘制，如添加倒角或调整螺纹长度等。

8.4 定义与创建块属性

在 AutoCAD 2021 中，用户可以对任意块指定关于该块的附加信息。这些属性就好比贴附于商品上的标签，它包含关于所附商品的各种信息，如商品制造者、型号、原材料和价格等。在定义一个块时，属性必须预先定义而后选定。通常属性用于在块的插入过程中进行自动注释。

8.4.1 创建属性

（1）单击功能区中的"插入"选项卡→"块定义"面板→"定义属性"按钮，或者选择菜单栏中的"绘图"→"块"→"定义属性"命令，打开"属性定义"对话框，如图 8-22 所示。

图 8-22   "属性定义"对话框

（2）定义属性模式。在"模式"选项区中，可以设置块的有关属性模式。
"模式"选项区中各选项的功能含义如下。

- "不可见"复选框：表示属性不显示在图形中，它主要用于定义一些诸如成本、存货等本不应属于图形块的信息。用户可以通过提取这些属性来生成报表。
- "固定"复选框：表示属性不可更改。
- "验证"复选框：表示插入块时提示验证属性值是否正确。
- "预设"复选框：表示当用户不输入数据时将使用属性的默认值。
- "锁定位置"复选框：用于固定插入块的坐标位置。
- "多行"复选框：用于使用多段文字来标注块的属性值。

（3）定义属性内容。在"属性"选项区中对属性内容进行设置。"属性"选项区中各选项的功能含义如下。

- "标记"文本框：输入属性的标记，标识图形中每次出现的属性。使用任意字符组合（空格除外）即可输入属性标记。小写字母会自动转化为大写字母。

- "提示"文本框：输入插入块时系统显示的提示信息。如果不输入提示，属性标记将作为提示。

- "默认"文本框：输入属性的默认值。

（4）定义属性文字的插入点。

"在屏幕上指定"复选框：勾选"在屏幕上指定"复选框，在绘图区拾取一点作为插入点。

"X"文本框、"Y"文本框、"Z"文本框：在取消勾选"在屏幕上指定"复选框的情况下，"X"文本框、"Y"文本框、"Z"文本框被激活，而用户可以直接输入坐标值以确定插入点位置。

（5）定义属性文字的特征。在"文字设置"选项区中设置属性文字的对正特征、文字样式、高度和旋转角度。

（6）设置完"属性定义"对话框中的各选项后，单击"确定"按钮。

（7）在提示下使用鼠标指针指定该属性的插入点，并放置属性，系统将完成一次属性定义。用户可以用上述方法为块定义多个属性。

注意：在创建带有附加属性的块时，需要同时选择块属性作为块的成员对象。

8.4.2 创建带有附加属性的块

（1）创建块所包含的图形对象。

（2）创建块属性。

（3）利用 BLOCK 命令或 WBLOCK 命令创建块。在创建块时，需要把块所包含的源图形和属性一并作为块的成员。

8.4.3 块属性应用综合实例

创建如图 8-23（a）所示的"标题栏"块，并且标题栏中包含 A、B、C、D 4 个属性，各属性包含的内容如图 8-23（b）所示。

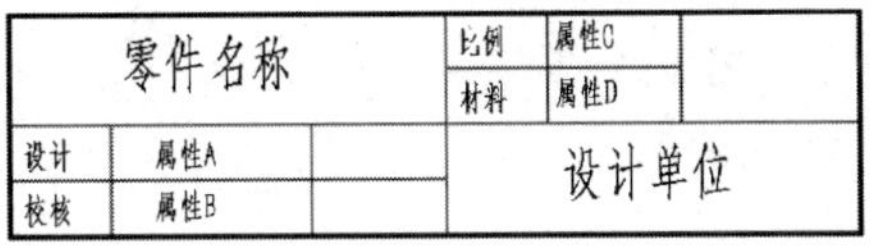

项目	标记	提示
属性A	设计人	请输入设计人姓名
属性C	校核人	请输入校核人姓名
属性C	绘图比例	请输入绘图比例
属性D	零件材料	请输入零件材料

（a）　　　　　　　　　　　　（b）

图 8-23　创建带有属性的"标题栏"块

（1）打开本书配套资源文件"第 8 章/t8-23.dwg"，单击功能区中的"插入"选项卡→"块定义"面板→"定义属性"按钮，打开"属性定义"对话框，如图 8-24 所示。

（2）按图 8-24 进行属性定义设置，单击"确定"按钮，将创建的属性放置在图 8-23（a）

的属性 A 处。采用同样的方法，完成另外 3 个属性的定义，如图 8-25 所示。

图 8-24　"属性定义"对话框

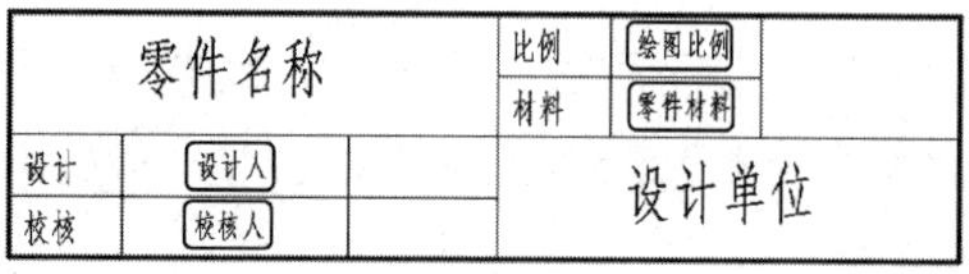

图 8-25　添加属性

（3）创建带有属性的"标题栏"块。单击功能区中的"插入"选项卡→"块定义"面板→"写块"按钮，或者在命令行中输入 WBLOCK 命令并按 Enter 键，此时系统打开"写块"对话框，按图 8-26 进行块的相关设置，以标题栏右下角为基点。同时选中块所包含的所有图形与属性，如图 8-27 所示。

图 8-26　"写块"对话框

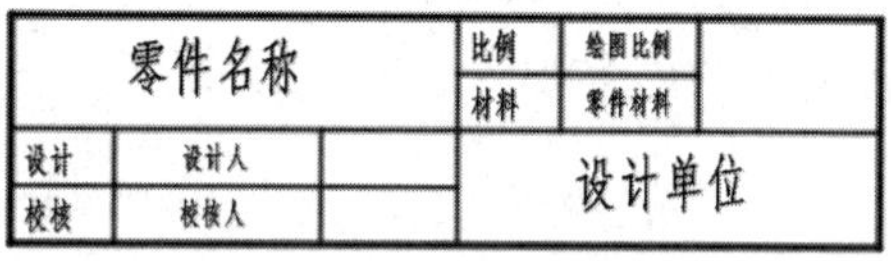

图 8-27　选择块所包含的所有图形与属性

（4）单击"确定"按钮，完成块的创建。

（5）插入标题栏。单击功能区中的"默认"选项卡→"块"面板→"插入"下拉按钮→"更多选项"按钮，打开"插入"对话框，单击"名称"文本框右侧的"浏览"按钮，选择刚才创建的"标题栏"块，并按图 8-28 进行插入块的设置后，单击"确定"按钮，系统打开"编辑属性"对话框。

按图 8-29 进行"编辑属性"设置后，单击"确定"按钮，生成如图 8-30 所示的标题栏。

图 8-28　"插入"对话框

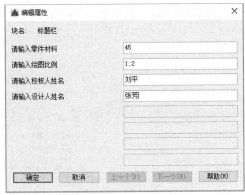

图 8-29　"编辑属性"对话框

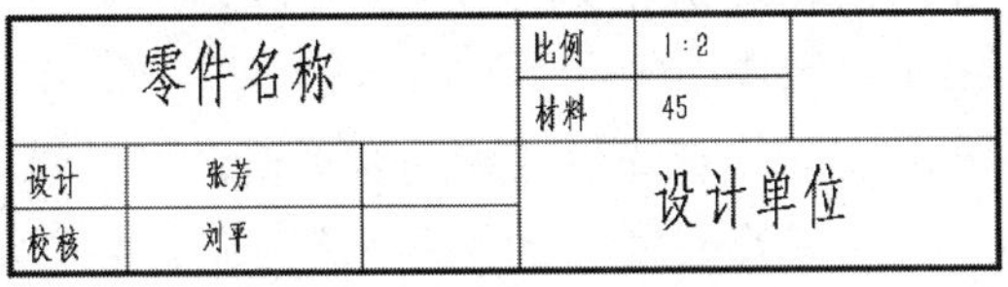

图 8-30　编辑属性后的标题栏

8.4.4　编辑属性定义

双击属性，或者选择菜单栏中的"修改"→"对象"→"文字"→"编辑"命令后再单击属性，打开"编辑属性定义"对话框，可以在"标记""提示""默认"3 个文本框中修改相关内容，如图 8-31 所示。

图 8-31　"编辑属性定义"对话框

8.5　编辑块属性

对于已经插入图形中且含有属性定义的块，可以对其属性进行编辑。与块中的其他对象不同，属性可以独立于块而被编辑。此外，还可以集中编辑一组属性。利用这个特性，用户可以用通用的属性插入块，也就是先使用属性的默认值，再根据需要修改。

编辑块属性的操作步骤如下。

（1）双击带有属性的块，或者单击功能区中的"插入"选项卡→"块"面板→"编辑属性"→"单个"按钮，在绘图区选择需要编辑的带有属性的块后，系统将打开"增强属性编辑器"对话框，如图 8-32 所示。

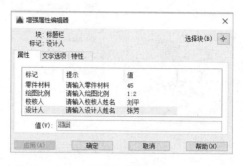

图 8-32　"增强属性编辑器"对话框

"增强属性编辑器"对话框中 3 个选项卡的功能含义如下。

- "属性"选项卡：用于显示块中每个属性的标记、提示和值。在列表框中选择某一属性后，"值"文本框将显示出该属性对应的属性值，可以通过它来修改属性值。
- "文字选项"选项卡：用于修改属性文字的格式。在其中可以设置文字样式、对齐方式、高度、旋转角度、宽度比例、倾斜角度等内容。
- "特性"选项卡：用于修改属性文字的图层及其线宽、线型、颜色、打印样式等。

（2）在"增强属性编辑器"对话框中编辑完各属性内容后，单击"应用"按钮，关闭该对话框。

另外，单击功能区中的"插入"选项卡→"块定义"面板→"管理属性"按钮，或者选择菜单栏中的"修改"→"对象"→"属性"→"块属性管理器"命令，打开"块属性管理器"对话框，如图 8-33 所示，可在其中编辑块的属性。

"块属性管理器"对话框中部分选项的功能含义如下。

- "选择块"按钮：单击该按钮，关闭"块属性管理器"对话框，接着从绘图区选择块后，返回"块属性管理器"对话框。
- "块"下拉列表：可以在下拉列表中选择希望编辑的块。
- "上移"按钮和"下移"按钮：在属性列表中选中属性后，单击"上移"按钮或"下移"按钮，可以调整属性在列表中的位置。
- "编辑"按钮：在属性列表中选中属性后，单击"编辑"按钮，系统将打开"编辑属性"对话框，如图 8-34 所示。用户可在该对话框中修改属性模式、标记、提示与默认值，属性的文字选项，属性所在图层，以及属性的线型、颜色和线宽等。

图 8-33　"块属性管理器"对话框

图 8-34　"编辑属性"对话框

- "删除"按钮：在属性列表中选中属性后，单击"删除"按钮，可以删除属性。
- "设置"按钮：在"块属性管理器"对话框中，单击"设置"按钮，将打开"块属性设置"对话框，可以设置"块属性设置"对话框中能够显示的内容，如图 8-35 所示。

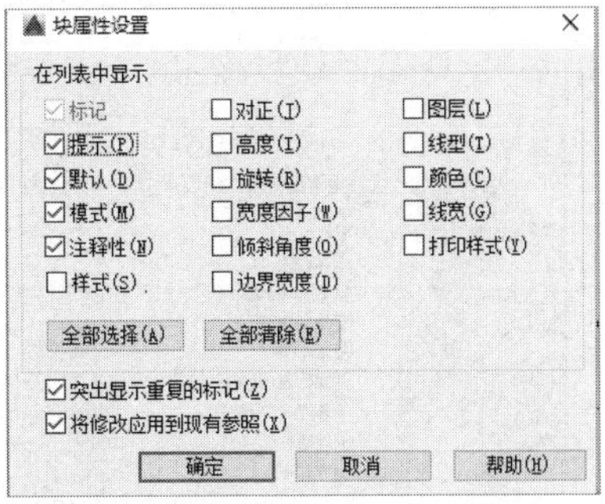

图 8-35　"块属性设置"对话框

8.6　使用外部参照

外部参照是指在一幅图形中对另一幅外部图形的引用。外部参照有两种基本用途：首先，它是用户在当前图形中引入不需修改的标准元素（如各类标准件）的一个高效率途径；其次，它提供了在多个图形中应用相同图形数据的一个手段。

外部参照与块有相似的地方，主要区别是：一旦插入了块，该块就永久性地插入当前图形中，成为当前图形的一部分。而以外部参照方式将图形插入某一幅图形（称为"主图形"）后，被插入图形文件的信息并不会直接加入主图形中，主图形只是记录参照图形的关系，如参照图形文件的路径等信息。另外，对主图形的操作不会改变外部参照图形文件的内容。当打开具有外部参照的图形时，系统会自动把各外部参照图形文件重新调入内存并在当前图形中显示出来。

在 AutoCAD 2021 中，用户可以利用功能区"插入"选项卡中的"参照"面板编辑和管理外部参照，如图 8-36 所示。

图 8-36　"参照"面板

8.6.1　附着外部参照

（1）单击功能区中的"插入"选项卡→"参照"面板→"附着"按钮，打开"选择参照文件"对话框，如图 8-37 所示。

（2）选中文件后，单击"打开"按钮，打开"附着外部参照"对话框，如图 8-38 所示。用户可在该对话框中选择参照类型（附着型或覆盖型），设置插入图形时的插入点、比例、旋转角度及路径类型。

从图 8-38 可以看出，在图形中插入外部参照的方法与插入块的方法相同，只是在"附着外部参照"对话框中多了几个特殊选项。

- "参照类型"选项区：用于确定外部参照的类型，包括"附着型"和"覆盖型"两种。当一个外部参照以"附着型"方式附着时，如果参照图形中包含外部参照，则图形作为外部参照附着到其他图形时，也将包含其中的外部参照。相反，当以"覆盖型"方式进行附着时，任何嵌套在这个图形中的覆盖型外部参照都将被忽略，也就是嵌套的覆盖型外部参照不能显示出来。因此，附着型与覆盖型之间唯一的差别是如何处理嵌套。

图 8-37　"选择参照文件"对话框

图 8-38　"附着外部参照"对话框

- "路径类型"选项区：如果选择"完整路径"选项，则在图形数据库中将保存外部参照的完整路径。此选项的精确度最高，但灵活性最小。如果移动工程文件夹，则AutoCAD 2021 将无法融入任何使用完整路径附着的外部参照。

如果选择"相对路径"选项，则在图形数据库中将保存外部参照的相对路径。此选项的灵活性最大。如果移动工程文件夹，则 AutoCAD 2021 仍可以融入使用相对路径附着的外部参照，只要此外部参照相对于图形的位置未发生变化。

如果选择"无路径"选项，则在图形数据库中将不保存外部参照图形的名称和路径。AutoCAD 2021 首先在主图形的文件夹中查找外部参照，当外部参照文件与主图形位于同一个文件夹时，此选项非常有用。

8.6.2　管理外部参照

在 AutoCAD 2021 中，用户可以在"外部参照"选项板中对外部参照进行编辑和管理。单击"附着"按钮，可以添加不同格式的外部参照文件；在"外部参照"选项板的外部参照列表框中显示当前图形中各个外部参照的文件名称，选择任意一个外部参照文件后，在下方"详细信息"选项区中显示该外部参照的名称、加载状态、文件大小、参照类型、参照日期及参照文件的存储路径等内容。

单击功能区中的"插入"选项卡→"参照"面板右下角的下拉箭头，弹出"外部参照"选项板，如图 8-39 所示。

当用户附着多个外部参照后，在外部参照列表框中的文件上右击，将弹出如图 8-40 所示的快捷菜单。在快捷菜单上选择不同的命令可以对外部参照进行相关操作，其中，部分命令的功能含义如下。

图 8-39 "外部参照"选项板   图 8-40 外部参照快捷菜单

- "打开"命令：在新建窗口中打开选定的外部参照进行编辑。关闭"外部参照管理器"对话框后，显示新建窗口。
- "附着"命令：打开"选择参照文件"对话框，在该对话框中可以选择需要插入当前图形中的外部参照文件。
- "卸载"命令：从当前图形中移走不需要的外部参照文件，但移走后仍保留该参照文件的路径，当再次参照该图形时，单击"重载"按钮即可。
- "重载"命令：在不退出当前图形的情况下更新外部参照文件。
- "拆离"命令：从当前图形中移去不需要的外部参照文件。要从图形中完全删除外部参照，需要拆离它们。例如，删除外部参照不会删除与其关联的图层定义，使用"拆离"命令将删除外部参照和所有关联信息。
- "绑定"命令：将外部参照的文件转换为一个正常的块，即将所参照的图形文件永久地插入当前图形中，插入后系统将外部参照文件的依赖符号转换为永久符号。

8.6.3 编辑外部参照

（1）单击功能区中的"插入"选项卡→"参照"面板→"编辑参照"按钮。

（2）选择所需编辑的外部参照后，打开"参照编辑"对话框，利用"标识参照"选项卡和"设置"选项卡可以对某个图形对象进行编辑，如图8-41所示。

8.7 使用设计中心

重复利用和共享图形内容是有效管理绘图项目的基础，AutoCAD 2021 设计中心为用户提供了一种管理图形的有效手段。利用 AutoCAD 2021 设计中心，用户可以很方便地实现图形的重复利用和共享。AutoCAD 2021 设计中心的主要功能如下。

图 8-41 "参照编辑"对话框

（1）创建对频繁访问的图形、文件夹和 Web 站点的快捷方式。

（2）根据不同的查询条件在本地计算机和网络上查找图形文件，找到后可以将它们直接加载到绘图区域或设计中心。

（3）浏览不同的图形文件，包括当前打开的图形和 Web 站点上的图形库。

（4）查看块、图层和其他图形文件的定义，并将这些图形定义插入当前图形文件中。

（5）用户通过控制显示方式来控制"设计中心"选项板的显示效果，还可以在该选项板中显示与图形文件相关的描述信息和预览图像。

在 AutoCAD 2021 设计中心中，用户可以使用的内容包括：图形中的可用块、图形中的外部参照、图形的特性内容（如图层定义、线型、布局、文字样式和标注样式、由其他应用程序创建的自定义内容等）。

单击功能区中的"插入"选项卡→"内容"面板→"设计中心"按钮，或者选择菜单栏中的"工具"→"选项板"→"设计中心"命令，打开"设计中心"选项板，如图 8-42 所示。

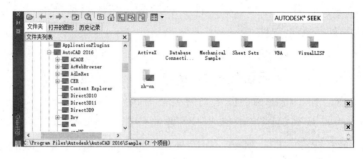

图 8-42　"设计中心"选项板

8.7.1　观察图形信息

"设计中心"选项板由以下部分组成：工具栏、选项卡、内容窗口、树状视图窗口、预览窗口和说明窗口。

"文件夹"选项卡：显示计算机或网络驱动器中文件和文件夹的层次结构。选择层次结构中的某一个对象，在内容窗口、预览窗口和说明窗口中将会显示该对象的内容信息，如图 8-42 所示。

"打开的图形"选项卡：显示 AutoCAD 2021 当前任务中打开的所有图形，包括最小化的图形，如图 8-43 所示。在"打开的图形"列表框中单击某图形的图标，就可以看到该图形的有关设置，如图层、线型、文字样式和块等。

图 8-43　"打开的图形"选项卡

"历史记录"选项卡：显示最近访问过的文件，包括这些文件的完整路径，如图 8-44 所示。显示历史记录后，在一个文件上右击，在弹出的快捷菜单中选择"浏览"命令可以显示此文件的信息；选择"删除"命令，可以从"历史记录"列表框中删除此文件。

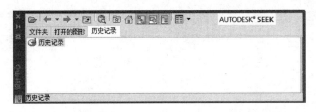

图 8-44　"历史记录"选项卡

"加载"按钮：单击该按钮，将打开"加载"对话框，使用该对话框可以从 Windows 桌面、收藏夹或通过 Internet 加载图形文件。

"搜索"按钮：提供了一种类似于 Windows 的查找功能，使用该功能可以查找内容源、内容类型及内容等。

"收藏夹"按钮：单击该按钮，可以在"文件夹列表"中显示收藏夹中的内容，同时在树状视图中反向显示该文件夹。可以通过收藏夹来标记存放在本地硬盘、网络驱动器或 Internet 网页上常用的文件，如图 8-45 所示。在文件名或文件夹名上右击，在弹出的快捷菜单中选择"添加到收藏夹"命令，可以将一个图形文件或文件夹添加到收藏夹中。

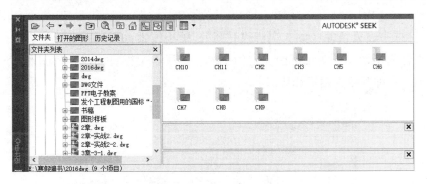

图 8-45　"收藏夹"按钮

"主页"按钮：单击该按钮，将使设计中心返回默认文件夹。在安装时，设计中心的默认文件夹被设置为"\Sample\Design Center"。用户可以在树状视图中选中一个对象，然后右击该对象，在弹出的快捷菜单中选择"设置为主页"命令，即可更改默认文件夹，如图 8-46 所示。

"树状视图切换"按钮：单击该按钮，可以显示或隐藏树状视图。如果绘图区需要更多的空间，则用户可以隐藏树状视图。树状视图被隐藏后，用户可以使用内容区域浏览内容并加载内容。当在树状视图中使用"历史记录"选项卡时，"树状视图切换"按钮不可用。

"预览"按钮：单击该按钮，可以打开或关闭预览窗口，如果选定项目没有保存的预览图像，则预览区域为空。

"说明"按钮：单击该按钮，可以打开或关闭说明窗口，以确定是否显示说明内容。打开说明窗口后，选中选项板中的图形文件，如果该图形文件包含文字描述信息，则在说明窗口中显示出图形文件的文字描述信息。如果图形文件没有文字描述信息，则说明窗口为空。用户可以通过拖动鼠标指针的方式来改变说明窗口的大小。

图 8-46 选择"设置为主页"命令

"视图"按钮：用于确定选项板显示内容的显示格式。右击该按钮将弹出快捷菜单，可从中选择显示内容的显示格式。

8.7.2 利用设计中心查找图形文件

利用 AutoCAD 2021 设计中心中的查找功能，用户不仅可以浏览"桌面"树状视图来定位文件，还可以搜索图形和其他内容（例如，块和图层定义及任意自定义内容）。单击"设计中心"选项板中的"搜索"按钮，打开"搜索"对话框，如图 8-47 所示。用户可以在"搜索"对话框中设置条件（如上次修改时间），缩小搜索范围，或者搜索块定义说明中的文字和其他任何图形属性对话框中指定的字段。如果不记得将块保存在图形中还是保存为单独的图形，则可以搜索图形和块。

图 8-47 "搜索"对话框

查找本地或网络驱动器中内容的操作步骤如下。

（1）单击"设计中心"选项板中的"搜索"按钮，打开"搜索"对话框。

（2）在"搜索"下拉列表中选择查找内容的类型，此时该对话框下方的选项卡将根据用户的选择而变化。

（3）单击"浏览"按钮或在"于"下拉列表中选择搜索路径，指定开始搜索的位置。如果想要搜索指定位置的所有层次，则可以勾选"包含子文件夹"复选框。

如果在"搜索"下拉列表中选择"图形"选项，则"搜索"对话框中将包含"图形"
"修改日期""高级"3个选项卡，每个选项卡包含不同的搜索条件。

"图形"选项卡：利用该选项卡，用户可以按"文件名""标题""主题""作者""关键
字"设置查找图形文件的条件。

"修改日期"选项卡：指定图形文件创建或上次修改的日期、指定日期范围。在默认情
况下，不指定日期，如图8-48所示。

图8-48　"修改日期"选项卡

"高级"选项卡：指定其他搜索参数。例如，可以输入文字进行搜索，查找包含特定文
字的块定义名称、属性或图形说明，还可以在该选项卡中指定搜索文件的大小范围，如
图8-49所示。

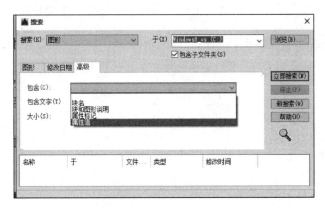

图8-49　"高级"选项卡

如果在"搜索"下拉列表中指定的不是"图形"选项，则"搜索"对话框将显示"图
层""图形和块""块"等选项，如图8-50所示。下面介绍部分选项的功能含义。

"图层"选项：搜索图层的名称。

"图形和块"选项：搜索图形和块的名称。

"块"选项：搜索块的名称。

"填充图案"选项：搜索填充图案的名称。

"填充图案文件"选项：搜索填充图案文件的名称。

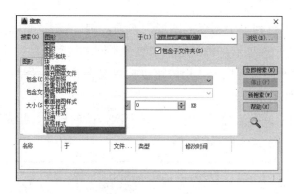

图 8-50 "搜索"对话框

"外部参照"选项：搜索外部参照的名称。

"布局"选项：搜索布局的名称。

"文字样式"选项：搜索文字样式的名称。

"标注样式"选项：搜索标注样式的名称。

"线型"选项：搜索线型的名称。

"表格样式"选项：搜索表格样式的名称。

（4）单击"立即搜索"按钮后，系统开始搜索，并在"搜索"对话框下方显示搜索结果。如果在搜索完成之前已经找到所需的内容，则可以单击"停止"按钮停止搜索，以节省时间。

（5）单击"新搜索"按钮可以清除当前搜索，使用新条件进行新搜索。

如果想要重新使用搜索条件，则可以从"搜索"下拉列表中选择以前定义的搜索条件。

8.7.3 利用设计中心插入图形文件

利用 AutoCAD 2021 设计中心，用户可以方便地向当前图形中插入块、引用外部参照，并在图形中复制图层、线型、文字样式和尺寸样式、布局及块等各种内容。

1. 插入块

在 AutoCAD 2021 设计中心中，用户可以通过指定选定块的插入点、缩放比例和旋转角度来插入块，其操作步骤如下。

（1）单击功能区中的"插入"选项卡→"内容"面板→"设计中心"按钮，或者选择菜单栏中的"工具"→"选项板"→"设计中心"命令，可以打开"设计中心"选项板。

（2）在"设计中心"选项板左侧的"文件夹"选项卡中确定所要插入块的路径，如图 8-51 所示。

（3）在如图 8-51 所示的"文件夹"选项卡右侧区域单击所要插入的块文件，并按住鼠标左键将其拖到绘图区，此时命令行提示如下：

```
单位: 毫米    转换: 1.0000
指定插入点或 [基点(B)/比例(S)/X/Y/Z/旋转(R)]:
```

（4）在绘图区指定块插入点，命令行提示如下：

```
输入 X 比例因子，指定对角点，或 [角点(C)/XYZ(XYZ)] <1>:
```

图 8-51　在"文件夹"选项卡中确定所要插入块的路径

（5）输入 1，按 Enter 键，命令行提示如下：

输入 Y 比例因子或<使用 X 比例因子>：

（6）按 Enter 键，即选择"使用 X 比例因子"选项，命令行提示如下：

指定旋转角度<0>：

（7）按 Enter 键，即默认旋转角度为 0°，完成块的插入。

注意：通过以上步骤，在设计中心实现了块插入。插入后的块，在 X 轴和 Y 轴方向的缩放比例为 1，旋转角度为 0°。用户可以根据实际需求设置不同的比例因子和旋转角度。

2．引用外部参照

AutoCAD 2021 的设计中心可以引用外部参照，其操作步骤如下。

（1）单击功能区中的"插入"选项卡→"内容"面板→"设计中心"按钮，或者选择菜单栏中的"工具"→"选项板"→"设计中心"命令，可以打开"设计中心"选项板。

（2）在"设计中心"选项板左侧的"文件夹"选项卡中确定所要引用的外部参照文件的路径，如图 8-52 所示。

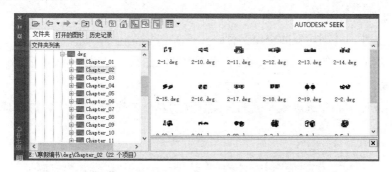

图 8-52　在"文件夹"选项卡中确定所要引用的外部参照文件的路径

（3）在"文件夹"选项卡右侧区域右击所要引入的外部参照文件，并按住鼠标右键将其拖到绘图区，在弹出的快捷菜单中选择"创建外部参照"命令，即可实现引用外部参照，如图 8-53 所示。

图 8-53　选择"创建外部参照"命令

3．在图形中复制图层、线型、文字样式、尺寸样式、布局及块等

在绘图过程中，一般将具有相同特性的对象放置在同一个图层中。使用 AutoCAD 2021 设计中心，用户可以将图形文件中的图层、线型、文字样式、尺

寸样式、布局及块从选项板中复制到当前图形中，这样它们就成为当前图形的一部分。

在设计中心中选择要复制的一个或者多个图层，然后将它们拖动到图形文件中，即可实现复制图层。其他对象的复制操作与图层的复制操作基本一样。

8.7.4 利用设计中心复制图层、文字样式、尺寸样式实例

（1）打开本书配套资源文件"第 8 章 dwg/t8-54.dwg"。

（2）可以查看该文件中的图层、文字样式和尺寸标注样式，如图 8-54 所示。

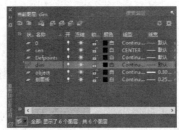

图 8-54　图层、文字样式及标注样式

（3）将文件中的图层、文字样式、尺寸标注样式复制到新文件中。

① 关闭文件，并创建新的空白文件。

② 单击功能区中的"插入"选项卡→"内容"面板→"设计中心"按钮，打开"设计中心"选项板。

③ 在"设计中心"选项板左侧的"文件夹列表"中找到文件，选择要复制的文件，如图 8-55 所示。

图 8-55　选择要复制的文件

（4）双击图 8-55 中"设计中心"选项板右侧的"图层"图标，该选项板转换为如图 8-56 所示的图层项目。

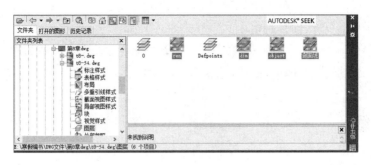

图 8-56 图层项目

（5）在图 8-55 中的"设计中心"选项板右侧，按住鼠标左键将所需图层拖动到绘图区，即可将该图层复制到新建的空白文件中。也可以按住 Shift 键或 Ctrl 键，多选后一起拖动到绘图区，一次性复制多个图层。

（6）双击图 8-55 中"设计中心"选项板左侧的"标注样式"选项，该选项板转换为如图 8-57 所示的标注样式项目。

图 8-57 标注样式项目

（7）在图 8-57 中的"设计中心"选项板右侧，按住鼠标左键将所需标注样式拖动到绘图区，即可将该标注样式复制到新建的空白文件中。也可以按住 Shift 键或 Ctrl 键，多选后一起拖动到绘图区，一次性复制多个标注样式。

（8）双击图 8-57 所示的"设计中心"选项板左侧的"文字样式"选项，该选项板转换为如图 8-58 所示的文字样式项目。

图 8-58 文字样式项目

（9）在图 8-58 中的"设计中心"选项板右侧，按住鼠标左键将所需文字样式拖动到绘图区，即可将该文字样式复制到新建的空白文件中。也可以按住 Shift 键或 Ctrl 键，多选后一起拖动到绘图区，一次性复制多个文字样式。

采用同样的方式还可以复制表格样式、布局、多重引线样式、截面视图样式、局部视图样式、块、视觉样式和外部参照等。

实战演练

演练 8.1 绘制基准代号符号，将其创建为带属性的块，并将其定义为块后在绘图区中插入块。

（1）运行 AutoCAD 2021，设置绘图环境，单击"绘图"工具栏中的有关按钮，按照数据绘制图形，如图 8-59 所示。

（2）创建"基准代号"符号的属性。单击功能区中的"插入"选项卡→"块定义"面板→"定义属性"按钮，打开"属性定义"对话框，在此对话框中设置相应的选项，如图 8-60 所示，单击"确定"按钮后，将"基准代号"文字定位在图形合适位置，如图 8-61 所示。

（3）单击功能区中的"插入"选项卡→"块定义"面板→"写块"按钮，打开"写块"对话框，如图 8-62 所示。单击"选择对象"按钮后选择组成块的实体对象（图形和属性）；单击"拾取点"按钮后指定插入基点；在"文件名和路径"下拉列表中设置好文件保存路径与文件名；单击"确定"按钮完成写块。

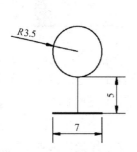

图 8-59 绘制基准代号

图 8-60 "属性定义"对话框

图 8-61 在合适位置定位"基准代号"文字

图 8-62 "写块"对话框

（4）单击功能区中的"插入"选项卡→"块"面板→"插入"下拉按钮→"更多选项"按钮，打开"插入"对话框，如图 8-63 所示。

图 8-63　"插入"对话框

（5）单击"名称"下拉列表右侧的"浏览"按钮，选择"基准代号"后单击"确定"按钮，命令行提示如下：

指定插入点或 ［基点(B)/比例(S)/X/Y/Z/旋转(R)］：

在绘图区中指定插入点，打开"编辑属性"对话框，如图 8-64 所示。

（6）在"编辑属性"对话框中的"请输入基准代号"文本框中输入"A"，单击"确定"按钮，绘图区内插入如图 8-65 所示的基准代号。

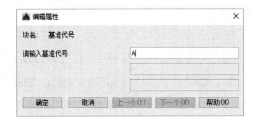

图 8-64　"编辑属性"对话框

图 8-65　插入的基准代号

演练 8.2　绘制如图 8-66 所示的轴类零件结构元素图形。创建图块，并设定图块插入点为 *A*、*B*、*C*、*D*；然后把图形保存到文件中。运用设计中心的功能绘制如图 8-67 所示的图形。

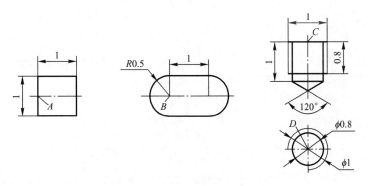

图 8-66　绘制轴类零件结构元素图形

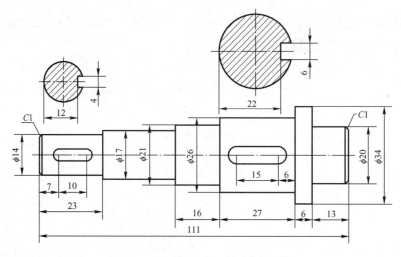

图 8-67　运用设计中心的功能绘制轴

（1）运行 AutoCAD 2021，设置绘图环境，单击"绘图"工具栏中的有关按钮，按照数据绘制如图 8-66 所示的图形。

（2）单击功能区中的"插入"选项卡→"块定义"面板→"写块"按钮，打开"写块"对话框，如图 8-68 所示。

"源"选项区：选中"对象"单选按钮。

"基点"选项区：单击"拾取点"按钮并指定插入基点 A。单击"选择对象"按钮，选择组成轴段的对象；在"文件名和路径"下拉列表中指定文件存储路径和文件名；单击"确定"按钮，完成写块，创建一个名称为"轴段"的块文件，文件名为"轴段.dwg"。

（3）采用同样的方法，创建名称为"键槽"的块，保存为"键槽.dwg"；创建名称为"螺纹盲孔平行轴线"及"螺纹盲孔垂直轴线"的两个块文件，分别保存为"螺纹盲孔平行轴线.dwg"和"螺纹盲孔垂直轴线.dwg"。

（4）新建一个文件，打开样板文件或设置绘图环境。

（5）单击功能区中的"插入"选项卡→"内容"面板→"设计中心"按钮，打开"设计中心"选项板，如图 8-69 所示。

图 8-68　"写块"对话框

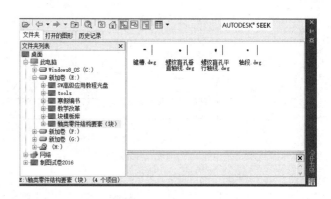

图 8-69　"设计中心"选项板

（6）选择"文件夹"选项卡，选择上述步骤中创建块的路径，在"设计中心"选项板的右侧区域显示此文件夹中已经创建的块。

（7）在图 8-69 的"设计中心"选项板右侧区域选中要插入的名称为"轴段"的块，按住鼠标左键将块拖至绘图区，命令行提示如下：

> 单位：毫米　转换：1.0000
> 指定插入点或 [基点(B)/比例(S)/X/Y/Z/旋转(R)]：

在绘图区指定块插入点，命令行提示如下：

> 输入 X 比例因子，指定对角点，或 [角点(C)/XYZ(XYZ)] <1>：

输入 23，按 Enter 键，命令行提示如下：

> 输入 Y 比例因子或<使用 X 比例因子>：

输入 14，按 Enter 键，命令行提示如下：

> 指定旋转角度<0>：

按 Enter 键，即默认旋转角度为 0°，完成阶梯轴最左端部分的绘制。

（8）采用同样的方法，逐步插入名称为"轴段"的块，便可以绘制如图 8-70 所示的图形。

（9）采用同样的方法，在合适位置插入名称为"键槽"的块。在插入时，左侧键槽 X 轴和 Y 轴方向的比例因子都为 4；右侧键槽 X 轴和 Y 轴方向的比例因子都为 6，效果如图 8-71 所示。

（10）单击功能区中的"默认"选项卡→"修改"面板→"分解"按钮，或者选择菜单栏中的"修改"→"分解"命令，又或者单击"修改"工具栏→"分解"按钮，选择插入的"键槽"块，然后按 Enter 键，将"键槽"块分解为图形。

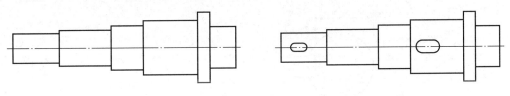

图 8-70　绘制轴段　　　　　　　　　　　图 8-71　绘制键槽

（11）单击功能区中的"默认"选项卡→"修改"面板→"拉伸"按钮，或者选择菜单栏中的"修改"→"拉伸"命令，又或者单击"修改"工具栏→"拉伸"按钮，就可以将对象拉伸到"键槽"图形规定的长度。

（12）对图形进行倒角操作。

技能拓展

拓展 8.1　绘制如图 8-72 所示的粗糙度图形，将粗糙度创建为带属性的块，并将其转换为块保存。

拓展 8.2　运用设计中心的功能绘制如图 8-73 所示的图形。

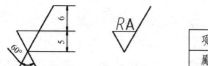

项目	标记	提示
属性	*RA*	请输入表面粗糙度值

图 8-72　绘制粗糙度图形

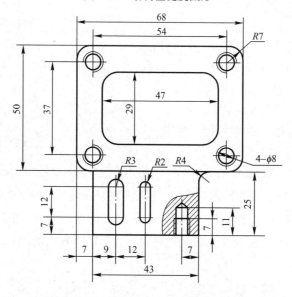

图 8-73　运用设计中心的功能绘制图形

拓展 8.3　运用设计中心的功能绘制如图 8-74 所示的轴类零件图形。

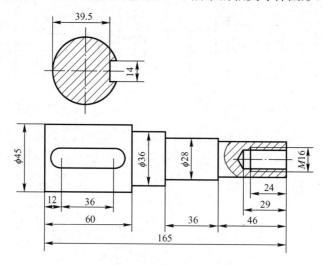

图 8-74　运用设计中心的功能绘制轴类零件图形

拓展 8.4　运用"外部参照"功能将本书配套资源文件"t8-75-1.dwg""t8-75-2.dwg""t8-75-3.dwg""t8-75-4.dwg""t8-75-5.dwg"输入到新图形文件中，并将它们按照图 8-75 组合起来。

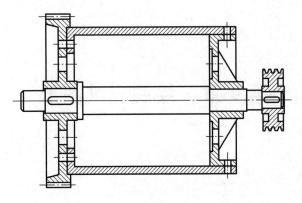

图 8-75　引用外部参照文件

第9章　绘制三维图形

知识目标

　　了解创建三维图形的 3 种不同方式的区别；认识三维坐标系；了解三维曲面和三维实体的绘制。

技能目标

　　灵活使用坐标系；根据数据绘制基本三维实体图形；使用布尔运算绘制复杂三维实体图形。

　　AutoCAD 2021 使用的是笛卡儿坐标。其直角坐标系有两种类型，一种是世界坐标系（WCS），另一种是用户坐标系（UCS）。当绘制二维图形时，常用的坐标系是世界坐标系，由系统默认提供。世界坐标系又被称为"通用坐标系"或"绝对坐标系"。对于二维绘图来说，世界坐标系足以满足用户的需求。为了方便创建三维模型，AutoCAD 2021 允许用户根据自己的需要设置坐标系，即用户坐标系。

9.1　三维坐标系与三维工作空间

　　三维实体模型需要在三维实体坐标系下进行描述。在三维坐标系下，用户可以使用直角坐标或极坐标来定义点。前面章节已经详细介绍了平面坐标系的使用方法，其所有变换和使用方法同样适用于三维坐标系。例如，在三维坐标系下，用户可以使用直角坐标或极坐标来定义点；也可以在绘制三维图形时，使用柱坐标和球坐标来定义点。

9.1.1　笛卡儿坐标

　　（1）使用 3 个坐标值来指定精确的位置：X、Y 和 Z。输入三维笛卡儿坐标值（X,Y,Z），类似于输入二维坐标值（X,Y）。除了指定 X 和 Y 值，还需要使用（X,Y,Z）格式指定 Z 值。

　　例如，坐标值（3,2,5）表示一个沿 X 轴正方向 3 个单位，沿 Y 轴正方向 2 个单位，沿 Z 轴正方向 5 个单位的点。

　　（2）使用默认 Z 值。当以（X,Y）格式输入坐标时，将从上一输入点复制 Z 值。因此，可以按（X,Y,Z）格式输入一个坐标，然后保持 Z 值不变，使用（X,Y）格式输入随后的坐标。

　　例如，如果输入以下直线坐标：

指定第一点: 0,0,5

指定下一点或 [放弃(U)]:3,4

则直线的两个端点的 Z 值均为 5。当打开任意图形时，Z 的初始默认值大于 0。

（3）使用绝对坐标和相对坐标。使用三维坐标时，用户可以输入基于原点的绝对坐标值，也可以输入基于上一输入点的相对坐标值。如果输入相对坐标，则使用"@"符号作为前缀。例如，输入"@1,-2,3"表示在 X 轴正方向上距离上一点 1 个单位，在 Y 轴负方向距离上一点 2 个单位，在 Z 轴正方向上距离上一点 3 个单位的点。如果在命令行提示下输入绝对坐标，则无须输入任何前缀。

① 输入绝对坐标（三维）的步骤。在提示输入点时，使用以下格式在命令行中输入坐标：

#X,Y,Z

如果禁用了"动态输入"，则可以使用以下格式在命令行中输入坐标：

X,Y,Z

② 输入相对坐标（三维）的步骤。在提示输入点时，使用以下格式输入坐标：

@X,Y,Z

（4）使用数字化坐标。当通过数字化输入坐标时，所有用户坐标系的 Z 值均为 0。使用 ELEV 命令可以设置 $Z=0$ 平面上方或下方的默认高度，以便不移动用户坐标系而进行数字化。

9.1.2 柱坐标

柱坐标通过 XY 平面中与 UCS 原点之间的距离、XY 平面中与 X 轴的角度及 Z 值来描述精确的位置。柱坐标输入相当于三维空间中的二维极坐标输入，它在垂直于 XY 平面的轴上指定另一个坐标。柱坐标通过定义某点在 XY 平面中距 UCS 原点的距离，在 XY 平面中与 X 轴所成的角度及 Z 值来定位该点。使用以下语法指定使用绝对柱坐标的点：

$X<$[与 X 轴所成的角度]$,Z$

如坐标（5<30,6）表示距当前 UCS 的原点 5 个单位、在 XY 平面中与 X 轴成 30°、沿 Z 轴 6 个单位的点。

9.1.3 球坐标

球坐标通过指定某个位置距当前 UCS 原点的距离、在 XY 平面中与 X 轴所成的角度及与 XY 平面所成的角度来指定该位置。

三维中的球坐标输入与二维中的极坐标输入类似。指定某点距当前 UCS 原点的距离、与 X 轴所成的角度（在 XY 平面中）及与 XY 平面所成的角度来定位点，每个角度前面加了一个左尖括号"<"，格式如下：

$X<$[与 X 轴所成的角度]$<$[与 XY 平面所成的角度]

例如，坐标（8<60<30）表示在 XY 平面中距当前 UCS 的原点 8 个单位、在 XY 平面中与 X 轴成 60° 及在 Z 轴正向上与 XY 平面成 30° 的点。坐标（5<45<15）表示距原点 5 个单位、在 XY 平面中与 X 轴成 45°、在 Z 轴正向上与 XY 平面成 15° 的点。

9.1.4 右手法则

在三维坐标系中，如果已知 X 轴和 Y 轴的方向，则可以使用右手法则来确定 Z 轴的正方向。方法是将右手背靠近屏幕放置，大拇指指向 X 轴正方向，食指指向 Y 轴正方向，弯曲的中指所指的方向即为 Z 轴的正方向。

9.1.5 三维工作空间

AutoCAD 2021 提供了"草图与注释""三维基础""三维建模"3 个工作空间。在默认

情况下，系统处于"草图与注释"工作空间，也是绘制二维图形所用的工作空间。

单击 AutoCAD 2021 窗口右下角"状态栏"中的"切换工作空间"下拉按钮，系统弹出"切换工作空间"下拉列表，如图 9-1 所示，用户可以根据需要选择相应的工作空间。

不同的工作空间对应的功能区有所不同。图 9-2 所示为"三维基础"工作空间对应的功能区。图 9-3 所示为

图 9-1 "切换工作空间"下拉列表

"三维建模"工作空间对应的功能区。

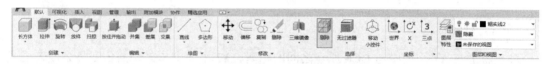

图 9-2 "三维基础"工作空间对应的功能区

图 9-3 "三维建模"工作空间对应的功能区

9.2 创建三维用户坐标

在三维环境中进行设计时，巧用用户坐标对于创建或修改对象是很有用的。用户通过在三维模型空间中移动和重新定向用户坐标，可以在一定程度上简化设计工作。

在三维绘图过程中，有时根据操作要求，需要转换坐标系，这时就需要新建一个坐标系来取代原来的坐标系。具体操作步骤如下。

（1）将工作空间切换至"三维建模"工作空间。

（2）用户可以通过"命令行""菜单栏""工具栏""功能区"4 种途径调出新建用户坐标系功能。

命令行：在命令行中输入 UCS 命令，按 Enter 键。

菜单栏：选择菜单栏中的"工具"→"新建 UCS"命令，打开"新建 UCS"子菜单，如图 9-4 所示。

工具栏：选择菜单栏中的"工具"→"工具栏"→AutoCAD→"UCS"命令，将调出"UCS"工具栏，单击"UCS"工具栏中的"UCS"按钮，如图9-5所示。

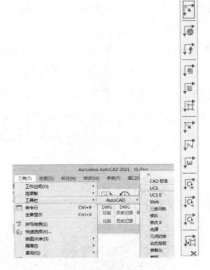

图9-4　"新建UCS"子菜单　　　　　　　　图9-5　"UCS"工具栏

功能区：单击功能区中的"视图"选项卡→"坐标"面板→"UCS"按钮。

命令行提示如下：

当前UCS命令: *没有名称*
UCS 指定 UCS 的原点或[面(F)/命名(NA)/对象(OB)/上一个(P)/视图(V)/世界(W)/X/Y/Z/Z 轴(ZA)]<世界>:

（3）利用"指定UCS的原点"选项创建新的UCS：使用一点、两点或三点定义一个新的UCS，如图9-6所示。

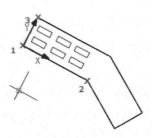

图9-6　利用"指定UCS的原点"选项创建新的UCS

如果指定单个点，则当前UCS的原点将由前一个坐标系的原点移动到指定点，而不会更改X轴、Y轴和Z轴的方向。

如果指定第二个点，则UCS将绕Z轴旋转以使正向X轴通过该点，也就是由第一指定点和第二指定点确定X轴。

如果指定第三个点，则UCS将围绕X轴旋转来定义正向Y轴。

这三点可以指定原点、正向X轴上的点及正向XY平面上的点。如果在输入坐标时未

指定 Z 坐标值，则使用当前 Z 值。

注意：用户也可以直接选择并拖动用户坐标系图标原点夹点到一个新位置，或者从原点夹点菜单中选择"仅移动原点"命令。

（4）利用"面"选项创建新的 UCS：将 UCS 与三维对象选定的面对齐，如图 9-7 所示。选择一个面，在此面的边界内或边上单击，被选中的面将亮显，UCS 的 X 轴将与选定面上最近的边对齐。选择面后，命令行提示如下：

UCS 输入选项[下一个(N)/X 轴反向(X)/Y 轴反向(Y)]<接受>:

"下一个"选项：系统将 UCS 定位于邻接的面或选定边的后向面。

"X 轴反向"选项：系统将 UCS 绕 X 轴旋转 180°。

"Y 轴反向"选项：系统将 UCS 绕 Y 轴旋转 180°。

（5）利用"对象"选项创建新的 UCS：根据选定的三维对象定义新的坐标系，如图 9-8 所示。

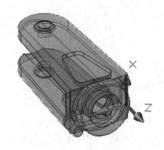
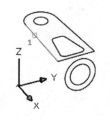

图 9-7 利用"面"选项创建新的 UCS   图 9-8 利用"对象"选项创建新的 UCS

将光标移到对象上，以查看 UCS 将如何对齐的预览，并单击以放置 UCS。在大多数情况下，UCS 的原点位于离指定点最近的端点，X 轴将与边对齐或与曲线相切，并且 Z 轴垂直于对象对齐。

（6）利用"视图"选项创建新的 UCS：将 UCS 的 XY 平面与屏幕对齐。原点保持不变，但 X 轴和 Y 轴分别变为水平和垂直，如图 9-9 所示。

（7）利用"上一个"选项创建新的 UCS：恢复上一个 UCS。可以在当前任务中逐步返回最后 10 个 UCS 设置。

（8）利用"世界"选项创建新的 UCS：将 UCS 与世界坐标系对齐。

（9）利用"X"选项创建新的 UCS：绕 X 轴旋转当前 UCS，如图 9-10 所示。将右手拇指指向 X 轴的正向，卷曲其余四指。其余四指所指的方向即绕 X 轴的正旋转方向。

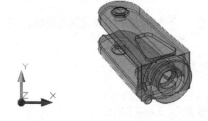

图 9-9 利用"视图"选项创建新的 UCS   图 9-10 绕 X 轴旋转当前 UCS

（10）利用"Y"选项创建新的UCS：绕Y轴旋转当前UCS，如图9-11所示。将右手拇指指向Y轴的正向，卷曲其余四指。其余四指所指的方向即绕Y轴的正旋转方向。

（11）利用"Z"选项创建新的UCS：绕Z轴旋转当前UCS，如图9-12所示。将右手拇指指向Z轴的正向，卷曲其余四指。其余四指所指的方向即绕Z轴的正旋转方向。

图 9-11　绕 Y 轴旋转当前 UCS

图 9-12　绕 Z 轴旋转当前 UCS

用户通过指定原点和一个或多个绕X轴、Y轴或Z轴的旋转，可以定义任意的 UCS，如图9-13所示。

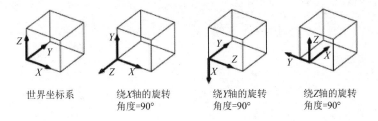

图 9-13　绕各轴旋转后的坐标示意图

（12）利用"Z 轴"选项创建新的UCS：将 UCS 与指定的正向 Z 轴对齐。将 UCS 原点移动到第一个点，其正向 Z 轴通过第二个点，如图9-14所示。

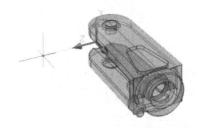

图 9-14　利用"Z 轴"选项创建新的 UCS

9.3　三维图形观察模式

AutoCAD 2021 极大地增强了三维图形的观察功能，在增强原有动态观察功能和相机功能的同时，又增加了控制盘和视图控制器等功能。

9.3.1　三维动态观察器

AutoCAD 2021 提供了具有交互控制功能的三维动态观察器。利用三维动态观察器，用户可以实时控制和改变当前视口中创建的三维视图，以获得预期的效果。动态观察器中包含了"动态观察""自由动态观察""连续动态观察"3 种方式。

动态观察器存放在"导航栏"或"导航"面板中。单击功能区中的"视图"选项卡→"视口工具"面板→"导航栏"按钮，便可在绘图区右侧开启或关闭导航栏，如图 9-15 所示。

图 9-15　导航栏

在默认情况下，"导航"面板处于隐藏状态。如果想要显示"导航"面板，则选择"视图"选项卡，然后在功能区任意位置右击，在弹出的快捷菜单中选择"显示面板"→"导航"命令，如图 9-16 所示，调出"导航"面板。

图 9-16　选择"导航"命令

单击"导航"面板→"动态观察"下拉按钮，或者单击"导航栏"→"动态观察"下拉按钮，在弹出的下拉列表中有"动态观察""自由动态观察""连续动态观察"3 个选项，如图 9-17 所示。

图 9-17　动态观察的 3 个选项

（1）动态观察（3DORBIT）（受约束的动态观察）。

在三维空间中旋转视图，但仅限于在水平和垂直方向上进行动态观察。

3DORBIT 可在当前视口中激活三维动态观察视图，并且将显示三维动态观察光标。当 3DORBIT 处于活动状态时，无法编辑对象。

沿 XY 平面旋转：在图形中单击并向左或向右拖动光标。

沿 Z 轴旋转：首先单击图形，然后上下拖动光标。

沿 XY 平面和 Z 轴进行不受约束的动态观察：按住 Shift 键并拖动光标，将出现导航球，用户可以使用三维自由动态观察交互。

（2）自由动态观察（3DFORBIT）。

与 3DORBIT 不同，3DFORBIT 不约束沿 XY 平面或 Z 轴方向的视图变化。当 3DFORBIT 命令处于活动状态时，无法编辑对象。

单击"自由动态观察"按钮,系统将显示如图 9-18 所示的观察球,在圆的 4 个象限点处有 4 个小圆,这就是三维动态观察球。

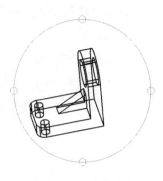

观察球的圆心就是观察点(目标点),观察的出发点相当于相机的位置。当查看时,目标点是固定不动的,拖动光标可以使相机在目标点周围移动,从不同的视点动态地观察对象。结束命令后,三维图形将按新的视点方向重新定位。

当使用三维自由动态观察时,视图旋转由光标的位置和外观决定。

图 9-18 三维动态观察球

① 自由动态观察。

在导航球内部拖动光标可使其更改为自由动态观察图标。在导航球内部拖动光标可使视图以水平、垂直和倾斜方向进行自由动态观察。

② 滚动。

在导航球外部拖动光标可使其更改为滚动图标。在导航球外部拖动光标可使视图围绕轴移动,该轴的延长线通过导航球的中心并垂直于屏幕,这称为"卷动"。

③ 垂直旋转。

将光标移动到导航球左侧或右侧的小圆上可使其更改为垂直旋转图标。从其中任意一点向左或向右拖动光标可使视图围绕通过导航球中心的垂直轴旋转。

④ 水平旋转。

将光标拖动到导航球顶部或底部的小圆上可使其更改为水平旋转图标。从其中任意一点向上或向下拖动光标可使视图围绕通过导航球中心的水平轴旋转。

(3)连续动态观察(3DCORBIT)。

用户通过 3DCORBIT 命令可以在三维空间中连续旋转视图。

在启动 3DCORBIT 命令之前,用户可以查看整个图形,或者选择一个或多个对象。启动 3DCORBIT 命令之前选择一个或多个对象可以限制为仅显示这些对象。

在绘图区中单击并沿任意方向拖动定点设备,可以使对象沿正在拖动的方向移动。释放定点设备上的按钮,对象在指定的方向上继续进行它们的轨迹运动。为光标拖动设置的速度决定了对象的旋转速度。

用户可以通过再次单击并拖动定点设备来改变连续动态观察的方向。在绘图区中右击,并在弹出的快捷菜单中选择相应命令,也可以修改连续动态观察的显示。

注意: 在启用了 ViewCube 工具时,用户可以通过按数字键 1、2、3、4、5 来切换三维动态的观察方式。

9.3.2 视图控制器

用户使用视图控制器功能可以方便地转换方向视图。

单击功能区中的"视图"选项卡→"视口工具"面板→"View Cube"按钮，开启或关闭"视图控制器"，如图 9-19 所示。

单击视图控制器上的显示面板或指示箭头，三维图形将自动转换到相应的方向视图。单击视图控制器上的主页按钮 ，系统返回西南等轴测视图。

用户也可以单击功能区中的"常用"选项卡→"视图"面板→"未保存的视图"下拉按钮，系统弹出"视图模式"下拉列表，如图 9-20 所示。AutoCAD 2021 提供了 10 种视图模式。

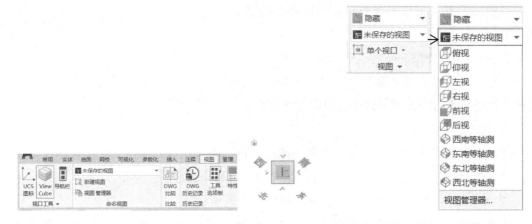

图 9-19　视图控制器　　　　　　　　图 9-20　"视图模式"下拉列表

9.3.3　视觉样式

用户可以利用视觉样式来控制视口中边和着色的显示。更改视觉样式的特性，而不用使用命令和设置系统变量。一旦应用了视觉样式或更改了其设置，用户就可以在视口中查看效果。

在 AutoCAD 2021 中，用户可以通过 3 种方式调取视觉样式。

（1）利用"视觉样式"子菜单调用视觉样式。

选择菜单栏中的"视图"→"视觉样式"命令，系统弹出"视觉样式"子菜单，如图 9-21 所示。

（2）利用"视觉样式"工具栏调用视觉样式。

选择菜单栏中的"工具"→"工具栏"→"AutoCAD"→"视觉样式"命令，系统调出"视觉样式"工具栏，如图 9-22 所示。

（3）利用功能区中的"视觉样式"按钮调用视觉样式。

如图 9-23 所示，在"三维建模"工作空间模式下，单击功能区中的"常用"选项卡→"视图"面板→"视图"下拉按钮，系统弹出"视觉样式"下拉列表，如图 9-24 所示。用户可以根据需要在"视觉样式"下拉列表中选择相应的视觉样式。AutoCAD 2021 提供了 10 种视觉样式。

图 9-21 "视觉样式"子菜单

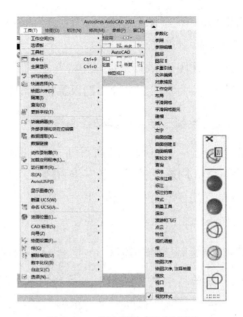

图 9-22 "视觉样式"工具栏

图 9-23 设置"视觉样式"

图 9-24 "视觉样式"下拉列表

9.4 绘制简单三维图形

在 AutoCAD 2021 中，用户可以使用点、直线、样条曲线、三维多段线及三维网格等命令绘制简单的三维图形。

9.4.1 绘制三维点

点对象是三维图形中最小的单元。AutoCAD 2021 提供了一种精确输入和拾取三维点的方法。

与前面内容中讲述的二维坐标下点的绘制方法一样，用户可以单击功能区中的"常用"选项卡→"绘图"面板→"多点"按钮，或者选择菜单栏中的"绘图"→"点"命令，又或者单击"绘图"工具栏→"点"按钮，然后在命令行中直接输入三维坐标即可。

由于三维图形对象上的一些特殊点（如交点、中点等）不能通过输入坐标的方法来实现，因此可以采用三维坐标下的目标捕捉法来拾取点。

9.4.2 绘制三维直线和样条曲线

两点决定一条直线。当在三维空间中指定两个点后，如点（0,0,0）和点（10,10,10），这两个点之间的连线就是一条三维直线，该直线与当前 UCS 不在同一个平面内。

同样，在三维坐标系下，使用"样条曲线"命令，可以绘制复杂的三维样条曲线，这时定义样条曲线的点不是共面点。

9.4.3 绘制三维多段线

选择菜单栏中的"绘图"→"三维多段线"命令，此时按命令行提示依次输入不同的三维空间的点，从而得到一个三维多段线。

9.4.4 绘制三维螺旋线

在创建螺旋线时，需要设置的参数有底面半径、顶面半径、高度、圈数、圈高和扭曲方向。如果将底面半径和顶面半径设置为相同的值，则创建圆柱形螺旋线；如果将底面半径和顶面半径设置为不同的值，则创建圆锥形螺旋线。如果将高度设置为0，则创建扁平的二维螺旋线。

创建螺旋线的操作步骤如下。

（1）单击功能区中的"常用"选项卡→"绘图"面板→"螺旋"按钮，或者选择菜单栏中的"绘图"→"螺旋"命令，命令行提示如下：

```
HELIX
圈数=3.0000    扭曲=CCW
HELIX 指定底面的中心点:
```

（2）在绘图区指定底面的中心点，命令行提示如下：

```
HELIX 指定底面半径或[直径(D)]<1.0000>:
```

（3）在命令行中输入 20，按 Enter 键，命令行提示如下：

```
HELIX 指定顶面半径或[直径(D)]<20.0000>:
```

（4）在命令行中输入 10，按 Enter 键，命令行提示如下：

```
HELIX 指定螺旋高度或[轴端点(A)/圈数(T)/圈高(H)/扭曲(W)]<10.0000>:
```

（5）在命令行中输入 T，按 Enter 键，命令行提示如下：

```
HELIX 输入圈数<3.0000>:
```

（6）在命令行中输入 10，按 Enter 键，命令行提示如下：

```
HELIX 指定螺旋高度或[轴端点(A)/圈数(T)/圈高(H)/扭曲(W)]<10.0000>:
```

（7）在命令行中输入 70，按 Enter 键，完成螺旋线的创建，如图 9-25 所示。

"螺旋"命令的主要选项功能含义如下。

- "指定底面的中心点"选项：设置螺旋基点的中心。

- "指定底面半径"选项：指定螺旋底面的半径。最初，默认底面半径设定为 1。当执行绘图任务时，底面半径的默认值始终是先前输入的任意实体图元或螺旋的底面半径值。
- "直径"（底面）选项：指定螺旋底面的直径。最初，默认底面直径设定为 2。当执行绘图任务时，底面直径的默认值始终是先前输入的底面直径值。

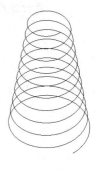

图 9-25   螺旋线

- "指定顶面半径"选项：指定螺旋顶面的半径。默认值始终是顶面半径的值。底面半径和顶面半径不能都设定为 0。
- "直径"（顶面）选项：使用直径值来设置螺旋顶部的尺寸。默认值始终是顶面直径的值。
- "指定螺旋高度"选项：指定螺旋高度。
- "轴端点"选项：指定螺旋的轴端点位置。轴端点可以位于三维空间的任意位置。轴端点定义了螺旋的长度和方向。
- "圈数"选项：指定螺旋的圈（旋转）数。螺旋的圈数不能超过 500。最初，圈数的默认值为 3。当执行绘图任务时，圈数的默认值始终是先前输入的圈数值。
- "圈高"选项：指定螺旋内一个完整圈的高度。当指定圈高值时，螺旋中的圈数将相应地自动更新。如果已指定螺旋的圈数，则不能输入圈高值。
- "扭曲"选项：指定螺旋的扭曲方向。顺时针是指以顺时针方向绘制螺旋；逆时针是指以逆时针方向绘制螺旋。

9.5   创建平面

在 AutoCAD 2021 中，用户可以通过"指定第一个角点"选项和"对象"选项创建平面。

"指定第一个角点"选项：用户通过指定平面两对角点，创建平面。

"对象"选项：用户通过选择已绘制的平面封闭图形，创建平面。

（1）利用"指定第一个角点"选项创建平面。

① 在"三维建模"工作空间模式下，单击功能区中的"曲面"选项卡→"创建"面板→"平面"按钮，命令行提示如下：

指定第一个角点或［对象(O)］<对象>:

② 指定第一个角点，按 Enter 键，命令行提示如下：

指定其他角点:

③ 指定第二个角点，创建完成以指定两点为对角线的矩形平面，如图 9-26 所示。

（2）利用"对象"选项创建平面。

① 绘制一个圆形。

② 单击功能区中的"曲面"选项卡→"创建"面板→"平面"按钮，命令行提示如下：

指定第一个角点或 ［对象(O)］ <对象>:

③ 在命令行中输入 O，按 Enter 键，命令行提示如下：

选择对象:

④ 选择第①步中绘制的圆，按 Enter 键，生成如图 9-27 所示的平面。

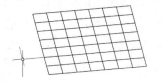
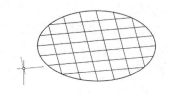

图 9-26 利用"指定第一个角点"选项创建平面　　图 9-27 利用"对象"选项创建平面

9.6 绘制基本三维实体对象

在 AutoCAD 2021 中，用户可以绘制长方体、圆柱体、圆锥体、球体、棱锥体、楔体、圆环体和多段体等基本的三维实体对象。

在"三维建模"工作空间模式下，单击功能区中的"常用"选项卡→"建模"面板→"长方体"下拉按钮，即可弹出基本三维实体创建方式，如图 9-28 所示。

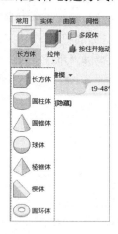

图 9-28 基本三维实体创建方式

9.6.1 绘制长方体

（1）单击"长方体"按钮，命令行提示如下：

指定第一个角点或 [中心(C)]：

（2）指定第一个角点，按 Enter 键，命令行提示如下：

指定其他角点或 [立方体(C)/长度(L)]：

（3）指定长方体的另一个角点，按 Enter 键，命令行提示如下：

指定高度或 [两点(2P)]：

（4）指定高度。完成长方体的创建，如图 9-29 所示。

当输入正值时，将沿当前 UCS 的 Z 轴正方向绘制高度；当输入负值时，将沿 Z 轴负方向绘制高度。

如果长方体的另一个角点指定的 Z 值与第一个角点的 Z 值不同，将不显示高度提示。命令行提示如下：

指定高度或 ［2Point(2P)］ <默认值>:

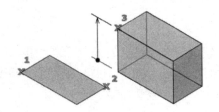

图 9-29　长方体的绘制示意图

"长方体"命令的主要选项功能含义如下。

- "中心"选项：使用指定的中心点创建长方体。
- "立方体"选项：创建一个长度、宽度、高度相同的长方体。
- "长度"选项：按照指定长度、宽度、高度创建长方体。长度与 X 轴对应，宽度与 Y 轴对应，高度与 Z 轴对应。
- "两点"选项：指定长方体的高度为两个指定点之间的距离。

9.6.2　绘制圆柱体

（1）单击"圆柱体"按钮，命令行提示如下：

指定底面的中心点或 [三点(3P)/两点(2P)/切点、切点、半径(T)/椭圆(E)]:

（2）指定一点为圆柱体底面中心，命令行提示如下：

指定底面半径或 [直径(D)]:

（3）指定底面半径，命令行提示如下：

指定高度或 [两点(2P)/轴端点(A)]：

（4）指定高度，完成圆柱体的创建，如图 9-30 所示。

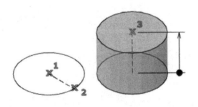

图 9-30　圆柱体的绘制示意图

在图 9-30 中，使用圆心（1）、半径上的一点（2）和表示高度的一点（3）创建圆柱体。圆柱体的底面始终位于与工作平面平行的平面上。

"圆柱体"命令的主要选项功能含义如下。

- "三点"选项：指定 3 个点来定义圆柱体的底面周长和底面。
- "两点"选项：指定圆柱体的高度为两个指定点之间的距离。
- "轴端点"选项：指定圆柱体的轴端点位置。轴端点是圆柱体的顶面圆心。轴端点可以位于三维空间的任意位置。轴端点定义了圆柱体的长度和方向。
- "切点、切点、半径"选项：定义具有指定半径，且与两个对象相切的圆柱体底面。

- "椭圆"选项：指定圆柱体的椭圆底面。

9.6.3　绘制圆锥体

（1）单击"圆锥体"按钮，命令行提示如下：

指定底面的中心点或 [三点(3P)/两点(2P)/切点、切点、半径(T)/椭圆(E)]:

（2）指定一点为底面的中心点，命令行提示如下：

指定底面半径或 [直径(D)]:

（3）指定底面半径，命令行提示如下：

指定高度或 [两点(2P)/轴端点(A)/顶面半径(T)]:

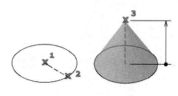

图 9-31　圆锥体的绘制示意图

（4）指定高度，完成圆锥体的创建，如图 9-31 所示。

"圆锥体"命令的主要选项功能含义如下。

"三点"选项：指定 3 个点来定义圆锥体的底面周长和底面。

"两点"选项：指定两个点来定义圆锥体的底面直径。

"切点、切点、半径"选项：定义具有指定半径，且与两个对象相切的圆锥体底面。

"椭圆"选项：指定圆锥体的椭圆底面。

"直径"选项：指定圆锥体的底面直径。

"轴端点"选项：指定圆锥体的轴端点位置。轴端点是圆锥体的顶点或圆锥体平截面顶面的中心点（"顶面半径"选项）。轴端点可以位于三维空间的任意位置。轴端点定义了圆锥体的长度和方向。

"顶面半径"选项：指定创建圆锥体平截面时圆锥体的顶面半径。

9.6.4　绘制球体

（1）单击"球体"按钮，命令行提示如下：

指定中心点或 [三点(3P)/两点(2P)/切点、切点、半径(T)]:

（2）指定一点为球的中心点，命令行提示如下：

指定半径或 [直径(D)]:

（3）指定半径完成球体的创建，如图 9-32 所示。

"球体"命令的主要选项功能含义如下。

- "三点"选项：通过在三维空间的任意位置指定 3 个点来定义球体的圆周。3 个指定点也可以用于定义圆周平面。

- "两点"选项：通过在三维空间的任意位置指定两个点来定义球体的圆周。第一个点的值用于定义圆周所在平面。

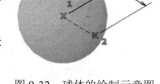

图 9-32　球体的绘制示意图

- "切点、切点、半径"选项：指定半径定义可与两个对象相切的球体。指定的切点将投影到当前 UCS。

9.6.5　绘制棱锥体

在默认情况下，用户可以使用基点的中心、边的中点和可确定高度的另一个点来绘制棱锥体。

（1）单击"棱锥体"按钮，命令行提示如下：

指定底面的中心点或 [边(E)/侧面(S)]:

（2）指定一点为底面的中心点，命令行提示如下：

指定底面半径或 [内接(I)]:

（3）指定底面半径，命令行提示如下：

指定高度或 [两点(2P)/轴端点(A)/顶面半径(T)]:

（4）指定高度，完成棱锥体的创建，如图 9-33 所示。

"棱锥体"命令的主要选项功能含义如下。

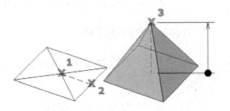

- "指定底面的中心点"选项：设定棱锥体底面
  的中心点。
- "边"选项：设定棱锥体底面一条边的长度，
  与指定的两点所指明的长度一样。
- "侧面"选项：设定棱锥体的侧面数，其范围
  为 3～32，且为正值。

图 9-33　棱锥体的绘制示意图

- "内接"选项：指定棱锥体的底面是内接的，还是绘制在底面半径内。
- "两点"选项：指定棱锥体的高度为两个指定点之间的距离。
- "轴端点"选项：指定棱锥体的轴端点位置。轴端点是棱锥体的顶点。轴端点可以
  位于三维空间的任意位置。轴端点定义了棱锥体的长度和方向。
- "顶面半径"选项：指定创建棱锥体平截面时棱锥体的顶面半径。

9.6.6　绘制楔体

（1）单击"楔体"按钮，命令行提示如下：

指定第一个角点或 [中心(C)]:

（2）指定一点为第一个角点，命令行提示如下：

指定其他角点或 [立方体(C)/长度(L)]:

（3）指定第二个角点，命令行提示如下：

指定高度或 [两点(2P)]:

（4）指定高度，完成楔体的创建，如图 9-34 所示。

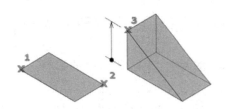

图 9-34　楔体绘制的示意图

"楔体"命令的主要选项功能含义如下。

- "指定第一个角点"选项：设定楔体底面的第一个角点。
- "指定其他角点"选项：设定楔体底面的对角点，位于 XY 平面上。

- "中心"选项：使用指定的中心点创建楔体。
- "立方体"选项：创建等边楔体。
- "长度"选项：按照指定的长度、宽度、高度创建楔体。长度与 X 轴对应，宽度与 Y 轴对应，高度与 Z 轴对应。如果以指定长度拾取点，则还要指定在 XY 平面上的旋转角度。
- "指定高度"选项：定义楔体的高度。当输入正值时，将沿当前 UCS 的 Z 轴正方向绘制高度。当输入负值时，将沿当前 UCS 的 Z 轴负方向绘制高度。
- "两点"选项：指定两点之间的距离定义楔体的高度。

9.6.7 绘制圆环体

用户可以通过指定圆环体的圆心、半径或直径，以及围绕圆管的半径或直径创建圆环体。

（1）单击"圆环体"按钮，命令行提示如下：

指定中心点或 [三点(3P)/两点(2P)/切点、切点、半径(T)]:

（2）指定一点为中心点，命令行提示如下：

指定半径或 [直径(D)]:

（3）指定半径，命令行提示如下：

指定圆管半径或 [两点(2P)/直径(D)]:

（4）指定圆管半径，完成圆环体的创建，如图 9-35 所示。

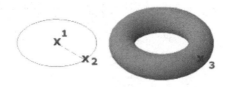

图 9-35　圆环体绘制的示意图

"圆环体"命令的主要选项功能含义如下。

- "指定中心点"选项：指定圆环体的中心点。

指定中心点后，将放置圆环体以使其中心轴与当前 UCS 的 Z 轴平行。圆环体与当前工作平面的 XY 平面平行且被该平面平分。

- "三点"选项：用指定的 3 个点定义圆环体的圆周。3 个指定点也可以用于定义圆周平面。
- "两点"选项：用指定的两个点定义圆环体的圆周。第一个点的 Z 值用于定义圆周所在平面。
- "切点、切点、半径"选项：用指定的半径定义可与两个对象相切的圆环体。指定的切点将投影到当前 UCS。

9.6.8 绘制多段体

"多段体"命令用于创建墙或一系列墙形状的三维实体，也用于创建具有固定高度和宽度的直线段和曲线段的三维墙。用户也可以将现有二维对象（如直线、二维多段线、圆弧和圆）转换为具有默认高度、宽度和对正的三维实体。

创建多段体的方法与创建多段线的方法一样，其操作步骤如下。

（1）单击"多段体"按钮，命令行提示如下：

POLYSOLID 高度 = 4.0000，宽度 = 0.2500，对正 = 居中
指定起点或 [对象(O)/高度(H)/宽度(W)/对正(J)]:

用户可以根据需要修改"高度""宽度""对正"。

（2）指定一点为起点，命令行提示如下：

指定下一个点或 [圆弧(A)/放弃(U)]:

（3）指定下一点，命令行提示如下：

指定下一个点或 [圆弧(A)/放弃(U)]:

（4）指定下一点，按 Enter 键，完成多段体的创建，如图 9-36 所示。

"多段体"命令的主要选项功能含义如下。

- "指定起点"选项：指定多段体线段的起点。

- "对象"选项：指定要转换为三维实体的二维对象。

- "高度"选项：指定多段体线段的高度（PSOLHEIGHT 系统变量）。

- "宽度"选项：指定多段体线段的宽度（PSOLWIDTH 系统变量）。

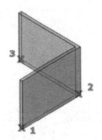

图 9-36　多段体的绘制示意图

- "对正"选项：指定多段体的宽度放置位置，在多段体轮廓的中心、左侧或右侧定义二维对象。

- "指定下一个点"选项：指定多段体轮廓的下一个点。

- "圆弧"选项：将圆弧段添加到多段体轮廓中。圆弧的默认起始方向与上一线段相切。

- "放弃"选项：通过从多段体轮廓的最后一个顶点到起始点创建线段或圆弧段来闭合多段体。

9.7　拉伸

"拉伸"命令可以按指定方向或沿选定的路径，从源对象所在的平面以正交方式拉伸对象。

"拉伸"命令既可以用于创建三维实体，又可以用于创建三维曲面。

如果使用"拉伸"命令创建三维实体，则源对象必须是封闭的二维多段线、圆、椭圆、样条曲线和面域；如果使用"拉伸"命令创建三维曲面，则源对象可以是封闭或开口的线条。

创建实体拉伸的操作步骤如下。

（1）打开本书配套资源文件"第 9 章/t9-37.dwg"。

（2）在"三维建模"工作空间模式下，单击功能区中的"常用"选项卡→"建模"面板→"拉伸"按钮，命令行提示如下：

选择要拉伸的对象或 [模式(MO)]:

（3）选择"模式"选项，命令行提示如下：

闭合轮廓创建模式 [实体(SO)/曲面(SU)] <实体>:

（4）选择"实体"选项，选择拉伸实体，命令行提示如下：

选择要拉伸的对象或 [模式(MO)]:

（5）选择封闭的样条线圈，按 Enter 键，命令行提示如下：

指定拉伸的高度或 [方向(D)/路径(P)/倾斜角(T)/表达式(E)]:

（6）指定拉伸的高度，完成实体拉伸，如图 9-37 所示。

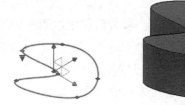

图 9-37　使用"拉伸"命令创建实体

"拉伸"命令的主要选项功能含义如下。

- "模式"选项：控制拉伸对象是实体还是曲面。
- "指定拉伸的高度"选项：沿 *Z* 轴正或负方向拉伸选定对象。方向基于创建对象时的 UCS，或者（对于多个选择）基于最近创建的对象的原始 UCS。
- "方向"选项：用两个指定点指定拉伸的长度和方向（方向不能与使用"拉伸"命令创建的扫掠曲线所在的平面平行）。
- "路径"选项：指定基于选定对象的拉伸路径。先将路径移动到轮廓的质心，再沿选定路径拉伸选定对象的轮廓以创建实体或曲面。

图 9-38 所示为以"路径"方式创建拉伸。

- "倾斜角"选项：指定拉伸的倾斜角。图 9-39 所示为以"倾斜角"方式创建拉伸。

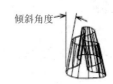

图 9-38　以"路径"方式创建拉伸　　　　图 9-39　以"倾斜角"方式创建拉伸

正角度表示从基准对象逐渐变细地拉伸；负角度表示从基准对象逐渐变粗地拉伸；默认角度值 0 表示在与二维对象所在平面垂直的方向上进行拉伸。所有选定的对象和环都将倾斜到相同的角度。

倾斜角子选项：指定-90°～+90°的倾斜角。

指定两个点子选项：指定基于两个指定点的倾斜角。倾斜角是这两个指定点之间的距离。

- "表达式"选项：输入公式或方程式以指定拉伸高度。

9.8 旋转

用户可以通过绕轴旋转二维对象来创建三维实体或曲面；其中，使用开放轮廓可以创建曲面，使用闭合轮廓可以创建实体或曲面。

创建旋转实体的操作步骤如下。

（1）打开本书配套资源文件"第 9 章/t9-40.dwg"。

（2）在"三维建模"工作空间模式下，单击功能区中的"常用"选项卡→"建模"面板→"旋转"按钮，命令行提示如下：

> 选择要旋转的对象或 [模式(MO)]:

（3）选择"模式"选项，命令行提示如下：

> 闭合轮廓创建模式 [实体(SO)/曲面(SU)] <实体>:

（4）选择"实体"选项，选择拉伸实体，命令行提示如下：

> 选择要旋转的对象或 [模式(MO)]:

（5）选择要旋转的面域对象，按 Enter 键，命令行提示如下：

> 指定轴起点或根据以下选项之一定义轴 [对象(O)/X/Y/Z]:

（6）选择"对象"选项，以"对象"的方式旋转轴，命令行提示如下：

> 旋转对象:

（7）旋转面域右侧的直线，命令行提示如下：

> 指定旋转角度或 [起点角度(ST)/反转(R)/表达式(EX)] <360>:

（8）按 Enter 键，即默认旋转角度为 360°，完成旋转实体的创建，如图 9-40 所示。

"旋转"命令的主要选项功能含义如下。

- "模式"选项：控制旋转动作是创建实体还是曲面。

- "指定轴起点"选项：指定旋转轴的第一个点。轴的正方向从第一个点指向第二个点。

- "对象"选项：指定要用作轴的现有对象。轴的正方向从该对象的最近端点指向最远端点。

图 9-40　使用"旋转"命令创建实体

- "X/Y/Z"选项：将当前 UCS 的 X/Y/Z 轴正向设定为轴的正方向。

- "指定旋转角度"选项：指定选定对象绕轴旋转的距离。正角度值表示按逆时针方向旋转对象；负角度值表示按顺时针方向旋转对象。还可以拖动光标以指定和预览旋转角度。

- "起点角度"选项：为从旋转对象所在平面开始的旋转指定偏移。

- "反转"选项：更改旋转方向；类似于输入负角度值。右侧的旋转对象显示按照与左侧对象相同的角度旋转。

- "表达式"选项：输入公式或方程式以指定旋转角度。

9.9　放样

用户可以通过指定一系列横截面来创建三维实体或曲面。横截面定义了结果实体或曲面的形状。必须至少指定两个横截面。放样横截面可以是开放或闭合的平面或非平面，也可以是边子对象。用户使用开放的横截面可以创建曲面；使用闭合的横截面可以创建实体或曲面。

创建放样实体的操作步骤如下。

（1）打开本书配套资源文件"第 9 章/t9-41.dwg"。

（2）在"三维建模"工作空间模式下，单击功能区中的"常用"选项卡→"建模"面板→"放样"按钮，命令行提示如下：

按放样次序选择横截面或 [点(PO)/合并多条边(J)/模式(MO)]:

（3）依次选择 3 个对象，按 Enter 键，命令行提示如下：

输入选项 [导向(G)/路径(P)/仅横截面(C)/设置(S)]<仅横截面>:

（4）按 Enter 键，采用系统默认设置，完成放样实体的创建，如图 9-41 所示。

"放样"命令的主要选项功能含义如下。

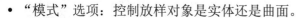

- "按放样次序选择横截面"选项：按曲面或实体将通过曲线的次序指定开放或闭合曲线。

- "点"选项：指定放样操作的第一个点或最后一个点。如果以"点"选项开始，接下来必须选择闭合曲线。

- "合并多条边"选项：将多个端点相交的边处理为一个横截面。

- "模式"选项：控制放样对象是实体还是曲面。

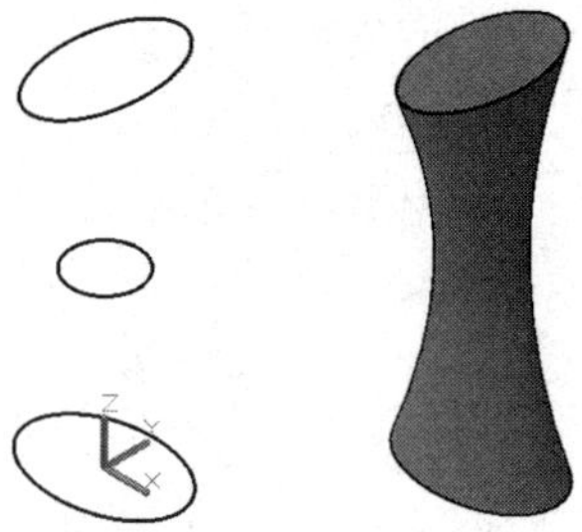

图 9-41　放样实体的创建

- "连续性"选项：仅当 LOFTNORMALS 系统变量设定为 1（平滑拟合）时，此选项才显示。为其连续性为 G0、G1 或 G2 的对象指定在曲面相交的位置。

- "凸度幅值"选项：仅当 LOFTNORMALS 系统变量设定为 1（平滑拟合）时，此选项才显示。为其连续性为 G1 或 G2 的对象指定凸度幅值。

- "导向"选项：指定控制放样实体或曲面形状的导向曲线。可以使用导向曲线来控制点如何匹配相应的横截面，以防止出现不希望看到的效果。

- "路径"选项：指定放样实体或曲面的单一路径。路径曲线必须与横截面的所有平面相交。

- "仅横截面"选项：在不使用导向或路径的情况下，创建放样对象。

- "设置"选项：显示"放样设置"对话框。

9.10 扫掠

用户可以通过沿开放或闭合路径扫掠二维对象或子对象来创建三维实体或三维曲面；其中，使用开口对象可以创建三维曲面，使用封闭区域的对象可以创建三维实体或三维曲面。

创建扫掠实体的操作步骤如下。

（1）打开本书配套资源文件"第 9 章/t9-42.dwg"。

（2）在"三维建模"工作空间模式下，单击功能区中的"常用"选项卡→"建模"面板→"扫掠"按钮，命令行提示如下：

选择要扫掠的对象或 [模式(MO)]:

（3）选择封闭曲线，按 Enter 键，命令行提示如下：

选择扫掠路径或 [对齐(A)/基点(B)/比例(S)/扭曲(T)]:

（4）选择曲线，完成扫掠实体的创建，如图 9-42 所示。

"扫掠"命令的主要选项功能含义如下。

- "选择要扫掠的对象"选项：指定要用作扫掠截面轮廓的对象。
- "模式"选项：控制扫掠动作是创建实体还是创建曲面。
- "选择扫掠路径"选项：基于选择的对象指定扫掠路径。

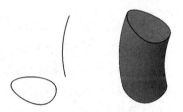

图 9-42 扫掠实体的创建

- "对齐"选项：指定是否对齐轮廓以使其作为扫掠路径切向的法向。
- "基点"选项：指定要扫掠对象的基点。
- "比例"选项：指定比例因子以进行扫掠操作。从扫掠路径的开始到结束，比例因子将统一应用到扫掠的对象。
- "扭曲"选项：设置扫掠的对象的扭曲角度。扭曲角度用于指定沿扫掠路径全部长度的旋转量。

9.11 按住并拖动

按住并拖动是指在有边界区域的形状中创建加料或减料的拉伸实体，也可以是一种三维实体对象的编辑方式。用户可通过改变三维实体的夹点来改变原有的三维实体形状。

（1）打开本书配套资源文件"第 9 章/t9-43.dwg"。

（2）在"三维建模"工作空间模式下，单击功能区中的"常用"选项卡→"建模"面板→"按住并拖动"按钮，命令行提示如下：

选择对象或边界区域:

（3）选择正六边形，命令行提示如下：

指定拉伸高度或 [多个(M)]:

（4）输入 10，按 Enter 键，完成拉伸实体的创建，如图 9-43 所示。

图 9-43　使用"按住并拖动"命令创建实体

9.12　使用布尔运算绘制复杂图形

在 AutoCAD 2021 中，用户可以对三维基本实体进行并集、差集、交集 3 种布尔运算，以此创建复杂实体。

9.12.1　并集运算

并集运算是指将两个或多个实体（或面域）组合成一个新的复合实体。

（1）打开本书配套资源文件"第 9 章/t9-44.dwg"。

（2）在"三维建模"工作空间模式下，单击功能区中的"常用"选项卡→"实体编辑"面板→"并集"按钮，命令行提示如下：

选择对象：

（3）选择要"并集"的长方体和圆柱体，按 Enter 键，完成并集运算，如图 9-44 所示。

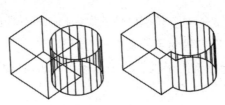

图 9-44　并集运算

9.12.2　差集运算

用户可以通过从一个对象中减去一个重叠面域或三维实体来创建新对象。

（1）打开本书配套资源文件"第 9 章/t9-45.dwg"。

（2）在"三维建模"工作空间模式下，单击功能区中的"常用"选项卡→"实体编辑"面板→"差集"按钮，命令行提示如下：

选择要从中减去的实体、曲面和面域...
选择对象：

（3）选择长方体，按 Enter 键，命令行提示如下：

选择要减去的实体、曲面和面域...
选择对象：

（4）选择圆柱体，按 Enter 键，完成差集运算，如图 9-45 所示。如果先选择圆柱体，再选择长方体，则是长方体减去圆柱体。

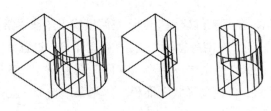

图 9-45　差集运算

9.12.3　交集运算

用户可以通过重叠实体、曲面或面域创建三维实体、曲面或二维面域。

（1）打开本书配套资源文件"第 9 章/t9-46.dwg"。

（2）在"三维建模"工作空间模式下，单击功能区中的"常用"选项卡→"实体编辑"面板→"交集"按钮，命令行提示如下：

选择对象：

（3）选择要"交集"的长方体和圆柱体，按 Enter 键，完成交集运算，如图 9-46 所示。

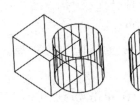

图 9-46　交集运算

实战演练

演练 9.1　绘制如图 9-47 所示的三维实体。

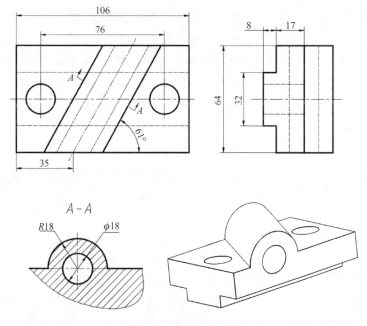

图 9-47　绘制三维实体

（1）新建空白文件，创建并设置图层：粗实线 1、粗实线 2、中心线、虚线、细实线、剖面线。用户可以利用前面章节中的"设计中心"，将已有文件中的图层快速复制到新文件中。

（2）如图 9-48 所示，在"三维建模"工作空间模式下，在"常用"选项卡→"视图"面板中，将"视图"设置为"东南等轴测"；将"视觉样式"设置为"隐藏"。

单击功能区中的"视图"选项卡→"命名视图"面板→"东南等轴测"按钮；单击功能区中的"视图"选项卡→"视觉样式"面板→"隐藏"按钮来隐藏视觉样式。此时坐标系如图 9-49 所示。

图 9-48　设置视图模式和视觉样式　　　　　　　图 9-49　新建坐标系

（3）开启"正交"模式，单击功能区中的"常用"选项卡→"坐标"面板→"X"按钮，此时拖动光标，以"正交"方式绕 X 轴旋转坐标系，在如图 9-50 所示的位置单击，创建新的坐标系。

（4）开启"正交"模式，选择"粗实线 1"图层，在 XY 平面中绘制如图 9-51 所示的图形。

① 单击功能区中的"常用"选项卡→"绘图"面板→"直线"按钮，在绘图区适当位置单击确定第一个点，拖动光标并捕捉至 X 轴正方向后，在命令行中输入 32，按 Enter 键。

② 拖动光标至 Y 轴正方向，在命令行中输入 8，按 Enter 键。

③ 拖动光标至 X 轴正方向，在命令行中输入 16，按 Enter 键。

④ 拖动光标至 Y 轴正方向，在命令行中输入 17，按 Enter 键。

⑤ 拖动光标至 X 轴负方向，在命令行中输入 64，按 Enter 键。

⑥ 拖动光标至 Y 轴负方向，在命令行中输入 17，按 Enter 键。

⑦ 拖动光标至 X 轴正方向，在命令行中输入 16，按 Enter 键。

⑧ 捕捉第一个点，单击，即可完成绘制。

（5）将第（4）步中生成的封闭线框生成面域。

（6）单击功能区中的"常用"选项卡→"建模"面板→"拉伸"按钮，选择生成的面域，在命令行中输入-106，生成如图 9-52 所示的实体。

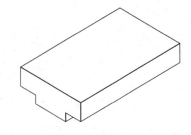

图 9-50　绕 X 轴生成新坐标系　　　图 9-51　绘制图形　　　　　图 9-52　拉伸实体

（7）单击功能区中的"常用"选项卡→"坐标"面板→"原点"按钮，捕捉如图 9-53 所示的上端面前边线左端点放置坐标。

（8）单击功能区中的"常用"选项卡→"坐标"面板→"Y"按钮，将坐标系旋转至图 9-54 中的位置。

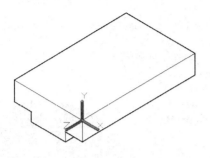

图 9-53　使用原点创建新坐标系

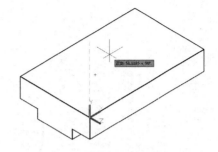

图 9-54　绕 Y 轴旋转创建新坐标系

（9）单击功能区中的"常用"选项卡→"坐标"面板→"原点"按钮，并正交捕捉到 X 轴正方向，如图 9-55 所示，在命令行中输入 35，按 Enter 键，新坐标为原坐标沿 X 轴正方向移动 35 生成的。

（10）单击功能区中的"常用"选项卡→"坐标"面板→"Y"按钮，在命令行中输入 −29，按 Enter 键，生成如图 9-56 所示的新坐标系。

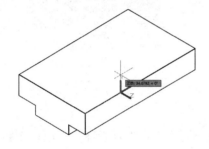

图 9-55　正交移动坐标系

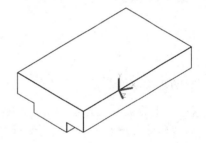

图 9-56　以固定角度旋转创建新坐标系

（11）在 XY 平面绘制题目规定尺寸的封闭半圆形状。

当有实体生成之后，在创建图形对象时，系统会自动捕捉实体上的面作为该图形对象的绘制平面。为了避免所绘制的图形被自动捕捉到实体平面上，而不是在 XY 平面上，此时应先把之前生成的实体关闭，再绘制图形。

① 选择"粗实线 2"图层，并把之前实体所在的"粗实线 1"图层冻结，如图 9-57 所示。冻结"粗实线 1"图层后，该图层上的实体不再显示。

② 单击功能区中的"常用"选项卡→"绘图"面板→"圆"按钮，在命令行中输入 （0,0,0）指定圆心为坐标原点，半径为 18。

③ 单击功能区中的"常用"选项卡→"绘图"面板→"直线"按钮，捕捉象限点绘制 X 轴方向直径，如图 9-58 所示。

④ 利用直径修剪下半圆，并将上半圆与直径生成面域，如图 9-59 所示。

（12）单击功能区中的"常用"选项卡→"建模"面板→"拉伸"按钮，选择上一步生成的半圆面域，在命令行中输入长度 −80（为了使生成的半圆柱体超出先前创建的拉伸实体），向后拉伸生成半圆柱体，如图 9-60 所示。

（13）单击功能区中的"常用"选项卡→"绘图"面板→"圆"按钮，捕捉上一步生成实体的半圆面为绘制平面，直径中点为圆心，并捕捉象限点确定半径，绘制半圆，如图 9-61 所示。

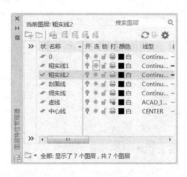

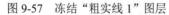

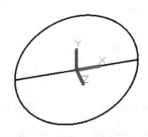

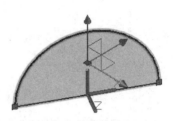

图 9-57 冻结"粗实线 1"图层　　　图 9-58 绘制圆和直径　　　图 9-59 生成面域

图 9-60 向后拉伸生成半圆柱体　　　　　　图 9-61 绘制半圆

注意：当平面被捕捉为绘制面时，会进行蓝色显示。

（14）再次通过象限点绘制 X 轴向直径，选择"二维线框"视觉样式，用直径修剪下半圆，并创建面域。

（15）单击功能区中的"常用"选项卡→"建模"面板→"拉伸"按钮，选择上一步创建的面域，在命令行中输入 10，按 Enter 键，向前生成半圆柱体，如图 9-62 所示。

（16）单击功能区中的"常用"选项卡→"实体编辑"面板→"并集"按钮，选择两个半圆柱体进行并集操作，如图 9-63 所示。

图 9-62 向前生成半圆柱体　　　　　　图 9-63 并集两个半圆柱体

（17）将"粗实线 1"图层解冻，并选择"隐藏"视觉样式，单击功能区中的"常用"

选项卡→"实体编辑"面板→"并集"按钮，选择两个实体进行并集操作，如图 9-64 所示。

（18）单击功能区中的"常用"选项卡→"坐标"面板→"原点"按钮，捕捉半圆柱体前端面与直径创建坐标系，如图 9-65 所示。

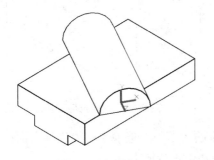

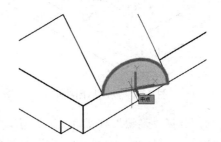

图 9-64　并集实体　　　　　图 9-65　捕捉半圆柱体前端面与直径创建坐标系

（19）单击功能区中的"常用"选项卡→"建模"面板→"圆柱体"按钮，在命令行中输入（0,0,0）（以坐标原点为圆心），半径为 9，高度为-90。

（20）用第（17）步生成的实体减掉第（19）步生成的圆柱体。

① 单击功能区中的"常用"选项卡→"实体编辑"面板→"差集"按钮，命令行提示如下：

SUBTRACT 选择对象：

② 单击选择被减的对象，本示例中应选择第（17）步生成的实体对象，按 Enter 键或右击，命令行提示如下：

SUBTRACT 选择对象：

③ 单击选择被减的对象，本示例中应选择第（19）步生成的实体对象，按 Enter 键或右击，完成两个实体对象的差集运算，效果如图 9-66 所示。

（21）单击功能区中的"常用"选项卡→"坐标"面板→"原点"按钮，按图 9-67 创建新坐标系。

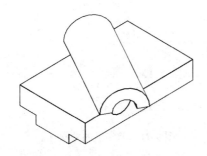

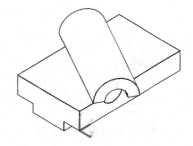

图 9-66　差集后的效果（1）　　　　　图 9-67　移动原点创建新坐标系（1）

（22）在"正交"模式下，绘制如图 9-68 所示的封闭线框，用于减掉半圆柱体的多出部分。线框尺寸应大于半圆柱体超出部分的尺寸。

（23）选择"二维线框"视觉样式，并以上一步创建的封闭线框创建面域。

（24）单击功能区中的"常用"选项卡→"建模"面板→"拉伸"按钮，选择上一步创建的面域，在命令行中输入 40，按 Enter 键，生成拉伸实体，如图 9-69 所示。

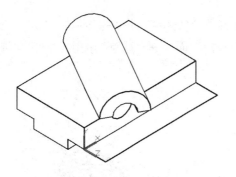

图 9-68　绘制封闭线框

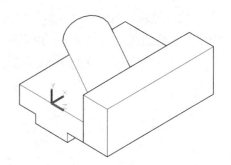

图 9-69　生成拉伸实体

（25）选择"隐藏"视觉样式，单击功能区中的"常用"选项卡→"坐标"面板→"原点"按钮，将坐标移至如图 9-69 所示的实体上边线中点位置。

（26）镜像实体。

① 单击功能区中的"常用"选项卡→"修改"面板→"三维镜像"按钮，选择上一步拉伸生成的实体，按 Enter 键。命令行提示：

指定镜像平面（三点）的第一个点或[对象(O)/最近的(L)/Z 轴(Z)/视图(V)/XY 平面(XY)/YZ 平面(YZ)/ZX 平面(ZX)/三点(3)]<三点>:

② 选择"XY 平面"选项，命令行提示如下：

指定 XY 平面上的点 <0,0,0>:

③ 按 Enter 键，默认指定 XY 平面上的点为（0,0,0），命令行提示如下：

是否删除源对象? [是(Y)/否(N)] <否>:

④ 选择"否"选项，生成镜像实体，如图 9-70 所示。

（27）单击功能区中的"常用"选项卡→"实体编辑"面板→"差集"按钮，将第（20）步生成的实体减掉两侧实体，效果如图 9-71 所示。

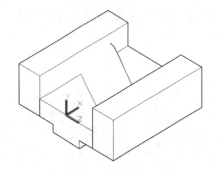

图 9-70　生成镜像实体

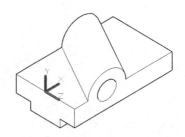

图 9-71　差集后的效果（2）

（28）单击功能区中的"常用"选项卡→"坐标"面板→"原点"按钮，光标正交捕捉至 X 轴正方向，在命令行中输入 15，创建新坐标系，如图 9-72 所示。

（29）单击功能区中的"常用"选项卡→"坐标"面板→"X"按钮，将坐标系旋转至如图 9-73 所示的位置。

（30）单击功能区中的"常用"选项卡→"建模"面板→"圆柱体"按钮，在命令行中输入（0,0,0）（以坐标原点为圆心），半径为 9，高度为−25，生成小圆柱体，如图 9-74 所示。

（31）单击功能区中的"常用"选项卡→"坐标"面板→"原点"按钮，光标正交捕捉至 X 轴正方向，在命令行中输入 38，创建新坐标系，如图 9-75 所示。

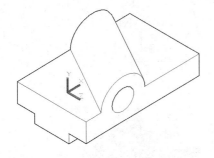

图 9-72　移动原点创建新坐标系（2）

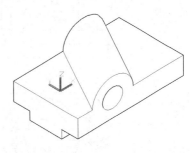

图 9-73　绕 X 轴旋转创建新坐标系

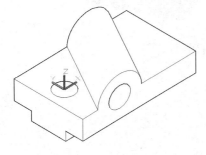

图 9-74　生成小圆柱体

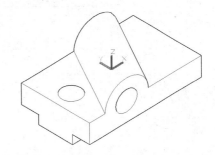

图 9-75　移动原点创建新坐标系（3）

（32）单击功能区中的"常用"选项卡→"修改"面板→"三维镜像"按钮，以 YZ 平面为对称面镜像第（30）步所生成的小圆柱体，效果如图 9-76 所示。

（33）单击功能区中的"常用"选项卡→"实体编辑"面板→"差集"按钮，将第（27）步生成的实体减掉左右两侧的小圆柱体，效果如图 9-77 所示。

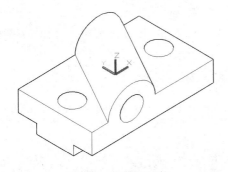

图 9-76　镜像圆柱体

图 9-77　差集后的效果（3）

演练 9.2　根据如图 9-78 所示的尺寸绘制零件图。

（1）创建一个新的空白图形文件。利用"设计中心"在其他文件中将所需图层复制到本文件中。

（2）在"草图与注释"工作空间模式下，绘制如图 9-79 所示的底座轮廓图。

（3）选择"面域"命令，将图 9-79 中的外轮廓线生成一个面域，效果如图 9-80 所示。

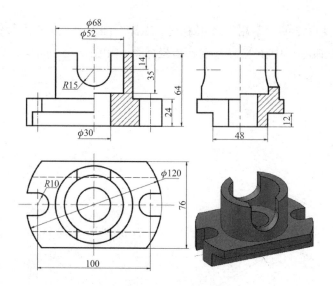

图 9-78　零件图

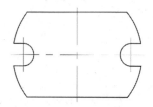

图 9-79　绘制底座轮廓图

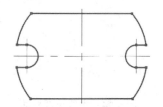

图 9-80　由底座轮廓生成的面域

（4）拉伸底座轮廓为底座实体。

① 选择"三维建模"工作空间模式。

② 在"常用"选项卡→"视图"面板中，设置"东南等轴测"视图和"二维线框"视觉样式。

③ 单击功能区中的"常用"选项卡→"建模"面板→"拉伸"按钮，选择所绘制的面域，拉伸高度为 24 的底座实体模型，效果如图 9-81 所示。

（5）在状态栏右下角开启三维捕捉，如图 9-82 所示。

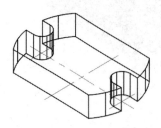

图 9-81　拉伸底座实体模型

图 9-82　开启三维捕捉

（6）单击功能区中的"常用"选项卡→"坐标"面板→"原点"按钮，捕捉底座上部边界圆弧的圆心，将坐标原点设置在底座上部的中心位置，如图 9-83 所示。

（7）单击功能区中的"常用"选项卡→"建模"面板→"圆柱体"按钮，根据提示绘制底面的中心点为坐标圆点，底面直径为 68，高度为 40 的圆柱体，如图 9-84 所示。

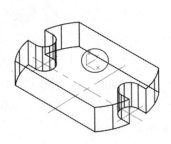

图 9-83　将坐标原点设置在底座上部的中心位置

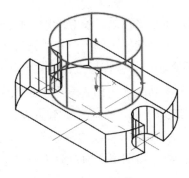

图 9-84　绘制圆柱体（1）

（8）单击功能区中的"常用"选项卡→"实体编辑"面板→"并集"按钮，选择底座和圆柱体两个实体，对这两个实体求并集，如图 9-85 所示。

（9）单击功能区中的"常用"选项卡→"坐标"面板→"原点"按钮，捕捉圆柱体上端的圆心，将坐标原点设置在圆柱体上端的圆心位置。单击功能区中的"常用"选项卡→"建模"面板→"圆柱体"按钮，根据提示绘制底面的中心点为坐标圆点，底面直径为 52，高度为-35 的圆柱体，如图 9-86 所示。

（10）单击功能区中的"常用"选项卡→"坐标"面板→"原点"按钮，输入坐标点（0,0,-64），将坐标原点由原先的圆柱体上端圆心沿 Z 轴向下移动 64，即设置在底座下端圆弧的圆心位置。单击功能区中的"常用"选项卡→"建模"面板→"圆柱体"按钮，根据提示绘制底面中心点为（0,0,0），底面直径为 30，高度为 29 的圆柱体，如图 9-87 所示。

（11）单击功能区中的"常用"选项卡→"实体编辑"面板→"差集"按钮，用第（8）步并集后的实体减去第（9）步和第（10）步创建的圆柱体，如图 9-88 所示。

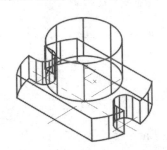

图 9-85　对底座和圆柱体求并集

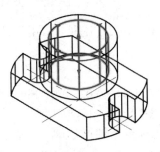

图 9-86　绘制圆柱体（2）

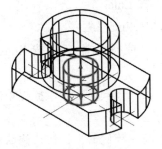

图 9-87　绘制圆柱体（3）

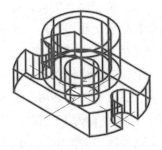

图 9-88　差集后的效果（1）

（12）新建坐标系，使 *XY* 坐标面平行于圆筒 U 形缺口的端面。

① 单击功能区中的"常用"选项卡→"坐标"面板→"原点"按钮，捕捉实体对象上端圆柱的圆心，将坐标原点设置在实体对象上端圆柱的圆心位置。

② 单击功能区中的"常用"选项卡→"坐标"面板→"X"按钮，在系统提示"指定绕 X 轴的旋转角度 <90>:"时输入 90，将坐标系统 *X* 轴旋转 90°，如图 9-89 所示。

（13）切换至"草绘与注释"工作空间模式，选择"粗实线 2"图层，并将"粗实线 1"图层冻结，该图层上的对象不再显示，如图 9-90 所示。

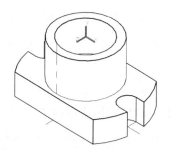
图 9-89　将坐标系统 *X* 轴旋转 90°

图 9-90　隐藏对象

（14）切换至"三维建模"工作空间模式，利用"常用"选项卡→"绘图"面板中的绘图按钮绘制二维图形并创建面域。

① 在状态栏右下角中开启"正交"模式和"对象捕捉"模式，如图 9-91 所示。

图 9-91　开启"正交"模式和"对象捕捉"模式

② 单击功能区中的"常用"选项卡→"绘图"面板→"直线"按钮，命令行提示如下：

LINE 指定第一个点:

③ 输入坐标（0,0,0），按 Enter 键，命令行提示如下：

LINE 指定下一点或[放弃(U)]:

拖动光标至 *X* 轴正方向，在命令行中输入 15，按 Enter 键。

④ 拖动光标至 *Y* 轴负方向，在命令行中输入 14，按 Enter 键。

⑤ 拖动光标至 *X* 轴负方向，在命令行中输入 30，按 Enter 键。

⑥ 拖动光标至 *Y* 轴正方向，在命令行中输入 14，按 Enter 键。

⑦ 拖动光标至 *X* 轴负方向，在命令行中输入 15（或捕捉端点），按 Enter 键，完成如图 9-92 所示的矩形绘制。

⑧ 单击功能区中的"常用"选项卡→"绘图"面板→"圆"按钮，捕捉矩形下部边线中心为圆心，绘制半径为 15 的圆，效果如图 9-93 所示。

⑨ 单击功能区中的"常用"选项卡→"修改"面板→"修剪"按钮，修剪圆，并创建面域，如图 9-94 所示。

（15）单击功能区中的"常用"选项卡→"创建"面板→"拉伸"按钮，选择刚才创建的面域，拉伸高度大于 34 即可（在此示例中，将拉伸高度设置为 40）生成拉伸实体对象，如图 9-95 所示。

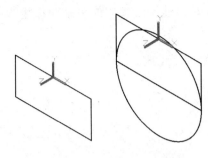
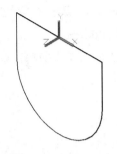
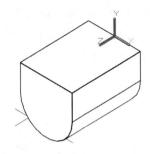

图 9-92　绘制矩形　　图 9-93　绘制圆　　图 9-94　创建面域（1）　　图 9-95　生成拉伸实体对象（1）

（16）选择"三维建模"工作空间模式，单击功能区中的"常用"选项卡→"修改"面板→"三维镜像"按钮，选择第（15）步生成的拉伸实体对象，以 XY 平面为镜像平面，指定坐标原点为 XY 平面上的一点，不用删除源对象，生成镜像对象，如图 9-96 所示。

（17）解冻"粗实线 1"图层。单击功能区中的"常用"选项卡→"实体编辑"面板→"差集"按钮，用实体对象减去第（15）步、第（16）步创建的实体对象，如图 9-97 所示。

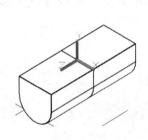
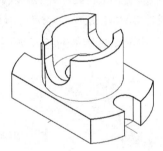

图 9-96　生成镜像对象（1）　　　　　　图 9-97　对实体对象进行差集操作

（18）单击功能区中的"常用"选项卡→"视图"面板→"隐藏"视觉样式按钮；单击"导航栏"→"动态观察"→"自由动态观察"按钮，将鼠标指针拖动到合适观察的位置，如图 9-98 所示。

（19）单击功能区中的"常用"选项卡→"坐标"面板→"世界"按钮，将坐标系还原为初始世界坐标系；单击功能区中的"常用"选项卡→"坐标"面板→"原点"按钮，捕捉底座下表面的中心点，将坐标系原点设置在底座下表面的中心点，如图 9-99 所示。

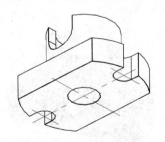
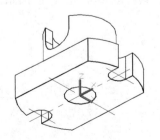

图 9-98　调整到合适观察位置　　　　图 9-99　将坐标原点设置在底座下表面的中心点

（20）单击功能区中的"常用"选项卡→"修改"面板→"偏移"按钮，输入距离24，选择图 9-99 中的中心线进行偏移；再次"偏移"刚生成的偏移线，偏移距离为 20（本示例的偏移距离只要大于 14 即可）；选择"直线"工具，连接刚生成的两条偏移线的端点，以便形成封闭线框，如图 9-100 所示。

（21）将上一步生成的封闭线框创建成面域，如图 9-101 所示。

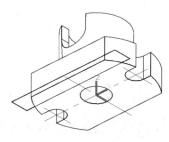

图 9-100　绘制二维图形

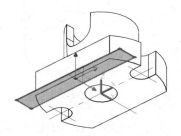

图 9-101　创建面域（2）

（22）单击功能区中的"常用"选项卡→"建模"面板→"拉伸"按钮，选择刚才创建的面域，将拉伸高度设置为 12，生成拉伸实体对象，如图 9-102 所示。

（23）单击功能区中的"常用"选项卡→"修改"面板→"三维镜像"按钮，选择第（20）步生成的实体对象，以 XZ 平面为镜像平面，指定坐标原点为 XZ 平面上的一点，不用删除源对象，生成镜像实体对象，如图 9-103 所示。

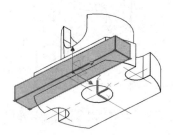

图 9-102　生成拉伸实体对象（2）

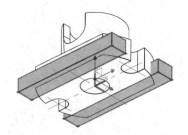

图 9-103　生成镜像实体对象（2）

（24）单击功能区中的"常用"选项卡→"实体编辑"面板→"差集"按钮，用实体对象减去第（22）步和第（23）步创建的实体，如图 9-104 所示。

（25）单击功能区中的"常用"选项卡→"视图"面板→"视觉样式"下拉列表→"灰度"按钮；单击"导航栏"→"动态观察"→"自由动态观察"按钮，将鼠标指针拖动到合适位置，最终效果如图 9-105 所示。

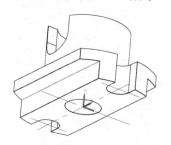

图 9-104　差集后的效果（2）

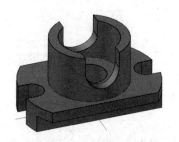

图 9-105　最终效果

演练 9.3　绘制如图 9-106 所示的连杆零件图。

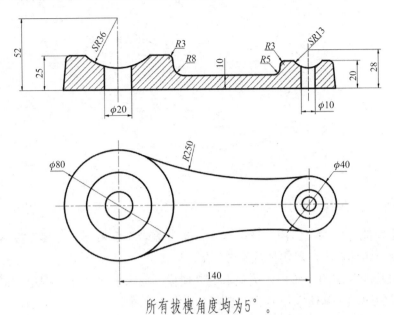

所有拔模角度均为5°。

图 9-106　绘制连杆零件图

（1）新建空白图形文件。利用"设计中心"在其他文件中将所需图层复制到本文件中。

（2）在"草图与注释"工作空间模式下，根据图 9-106 给出的尺寸绘制封闭的轮廓线，如图 9-107 所示。

（3）将上一步创建的轮廓线生成面域，如图 9-108 所示。

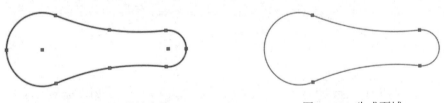

图 9-107　绘制封闭的轮廓线　　　　　　　　图 9-108　生成面域

（4）选择"三维建模"工作空间模式，单击功能区中的"常用"选项卡→"视图"面板→"东南等轴测"按钮。

（5）单击功能区中的"常用"选项卡→"建模"面板→"拉伸"按钮，选择刚才绘制的图形，指定拉伸的倾斜角度为5°，指定拉伸的高度为10，生成拉伸实体对象，如图 9-109 所示。

（6）单击功能区中的"常用"选项卡→"坐标"面板→"原点"按钮，捕捉连杆大头上端面圆弧 A 的圆心为坐标原点；单击功能区中的"常用"选项卡→"绘图"面板→"圆"按钮，根据系统提示以坐标原点为圆心，捕捉圆心到圆弧的端点 C 或 D 的距离为半径绘制圆，并创建面域。

（7）单击功能区中的"常用"选项卡→"建模"→"拉伸"按钮，选择第（6）步绘制的圆面域，指定拉伸的倾斜角度为 5°，指定拉伸的高度为 15，生成拉伸实体对象，如图 9-110 所示。

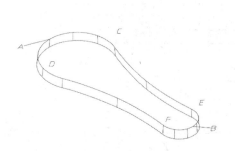

图 9-109　生成拉伸实体对象（1）

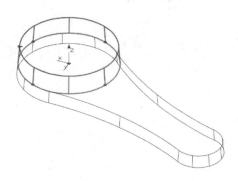

图 9-110　生成拉伸实体对象（2）

（8）单击功能区中的"常用"选项卡→"实体编辑"面板→"并集"按钮，选择上述步骤生成的两个实体对象，对实体对象求并集。

（9）单击功能区中的"常用"选项卡→"建模"面板→"球体"按钮，根据提示输入中心点坐标（0,0,42），球体半径为 36，效果如图 9-111 所示。

（10）单击功能区中的"常用"选项卡→"实体编辑"面板→"差集"按钮，对并集后生成的实体对象和球体求差集，效果如图 9-112 所示。

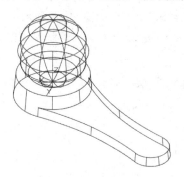

图 9-111　生成球体

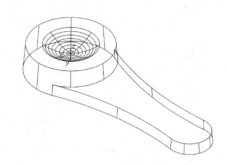

图 9-112　差集后的效果（1）

（11）单击功能区中的"常用"选项卡→"坐标"面板→"原点"按钮，捕捉连杆小头上端面圆弧 B 的圆心为坐标原点；单击功能区中的"常用"选项卡→"绘图"面板→"圆"按钮，根据系统提示以坐标原点为圆心，捕捉圆心到圆弧的端点 E 或 F 的距离为半径绘制圆，并创建面域。

（12）单击功能区中的"常用"选项卡→"建模"面板→"拉伸"按钮，选择第（11）步绘制的圆面域，指定拉伸的倾斜角度为 5°，指定拉伸的高度为 10，生成拉伸实体对象。

（13）单击功能区中的"常用"选项卡→"实体编辑"面板→"并集"按钮，对上述步骤生成的两个实体对象求并集。

（14）单击功能区中的"常用"选项卡→"建模"面板→"球"按钮，根据提示输入中心点坐标（0,0,18），球体半径为 13，效果如图 9-113 所示。

（15）单击功能区中的"常用"选项卡→"实体编辑"面板→"差集"按钮，对第

（13）步并集后生成的实体对象和球体求差集，效果如图 9-114 所示。

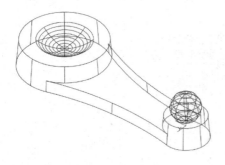
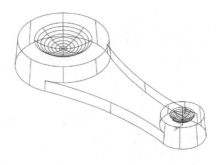

图 9-113　生成小球体　　　　　　　图 9-114　差集后的效果（2）

（16）单击功能区中的"常用"选项卡→"建模"面板→"圆柱体"按钮，根据提示绘制底面的中心点为连杆大头底面圆弧的圆心，底面直径为 20，高度为 25 的圆柱体。采用同样的方法，绘制底面的中心点为连杆小头底面圆弧的圆心，底面直径为 10，高度为 20 的圆柱体，如图 9-115 所示。

（17）单击功能区中的"常用"选项卡→"实体编辑"面板→"差集"按钮，对第（16）步后生成的实体对象和两个圆柱体求差集，效果如图 9-116 所示。

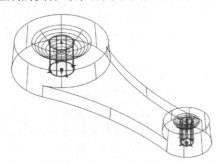
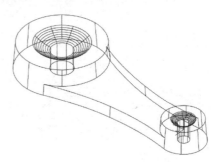

图 9-115　绘制圆柱体　　　　　　　图 9-116　差集后的效果（3）

（18）圆角过渡。单击功能区中的"实体"选项卡→"实体编辑"面板→"圆角边"按钮，根据系统提示，分别指定过渡半径为 8、5、3，并指定过渡的实体的边，效果如图 9-117 所示。

（19）单击功能区中的"常用"选项卡→"视图"面板→"视觉样式"下拉列表→"灰度"按钮，对图形进行灰度显示，效果如图 9-118 所示。

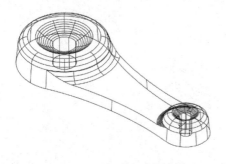

图 9-117　圆角过渡后的效果　　　　　图 9-118　灰度显示的效果

技能拓展

拓展 9.1 根据如图 9-119 所示的尺寸绘制三维实体。

拓展 9.2 根据如图 9-120 所示的尺寸绘制三维实体。

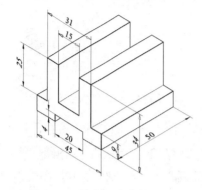

图 9-119　绘制三维实体（1）

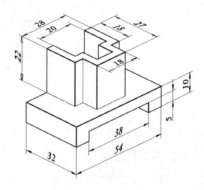

图 9-120　绘制三维实体（2）

拓展 9.3 根据如图 9-121 所示的尺寸绘制三维实体。

拓展 9.4 根据如图 9-122 所示的尺寸绘制三维实体。

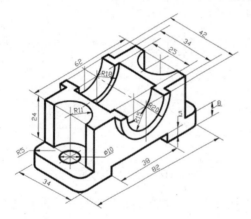

图 9-121　绘制三维实体（3）

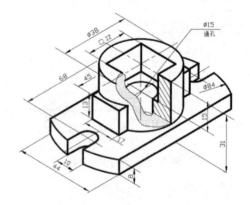

图 9-122　绘制三维实体（4）

拓展 9.5 根据如图 9-123 所示的尺寸绘制三维实体。

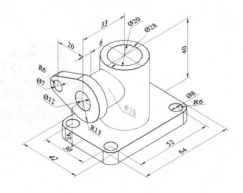

图 9-123　绘制三维实体（5）

拓展 9.6 根据如图 9-124 所示的尺寸绘制三维实体。

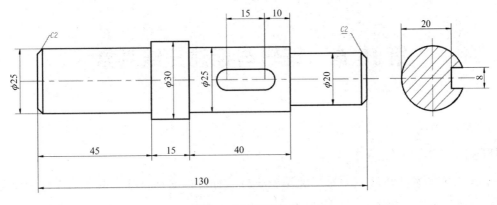

图 9-124　绘制三维实体（6）

第10章 编辑与标注三维对象

知识目标

掌握三维对象的移动、阵列、镜像和旋转；对实体进行分解、剖切、倒角和圆角操作；对三维实体进行标注。

技能目标

能在绘制实体对象时熟练使用三维对象的编辑命令；在绘制的实体对象上标注尺寸。

10.1 编辑三维对象

在 AutoCAD 2021 中，用户可以使用三维编辑命令，在三维空间中移动、复制、镜像、对齐及阵列三维对象。

10.1.1 三维移动

在"三维建模"工作空间模式下，单击功能区中的"常用"选项卡→"修改"面板→"三维移动"按钮，可以移动三维对象。当执行"三维移动"命令时，首先需要指定一个基点，然后指定第二个点即可移动三维对象，命令行提示如下：

选择对象:

使用对象选择方法，在完成后按 Enter 键，命令行提示如下：

指定基点或 [位移(D)] <位移>:

指定基点或输入 D，命令行提示如下：

指定第二个点或<使用第一个点作为位移>:

指定第二个点或按 Enter 键。

如果在"指定第二个点"提示下按 Enter 键，第一个点将被解释为相对 X 轴、Y 轴、Z 轴位移。

10.1.2 三维旋转

在"三维建模"工作空间模式下，单击功能区中的"常用"选项卡→"修改"面板→"三维旋转"按钮，可以使对象绕三维空间中的任意轴（X 轴、Y 轴或 Z 轴）、视图、对象或两点旋转。

绕三维轴移动对象，命令行提示如下：

选择对象:

使用对象选择方法，在完成选择后按 Enter 键，命令行提示如下：

指定轴上的第一个点或定义轴依据［对象(O)/上一个(L)/视图(V)/X 轴(X)/Y 轴(Y)/Z 轴(Z)/两点(2)］:

指定点、输入选项或按 Enter 键。

"三维旋转"命令部分选项的功能含义如下。

- "对象"选项：将旋转轴与现有对象对齐。
- "上一个"选项：使用最近的旋转轴。
- "视图"选项：将旋转轴与当前通过选定点的视口的观察方向对齐。
- "X 轴/Y 轴/Z 轴"选项：将旋转轴与通过指定点的坐标轴（X、Y 或 Z）对齐。
- "两点"选项：使用两个点定义旋转轴。在 ROTATE3D 的主提示下按 Enter 键，将显示提示。如果在主提示下指定点，则跳过指定第一个点的提示。

10.1.3 三维镜像

单击功能区中的"常用"选项卡→"修改"面板→"三维镜像"按钮，可以在三维空间中将指定对象相对于某一平面镜像。

执行该命令后，命令行提示如下：

选择对象:

选取要镜像的对象，并按 Enter 键，命令行提示如下：

指定镜像平面的第一个点(三点)或［对象(O)/上一个(L)/Z 轴(Z)/视图(V)/XY/YZ/ZX/三点(3)］<三点>:

输入选项、指定点或按 Enter 键。

"三维镜像"命令部分选项的功能含义如下。

- "对象"选项：使用选定对象作为镜像平面，如图 10-1 所示。

① 选择对象。先选择要镜像的对象，再按 Enter 键。

选定对象作为镜
像平面

图 10-1　选定对象作为镜像平面

② 对象。选择"对象"选项，选择平面对象，命令行提示如下：

选择圆、圆弧或二维多段线线段:

③ 选择圆、圆弧或二维多段线，命令行提示如下：

是否删除源对象?［是(Y)/否(N)］<否>:

如果输入 Y，则反映的对象将置于图形中并删除源对象。如果输入 N 或按 Enter 键，则反映的对象将置于图形中并保留源对象。

- "上一个"选项：相对于最后定义的镜像平面对选定的对象进行镜像处理。
- "Z 轴"选项：根据平面上的一个点和平面法线上的一个点定义镜像平面，如图 10-2 所示。

- "视图"选项：将镜像平面与当前视口中通过指定点的视图平面对齐。
- "XY/YZ/ZX"选项：将镜像平面与一个通过指定点的标准平面（*XY* 平面、*YZ* 平面或 *ZX* 平面）对齐，如图 10-3 所示。

 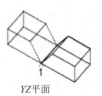

XY平面 YZ平面 ZX平面

图 10-2 指定 *Z* 轴作为镜像平面　　　图 10-3 将镜像平面与一个通过指定点的标准平面对齐

- "三点"选项：通过 3 个点定义镜像平面。如果通过指定点来选择此选项，将不显示"在镜像平面上指定第一点"的提示，如图 10-4 所示。

10.1.4 三维阵列

三维实体的阵列方法与二维图形的阵列方法相似，只是比二维图形阵列多了"层级"设置，此处不再赘述。

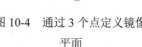

图 10-4 通过 3 个点定义镜像平面

10.2 编辑三维实体对象

在 AutoCAD 2021 中，用户可以对实体进行分解、圆角、倒角及剖切等编辑操作。

10.2.1 分解实体

单击功能区中的"默认"选项卡→"修改"面板→"分解"按钮，或者选择菜单栏中的"修改"→"分解"命令（EXPLODE），又或者单击"修改"工具栏→"分解"按钮，可以将实体分解为一系列面域和主体。其中，实体中的平面被转换为面域，曲面被转换为主体。用户还可以继续使用"分解"命令，将面域和主体分解为组成它们的基本元素，如直线、圆及圆弧等。

10.2.2 剖切实体

用户可以通过剖切或分割现有对象，创建新的三维实体和曲面，如图 10-5 所示。

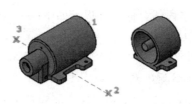

图 10-5 实体剖切示意图

用户可以通过两个或 3 个点定义剪切平面，方法是指定 UCS 的主要平面，或者选择某个平面或曲面对象（而非网格），可以保留剖切对象的一个或两个侧面。

　　① 单击"常用"选项卡→"实体编辑"面板→"剖切"按钮，命令行提示如下：

选择要剖切的对象：

　　② 选择要剖切的对象，按 Enter 键，命令行提示如下：

指定剖切平面的起点或 [平面对象(O)/曲面(S)/Z 轴(Z)/视图(V)/XY/YZ/ZX/三点(3)] <三点>：

　　③ 指定剖切平面的起点，按 Enter 键，命令行提示如下：

平面上的第二点：

　　④ 指定剖切平面的第二个点（这两个点将定义剖切平面的角度。剖切平面垂直于当前 UCS），命令行提示如下：

选择要保留的实体 [保留两侧(B)] <保留两侧>：

　　⑤ 选择生成的实体之一或输入 B，完成剖切。

　　"剖切"命令部分选项的功能含义如下。

- "平面对象"选项：将剪切面与圆、椭圆、圆弧、椭圆弧、二维样条曲线或二维多段线对齐。

- "曲面"选项：将剪切平面与曲面对齐。

- "Z 轴"选项：通过在平面上指定一点与在平面的 Z 轴（法向）上指定另一点来定义剪切平面。

- "视图"选项：将剪切平面与当前视口的视图平面对齐，指定一点定义剪切平面的位置。

- "XY"选项：将剪切平面与当前用户坐标系的 *XY* 平面对齐，指定一点定义剪切平面的位置。

- "YZ"选项：将剪切平面与当前 UCS 的 *YZ* 平面对齐，指定一点定义剪切平面的位置。

- "ZX"选项：将剪切平面与当前 UCS 的 *ZX* 平面对齐，指定一点定义剪切平面的位置。

- "三点"选项：用 3 个点定义剪切平面。

10.2.3　对实体进行倒角和圆角操作

（1）对实体进行倒角操作。

　　用户通过"倒角"命令可以对实体的棱边进行倒角操作，从而在两相邻曲面之间生成一个平坦的过渡面。

　　① 单击功能区中的"实体"选项卡→"实体编辑"面板→"倒角"按钮，命令行提示如下：

CHAMFEREDGE 距离　1 = 1.0000，距离　2 = 1.0000
选择一条边或 [环(L)/距离(D)]：

　　"倒角"命令各选项的功能含义如下。

- "选择一条边"选项：选择要建立倒角的一条实体边或曲面边。

- "距离"选项：设定某条倒角边与选定边的距离，默认值为 1。
- "环"选项：对一个面上的所有边创建倒角。对于任意一条边，有两种可能的循环。选择循环边后，系统将提示用户接受当前选择，或者选择下一个循环。

② 选择"距离"选项，对倒角距离进行调整。

③ 选择所需倒角的边，按 Enter 键，完成倒角。

（2）对实体进行圆角操作。

用户通过"圆角"命令可以对实体的棱边进行圆角操作，从而在两个相邻面之间生成一个圆滑过渡的曲面。在为几条交于同一个点的棱边修改圆角时，如果圆角半径相同，则会在该公共点上生成球面的一部分。

① 单击"实体"选项卡→"实体编辑"面板→"倒角"按钮，命令行提示如下：

选择边或 [链(C)/环(L)/半径(R)]:

"倒角"命令各选项的功能含义如下。

- "选择边"选项：指定同一个实体上要进行圆角的一个或多个边。按 Enter 键后，可以拖动圆角夹点来指定半径值，也可以使用"半径"选项指定半径值。
- "链"选项：指定多条边的边相切。
- "环"选项：在实体的面上指定边的环。对于任何边，有两种可能的循环。选择循环边后，系统将提示用户接受当前选择，或者选择下一个循环。
- "半径"选项：指定半径值。

② 选择"半径"选项，调整半径值。

③ 选择所需倒圆的边，按 Enter 键，完成倒圆。

10.2.4　加厚

用户通过"加厚"命令可以对曲面添加厚度，使其成为一个实体，还能通过加厚曲面从任何曲面类型创建三维实体。

单击功能区中的"实体"选项卡→"实体编辑"面板→"加厚"按钮，选择曲面，输入加厚的值，完成加厚操作。

10.2.5　倾斜面

用户通过"倾斜面"命令可以按指定的角度倾斜三维实体上的面。

单击功能区中的"实体"选项卡→"实体编辑"面板→"倾斜面"按钮，可以按指定的角度倾斜三维实体上的面。倾斜角的旋转方向由选择基点和第二个点（沿选定矢量）的顺序决定，如图 10-6 所示。正角度值表示将向内倾斜面；负角度值表示将向外倾斜面；默认角度值为 0，表示垂直于平面拉伸面。

"倾斜面"命令各选项的功能含义如下。

- "选择面"选项：指定要倾斜的面，并设置倾斜角度。
- "基点"选项：设置用于确定平面的第一个点。
- "指定沿倾斜轴的另一个点"选项：设置用于确定倾斜方向的轴方向。

• "倾斜角"选项：指定-90°～+90°的角度以设置与轴之间的倾斜角度。

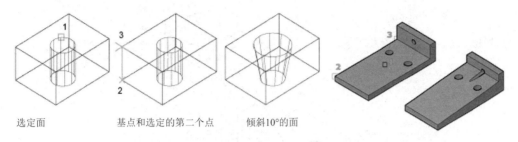

选定面　　　　　　　基点和选定的第二个点　　　　倾斜10°的面

图 10-6　以指定的角度倾斜三维实体上的面

10.2.6　拉伸面

单击功能区中的"实体"选项卡→"实体编辑"面板→"拉伸曲面"按钮，按指定的距离或沿某条路径拉伸三维实体的选定平面，如图 10-7 所示。

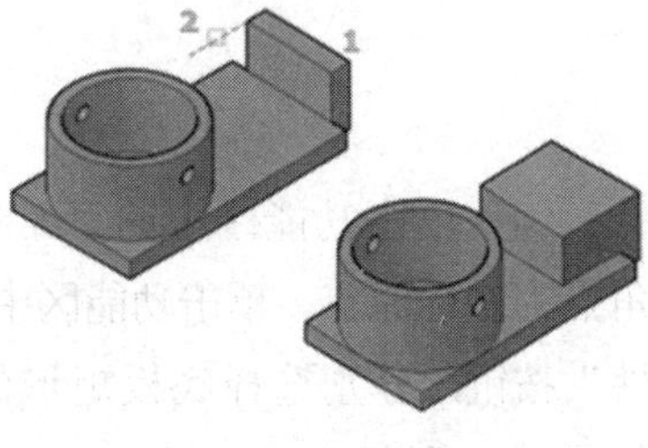

在 AutoCAD 2021 中，单击功能区中的"实体"选项卡→"实体编辑"面板中的相应按钮，可以对实体面进行拉伸、移动、偏移、删除、旋转、倾斜、着色和复制等操作。

图 10-7　拉伸三维实体的选定平面

10.2.7　实体压印、清除、分割、抽壳与检查

在 AutoCAD 2021 中，单击功能区中的"实体"选项卡→"实体编辑"面板中的相应按钮，可以对实体进行压印、清除、分割、抽壳与检查等操作。

10.3　标注三维对象的尺寸

在 AutoCAD 2021 中，使用"标注"菜单中的命令或单击"标注"工具栏中的按钮，不仅可以标注二维对象的尺寸，还可以标注三维对象的尺寸。由于所有的尺寸标注都只能在当前坐标的 *XY* 平面中进行，因此为了准确标注三维对象中各部分的尺寸，需要不断地变换坐标系。

实战演练

将如图 10-8 所示的三维实体零件图进行标注。

（1）打开本书配套资源文件"第 10 章 dwg/t10-8-1.dwg"。

（2）根据前几章所述，创建合适的图层、文字样式、标注样式等。

（3）单击功能区中的"常用"选项卡→"视图"面板→"视觉样式"下拉列表→"隐藏"视觉样式按钮，执行消隐命令，对图形进行消隐操作。

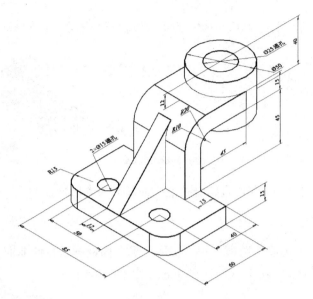

图 10-8　标注三维实体零件图

（4）单击功能区中的"常用"选项卡→"坐标"面板→"原点"按钮，捕捉底座右下角点为坐标原点。单击功能区中的"注释"选项卡→"标注"面板→"直线"下拉列表→"线性"按钮，分别选择底板矩形的两条平行边的对应直线端点，标注出矩形的长度和宽度，如图 10-9 所示。

（5）单击功能区中的"常用"选项卡→"坐标"面板→"原点"按钮，捕捉底座右上角点为坐标原点。单击"线性"按钮，标注圆孔圆心距离矩形边界的位置；选择"圆与圆弧"标注样式，单击"半径"按钮，分别标注底座两个圆角过渡的半径；单击"直径"按钮，选择圆孔圆周后，输入 T，选择标注文字，输入"2×%%C15 通孔"，指定标注位置，如图 10-10 所示。

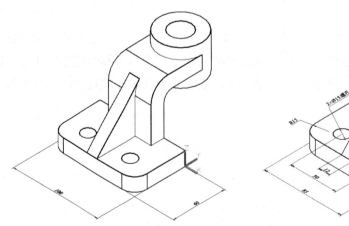

图 10-9　标注底板矩形的长度和宽度

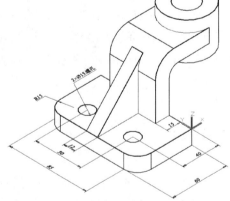

图 10-10　标注底板表面上的有关尺寸

（6）单击功能区中的"常用"选项卡→"坐标"面板→"原点"按钮，捕捉圆柱体上表面圆心为坐标原点。选择"圆与圆弧"标注样式，单击"直径"按钮，选择圆柱体中间孔圆周后，输入T，标注文字，输入"%%C25通孔"，指定标注位置；单击"直径"按钮，选择圆柱体的圆周，标注圆周直径，如图10-11所示。

（7）单击功能区中的"常用"选项卡→"坐标"面板→"X"按钮，将坐标系绕X轴旋转 90°。选择"直线"样式，单击"线性"按钮，标注圆柱体在支架上位置的有关尺寸，如图10-12所示。

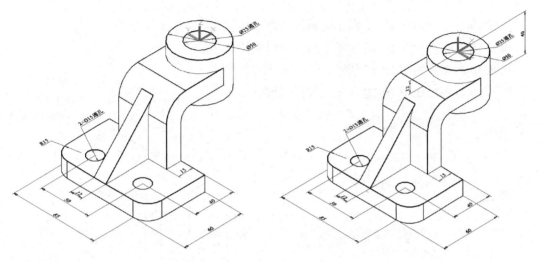

图 10-11　标注带通孔圆柱体的有关尺寸　　　图 10-12　标注圆柱体在支架上位置的有关尺寸

（8）单击功能区中的"常用"选项卡→"坐标"面板→"原点"按钮，选择支架下部与底座交点为坐标系原点。选择"直线"样式，单击"线性"按钮，标注支架上的有关线性尺寸；选择"圆与圆弧"标注样式，单击"半径"按钮，分别标注支架上两个圆角过渡的半径尺寸，如图10-13所示。

（9）单击功能区中的"常用"选项卡→"坐标"面板→"原点"按钮，选择底座右下角点为坐标系原点。选择"直线"样式，单击"线性"按钮，标注底板的高度尺寸，如图10-14所示。

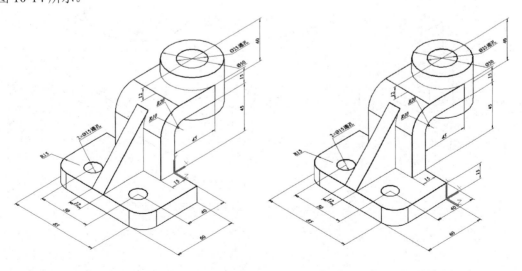

图 10-13　标注支架上的有关尺寸　　　　　图 10-14　标注底板的高度尺寸

（10）单击功能区中的"常用"选项卡→"坐标"面板→"世界"按钮，恢复世界坐标系。完全标注出三维实体零件图的所有尺寸。

技能拓展

拓展 10.1 根据如图 10-15 所示，标注三维实体尺寸。
拓展 10.2 根据如图 10-16 所示，标注三维实体尺寸。
拓展 10.3 根据如图 10-17 所示，标注三维实体尺寸。
拓展 10.4 根据如图 10-18 所示，标注三维实体尺寸。

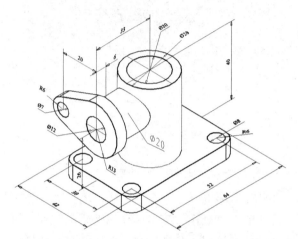

图 10-15　标注三维实体尺寸（1）

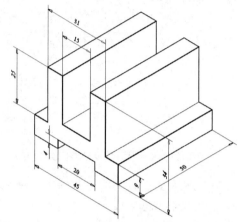

图 10-16　标注三维实体尺寸（2）

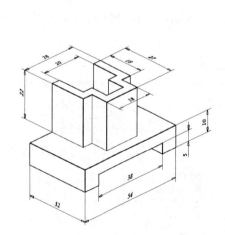

图 10-17　标注三维实体尺寸（3）

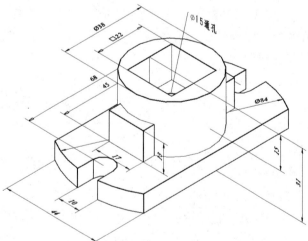

图 10-18　标注三维实体尺寸（4）

第 11 章　图形的输入/输出与专业绘图相关技术

知识目标

了解模型空间和图纸空间；熟悉不同图形文件的格式；熟悉图形文件的输入/输出；熟悉什么是样图文件，样图文件绘图环境设置的内容；如何按图形真实尺寸绘图；如何从三维实体自动生成二维三视图。

技能目标

打开和保存DWG格式的图形文件；导入或导出其他格式的图形文件；快速创建样图文件；能够掌握采用不同比例按图形真实尺寸绘图的技巧；熟练掌握三维实体自动生成二维三视图的操作方法。

11.1　图形输入/输出的基础知识

AutoCAD 2021 提供了图形输入/输出接口。通过该接口，不仅可以将其他应用程序中处理好的数据传送给 AutoCAD 2021，以显示其图形，还可以将在 AutoCAD 2021 中绘制好的图形打印出来，或者把它们的信息传送给其他应用程序。

11.1.1　模型空间和图纸空间

"模型"选项卡提供了一个无限的绘图区域，称为"模型空间"。模型空间是用户在其中完成绘图和设计工作的工作空间。利用在模型空间中建立的模型可以完成二维或三维物体的设计，并且可以根据用户需求用多个二维或三维视图来表示物体，还可以配有必要的尺寸标注和注释等完成所需要的全部工作。

"布局"选项卡提供了一个图纸空间的区域。图纸空间是给用户进行图形排列、绘制局部放大图及绘制视图使用的。用户通过移动或改变视口的尺寸，可以在图纸空间中排列视图。在图纸空间中，视口被看作一个对象，可用 AutoCAD 2021 的标准编辑命令对其进行编辑。这样用户便可以在同一个绘图页面中进行不同视图的绘制和放置。每个视口都能展示模型不同部分的视图或不同视点的视图。

在模型空间和图纸空间之间切换来执行某些任务具有多种优点。用户使用模型空间可以创建和编辑模型，使用图纸空间可以构造图纸和定义视图。

在打开"布局"上下文选项卡后，用户可以按以下方式在图纸空间和模型空间之间切换。

（1）通过使一个视口成为当前视口而工作在模型空间中。要想使一个视口成为当前视口，双击该视口即可。要想使图纸空间成为当前状态，双击浮动视口外布局内的任意位置即可。

（2）单击状态栏上的"模型"按钮或"布局"按钮可以进行布局空间与模型空间之间的切换，最后活动的视口成为当前视口。

（3）使用 MSPACE 命令可以从图纸空间切换到模型空间，使用 PSPACE 命令可以从模型空间切换到图纸空间。

11.1.2　创建和管理布局

在 AutoCAD 2021 中，用户可以创建多种布局，而且每个布局都代表一张单独的打印输出图纸。创建新布局后就可以在布局中创建浮动视口。视口中的各个视图可以使用不同的打印比例，并能够控制视口中图层的可见性。

1．使用布局向导创建布局

在状态栏上单击系统预设的"布局 1"按钮或"布局 2"按钮，进入布局空间，此时功能区出现"布局"上下文选项卡，如图 11-1 所示。

图 11-1　"布局"上下文选项卡

单击功能区中的"布局"上下文选项卡→"布局"面板→"新建"按钮，命令行提示如下：

输入布局选项[复制(C)/删除(D)/新建(N)/样板(T)/重命名(R)/另存为(SA)/设置(S)/?]<设置>:

用户可以通过不同选项实现对布局的创建和管理。

2．管理布局

右击"布局"上下文选项卡，使用弹出的快捷菜单中的命令，可以实现对布局的删除、新建、重命名、移动或复制等管理工作，如图 11-2 所示。

图 11-2　"布局"快捷菜单中的命令

11.1.3 布局的页面设置

单击功能区中的"布局"上下文选项卡→"布局"面板→"页面设置"按钮,打开"页面设置管理器"对话框,如图 11-3 所示。单击"新建"按钮,打开"新建页面设置"对话框,如图 11-4 所示,可以在其中创建新的布局。

图 11-3 "页面设置管理器"对话框

图 11-4 "新建页面设置"对话框

在"新页面设置名"文本框中输入名称;在"基础样式"列表框中选择基础样式。单击"确定"按钮,打开"页面设置-布局 1"对话框,如图 11-5 所示。

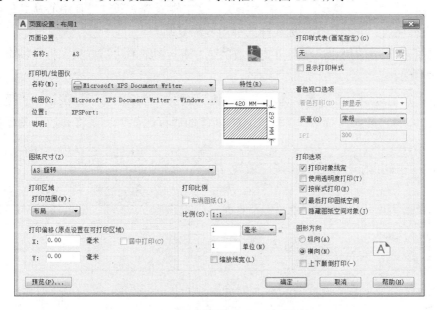

图 11-5 "页面设置-布局 1"对话框

"页面设置-布局 1"对话框的主要选项功能含义如下。

- "打印机/绘图仪"选项区:指定打印或发布布局或图纸时使用的已配置的打印设备。
- "图纸尺寸"下拉列表:显示所选打印设备可用的标准图纸尺寸。如果未选择绘图仪,将显示全部标准图纸尺寸的列表以供选择。

- "打印区域"选项区：指定要打印的图形区域。在"打印范围"下拉列表中可以选择要打印的图形区域。
- "打印偏移（原点设置在可打印区域）"选项区：根据"指定打印偏移时相对于"选项（"选项"对话框的"打印和发布"选项卡）中的设置，指定打印区域相对于可打印区域左下角或图纸边界的偏移。"页面设置-布局 1"对话框的"打印偏移"区域在括号中显示指定的打印偏移选项。
- "打印样式表（画笔指定）"下拉列表：设置、编辑打印样式表，或者创建新的打印样式表。
- "着色视口选项"选项区：指定着色和渲染视口的打印方式，并确定它们的分辨率级别和每英寸点数（DPI）。
- "打印选项"选项区：主要包括"打印对象线宽""使用透明度打印"等复选框。
- "图形方向"选项区：为支持纵向或横向的绘图仪指定图形在图纸上的打印方向。

注意：这种打印方向还受到 PLOTROTMODE 系统变量的影响。

11.1.4　在布局中插入标准的图框和标题栏

布局页面设置后，用户可以利用插入外部参照的方式在布局空间插入已经绘制好的图框和标题栏，其操作步骤如下。

（1）首先绘制标注的图框和标题栏。

① 新建空白文件，并设置好所需的图层、文字样式等（通过设计中心从其他已经存在的文件中进行图层、文字样式、标注样式等内容的复制）。

② 按图 11-6 中的尺寸，绘制留装订边的 A3 横向图纸的边沿框和图框，图纸边沿框左下角坐标为（0,0）。

③ 单击功能区中的"插入"选项卡→"块"面板→"插入"下拉按钮→"更多选项"按钮，在打开的"插入"对话框中选择之前创建的"标题栏"块，将其插入图框右下角，如图 11-7 所示。

④ 将文件保存为"A3 横向留装订边"。

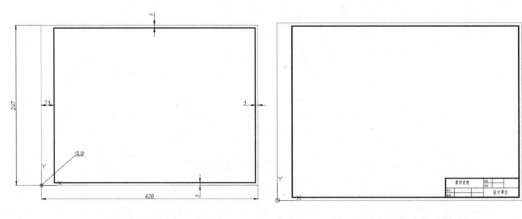

图 11-6　绘制图纸边沿框和图框　　　　　图 11-7　插入"标题栏"块

（2）设置"布局"中的页面为 A3 横向。

① 打开已有的文件或新建文件。

② 在状态栏中单击"布局 1"按钮，进入"布局"工作空间模式，删除布局中的矩形框。

③ 单击功能区中的"布局"上下文选项卡→"布局"面板→"页面设置"按钮，打开"页面设置管理器"对话框，如图 11-8 所示，单击"修改"按钮，打开"页面设置-布局 1"对话框，如图 11-9 所示。

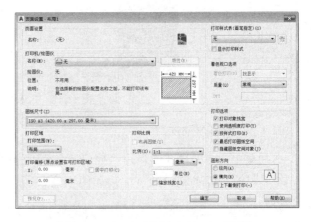

图 11-8　"页面设置管理器"对话框　　　　图 11-9　"页面设置-布局 1"对话框

④ 在"页面设置-布局 1"对话框中，将"图纸尺寸"设置为 A3，"图形方向"设置为横向，单击"确定"按钮。

（3）在布局中插入图框。

① 单击功能区中的"插入"选项卡→"参照"面板→"附着"按钮，在打开的"选择参照文件"对话框中选择"A3 横向-留装订边"选项，如图 11-10 所示，打开"附着外部参照"对话框，如图 11-11 所示。

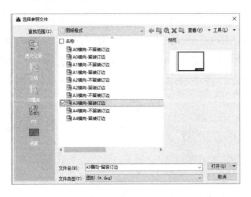

图 11-10　选择"A3 横向-留装订边"选项　　　图 11-11　"附着外部参照"对话框

② 在"附着外部参照"对话框的"插入点"选项区中，取消勾选"在屏幕上指定"复选框，并将坐标 X、Y、Z 都设置为 0。

③ 单击"确定"按钮，完成外部参照的插入，如图 11-12 所示。

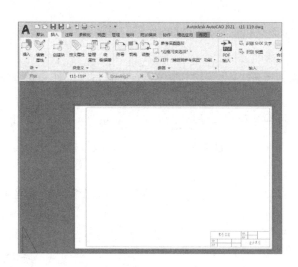

图 11-12　插入图框

11.1.5　使用浮动视口

选择菜单栏中的"视图"→"视口"命令，弹出浮动视口创建菜单，也可以使用"视口"工具栏进行浮动视口的创建，如图 11-13 所示。

图 11-13　"视口"菜单和"视口"工具栏

在构造布局图时，可以将浮动视口视为图纸空间的图形对象，并对其进行移动和调整。浮动视口可以相互重叠或分离。在图纸空间中无法编辑模型空间中的对象，如果想要编辑模型，则必须激活浮动视口，进入浮动模型空间。激活浮动视口的方法有多种，如可执行 MSPACE 命令、单击状态栏上的"图纸"按钮（见图 11-14）或双击浮动视口区域中的任意位置。如果想要关闭浮动视口，则可以在浮动视口外双击，或者单击状态栏上的"模型"按钮（见图 11-15）。

图 11-14　单击状态栏上的"图纸"按钮

![模型 工具栏]

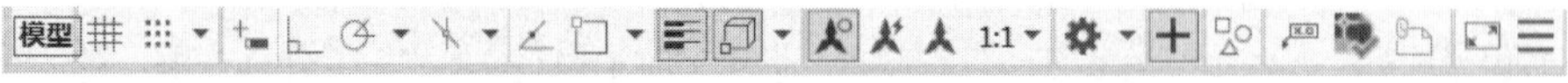

图 11-15　单击状态栏上的"模型"按钮

（1）删除、新建和调整浮动视口。

在布局图中，选择浮动视口边界，按 Delete 键即可删除浮动视口。删除浮动视口后，选择菜单栏中的"视图"→"视口"→"新建视口"命令，可以创建新的浮动视口，此时需要指定创建浮动视口的数量和区域。

相对于图纸空间来说，浮动视口和一般的图形对象没有什么不同。每个浮动视口均被绘制在当前图层上，且采用当前图层的颜色和线型。因此，用户可以用标准的图形编辑命令来编辑浮动视口。

（2）相对图纸空间比例缩放视图。

如果布局图中使用了多个浮动视口，就可以为这些视口中的视图建立相同的缩放比例。这时可选择要修改其缩放比例的浮动视口，首先在"特性"窗口的"标准比例"下拉列表中选择某一比例，然后对其他的浮动视口执行同样的操作，就可以设置一个相同的比例值。

（3）在浮动视口中旋转视图。

在浮动视口中，执行 MVSETUP 命令可以旋转整个视图。该命令的功能与 ROTATE 命令的功能不同，ROTATE 命令只能用于旋转单个对象，MVSETUP 命令可以用于旋转整个视图。当执行 MVSETUP 命令后，命令行提示如下：

输入选项 [对齐(A)/创建(C)/缩放视口(S)/选项(O)/标题栏(T)/放弃(U)]：

选择各个对应选项进行设置，便可在浮动视口中旋转视图。

（4）创立特殊形状的浮动视口。

在删除浮动视口后，可以选择菜单栏中的"视图"→"视口"→"多边形视口"命令，创建多边形的浮动视口。

用户也可以将图纸空间中绘制的封闭多段线、圆、面域、样条线或椭圆等设置为视口边界，这时可选择菜单栏中的"视图"→"对象"命令来创建浮动视口。

（5）控制浮动视口中对象的可见性。

在浮动视口中，用户可以使用多种方法和技巧来控制对象的可见性，如消隐视口中的线条，打开或关闭浮动视口等。用户利用此类方法可以限制图形的重生成，突出显示或隐藏图形中的不同元素或对象。

在浮动视口中，用户利用"图层特性管理器"选项板可在一个浮动视口中冻结或解冻某图层，而不影响其他视口，使用该方法可以在图纸空间中输出对象的三视图或多视图。

如果图形中包括网格、拉伸对象、三维面、表面或实体对象，则打印时可以删除选定视口中的隐藏线。因为视口对象的隐藏打印特性只影响打印输出，而不影响屏幕显示。当打印布局时，在"页面设置"对话框中取消勾选"隐藏图纸空间对象"复选框，可以只消隐图纸空间的几何图形，而对视口中的几何图形不起作用。

11.2 输入/输出及打印图形

在 AutoCAD 2021 中，系统除了可以打开和保存 DWG 格式的图形文件，还可以导入或导出其他格式的图形文件。

11.2.1 输入图形

（1）在 AutoCAD 2021 的"插入"工具栏中，如图 11-16 所示，单击"输入"按钮，将打开"输入文件"对话框，如图 11-17 所示。其中，"文件类型"下拉列表包含图元文件、ACIS、3D Studio 等图形格式文件，这些都是可以插入图形的文件类型。

图 11-16　"插入"工具栏

（2）在 AutoCAD 2021 的菜单命令中，如图 11-18 所示，用户可以选择菜单栏中的"插入"命令，弹出"插入"菜单，通过该菜单中的相应命令，可以输入 Windows 图元文件、ACIS 文件、3D Studio 图形格式文件。

图 11-17　"输入文件"对话框

图 11-18　"插入"菜单中的命令

（3）插入 OLE 对象。选择菜单栏中的"插入"→"OLE 对象"命令，打开"插入对象"对话框，如图 11-19 所示。利用该对话框，用户可以插入对象链接或嵌入对象。

（4）插入外部参照。选择菜单栏中的"插入"→"外部参照"命令，打开"外部参照"选项板，如图 11-20 所示。利用该选项板，用户可以插入外部参照。

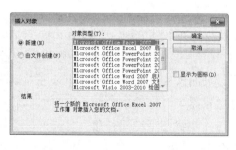

图 11-19　"插入对象"对话框

图 11-20　"外部参照"选项板

11.2.2 输出图形

选择菜单栏中的"文件"→"输出"命令，打开"输出数据"对话框，如图 11-21 所示，用户可以在"保存于"下拉列表中设置文件输出的路径；在"文件名"文本框中输入要输出文件的名称；在"文件类型"下拉列表中选择文件输出的类型，如三维 DWF、图元文件、ACIS 等。

图 11-21　"输出数据"对话框

11.2.3　打印图形

创建完图形之后，通常要打印到图纸上，也可以生成一份电子图纸，以便用户从互联网上进行访问。打印的图形可以包含图形的单一视图或更为复杂的视图排列。根据不同的需要，用户可以打印一个或多个视口，或者设置选项以决定打印的内容和图像在图纸上的布置。

（1）打印预览。

在打印输出图形到打印机或绘图仪之前，最好先生成打印图形的预览，以检查设置是否正确。生成预览可以节约时间和打印纸。例如，图形是否都在有效输出区域内等。预览输出结果的方法如下。

选择菜单栏中的"文件"→"打印预览"命令，或者单击"标准"工具栏→"打印预览"按钮，又或者在命令行中输入 PREVIEW 命令。

AutoCAD 2021 将按照当前的页面设置、绘图设备设置及绘图样式表等在屏幕上绘制最终要输出的图纸。

在预览窗口中，用户可以从"打印"对话框预览图形。预览显示图形在打印时的确切外观，包括线宽、填充图案和其他打印样式选项。

当预览图形时，将隐藏活动工具栏和工具选项板，并显示临时的"预览"工具栏，其中提供打印、平移和缩放图形的按钮。

在"打印"对话框和"页面设置"对话框中，缩微预览还在页面上显示可打印区域和图形的位置。

显示图形的打印效果是显示当前图形的全页预览。预览基于当前打印配置，它由"页面设置"对话框或"打印"对话框中的设置定义。光标将变为带有加号（+）和减号（-）的放大镜形状。在按下拾取键的同时，向屏幕顶端拖动光标将放大预览图像，向屏幕底部拖动光标将缩小预览图像。

"预览"窗口工具栏中提供如下选项。

- "打印"选项：打印整张预览中显示的图形，然后退出打印预览。
- "平移"选项：显示平移光标，即手形光标，可以用于平移预览图像。按住拾取键并在任意方向上拖动光标。平移光标将保持活动状态，直到单击另一个按钮。
- "缩放"选项：显示缩放光标，即放大镜光标，可以用来放大或缩小预览图像。要放大图像，请按下拾取键并向屏幕顶部拖动光标。要缩小图像，请按下拾取键并向屏幕底部拖动光标。
- "窗口缩放"选项：缩放以显示指定窗口。"窗口缩放"适用于缩放光标和平移光标。
- "缩放为窗口"选项：恢复初始整张浏览。"缩放为原窗口"可与缩放光标和平移光标一起使用。
- "关闭预览窗口"选项：关闭"预览"窗口。

（2）绘图输出。

在 AutoCAD 2021 中，用户可以使用"打印"对话框打印图形。当在绘图窗口中选择一个布局选项卡后，选择菜单栏中的"文件"→"打印"命令，打开"打印"对话框，用户根据需要进行设置，如图 11-22 所示。

"打印"对话框中部分选项的功能含义如下。

- "打印到文件"复选框：用于设置是否将打印结果输出到文件，如果是，则系统需要设置文件保存的路径。
- "打开打印戳记"复选框：用于指定是否在每个输出图形的某个角落上显示绘图标记，以及是否产生日志文件。

如果在"打印"对话框的"打印选项"选项区中勾选"打开打印戳记"复选框，则显示绘图标记。单击"打印戳记设置"按钮，打开"打印戳记"对话框，用户可以根据需要对"打印戳记"对话框的选项进行设置，如图 11-23 所示。"打印戳记"对话框中包括图形名、布局名称、日期和时间、登录名、设备名及图纸尺寸等复选框，用户还可以自定义绘图标记。

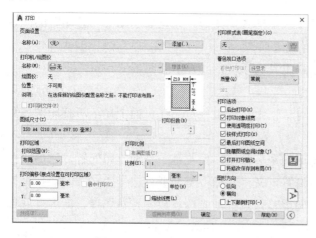

图 11-22 "打印"对话框

图 11-23 "打印戳记"对话框

在“打印戳记”对话框中，“打印戳记字段”选项区中的复选框用于指定在图形中显示哪些能预定义的绘图标记；“用户定义的字段”选项区用于显示用户自定义的绘图标记，单击“添加/编辑”按钮可以添加和编辑自定义的绘图标记；“打印戳记参数文件”选项区用于加载或保存有关“打印戳记”的参数设置。

用户设置完各选项后，在“打印”对话框中单击“确定”按钮，系统将输出图形，并动态显示输出图形的进度。如果图形在输出过程中出现错误，或者用户想要中断输出图形，则按 Esc 键，AutoCAD 2021 将结束图形的输出。

11.3 样板图形文件的创建

学习 AutoCAD 2021 的最终目的是绘制专业的工程图样。在实际工作中，用户用 AutoCAD 2021 绘制工程图，是将常用的绘图环境设成样图，使用时只要调用它即可，这样可以提高工作效率。

AutoCAD 2021 的重要功能之一就是可以让用户创建自己需要的样图，并在“创建新图形”对话框中更加方便地调用它。用户可以根据自己的需要，创建系列样图，在提高绘图效率的同时使样图标准化。

11.3.1 样板图形的内容

绘图环境设置的内容如下。

选择菜单栏中的“工具”→“选项”命令，打开“选项”对话框修改系统配置。

选择菜单栏中的“格式”→“单位”命令，打开“图形单位”对话框确定绘图单位。

选择菜单栏中的“格式”→“图幅界限”命令，设置图幅。

选择菜单栏中的“视图”→“缩放”→“全部”命令，使整张图全屏显示。

选择菜单栏中的“格式”→“线型”命令，打开“线型管理器”对话框，设置线型。

选择菜单栏中的“格式”→“图层”命令，打开“图层特性管理器”选项板，新建图层，设置线型、颜色和线宽。

选择菜单栏中的“格式”→“文字样式”命令，打开“文字样式”对话框，设置所需要的文字样式。

单击“绘图”工具栏中的按钮可以绘制图框、标题栏等。

选择菜单栏中的“格式”→“标注样式”命令，打开“标注样式”对话框，设置所需要的标注样式。

选择菜单栏中的“绘图”→“块”→“创建”命令，创建需要的图块，如粗糙度、基准代号等，也可以创建图形库。

11.3.2 创建样图的方法

1. 使用“创建新图形”对话框创建样图

（1）输入 NEW 命令，或者选择菜单栏中的“文件”→“新建”命令，打开“选择样板"对话框,如图11-24所示,单击"打开"下拉按钮,在弹出的下拉列表中选择"无样板打开-公制"选项,进入绘图状态。

(2)设置样图所有环境设置的基本内容及其用户所需要的内容。

(3)选择菜单栏中的"文件"→"保存"命令,打开"图形另存为"对话框,如图 11-25 所示,在该对话框的"文件类型"下拉列表中选择"AutoCAD 图形样板(*.dwt)"选项,在"保存于"下拉列表中选择保存文件的路径,在"文件名"文本框中输入样图名,如 ZJ-A4 竖向-留装订边。

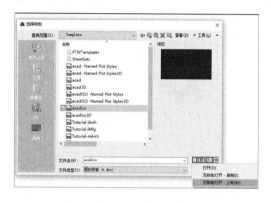

图11-24 "选择样板"对话框　　　　图11-25 "图形另存为"对话框

(4)单击"图形另存为"对话框中的"保存"按钮,打开"样板说明"对话框;在"样板说明"对话框中输入一些说明性文字,单击"确定"按钮,系统将当前图形存储为 AutoCAD 2021 的样板文件。

(5)关闭该图形,完成样板图形文件的创建。

2. 使用已有的图形创建样图

当已经有其他图形中的绘图环境与所要创建的样图基本相同时,用户可以该图为基础来快速创建样图,其操作步骤如下。

(1)选择菜单栏中的"文件"→"打开"命令,打开一个已经绘制的图形文件。

(2)选择菜单栏中的"文件"→"另存为",打开"图形另存为"对话框,在该对话框的"文件类型"下拉列表中选择"AutoCAD 图形样板(*.dwt)"选项,在"保存于"下拉列表中选择保存文件的路径,在"文件名"文本框中输入样图名。

(3)单击"图形另存为"对话框中的"保存"按钮,打开"样板说明"对话框;在"样板说明"对话框中输入一些说明性文字,单击"确定"按钮,系统将当前打开的图形文件又另存为 AutoCAD 的样板文件。

(4)按图样的具体要求再对此样图进行修改。

(5)选择菜单栏中的"文件"→"保存"命令,保存修改,关闭该图形,完成样板图形文件的创建。

3. 使用 AutoCAD 2021 设计中心创建样图

(1)输入 NEW 命令,或者选择菜单栏中的"文件"→"新建"命令,打开"选择样板"对话框，单击"打开"下拉按钮，在弹出的下拉列表中选择"无样板打开-公制"选项，进入绘图状态。

（2）选择菜单栏中的"工具"→"选项板"→"设计中心"命令，打开"设计中心"选项板。

（3）在"设计中心"选项板的树状图中分别打开要用到的图形文件，使"设计中心"内容显示框中显示所需要的内容，用拖动的方法分别将其复制到当前图中，关闭"设计中心"选项板。

（4）先按图样的具体要求对此样图图形进行"分解"，再按用户要求进行修改。

（5）选择菜单栏中的"文件"→"保存"命令，打开"图形另存为"对话框，在该对话框的"文件类型"下拉列表中选择"AutoCAD 图形样板（*.dwt）"选项，在"保存于"下拉列表中选择保存文件的路径，在"文件名"文本框中输入样图名。

（6）单击"图形另存为"对话框中的"保存"按钮，打开"样板说明"对话框；在"样板说明"对话框中输入一些说明性文字，单击"确定"按钮，系统将当前图形存储为AutoCAD 的样板文件。

（7）关闭该图形，完成样板图形文件的创建。

11.4　按形体真实尺寸绘图

大多数专业图形的绘图比例都不是 1∶1，在计算机上，如果像手工绘图那样按比例计算尺寸来绘制，那么是相当麻烦的。如果直接按图样尺寸所设绘图比例环境，1∶1 绘制工程图样的全部内容，再使用"缩放"命令（SCALE）进行比例缩放或在输出图形时调整比例，那么输出的图形中图形的线型、尺寸标注、剖面线间距、某些文字的字号等都可能不是用户想要的效果。

如何使输出的图形中绘制的线型、字体、尺寸、剖面线等元素符合制图标准。这里以实例来介绍一个比较实用的方法。

例如，绘制一张 A1 样图，比例为 1∶100。

（1）选择 A1 样图新建一张图。

（2）使用"缩放"命令（SCALE），基点选定在坐标原点（0,0）处，输入比例系数100，将整张图纸（包括图框、标题栏）放大 100 倍。

（3）使用视图"缩放"命令（SCALE），选择"全部"选项使放大的图形全屏显示（此时栅格不可用）。

（4）绘制实体对象的图层，按图形真实大小（尺寸数值）绘制图形，但是不用绘制剖面线、标注尺寸、注写文字。

（5）再次使用"缩放"命令（SCALE），基点仍选定在坐标原点（0,0）处，输入比例系数 0.01，将整张图纸（包括图框、标题栏）缩小 100 倍。

（6）标注尺寸图层，绘制工程图中的剖面线、标注尺寸、注写文字等（在"新建标注样式"对话框中选择"主单位"选项卡，进行如下设置："比例因子"应根据当前图的绘图比例输入比例值100）。

（7）检查、修正、保存图形文件便可完成工程图绘制。

11.5 利用三维实体图自动生成二维三视图

在工程图绘制过程中往往要根据三维实体模型绘制其三视图，即主视图、俯视图和左视图。手工绘制三视图是先根据实体形状想象出各个视图的形状再绘制出三视图，这往往会出现多线或少线的错误。用户利用 AutoCAD 2021 可以根据实体图形自动生成三视图，不仅极大地提高了工作效率，还避免或减少了绘图中的错误。

为生成三视图需要提供母体模型。用户可以通过创建三维实体的方法得到三维实体模型，也可以直接打开已经创建好，并且保存在计算机中的三维实体模型，还可以打开通过其他绘图软件转换格式后的文件。下面介绍在 AutoCAD 2021 中根据三维实体模型绘制三视图的步骤和方法。

（1）选择"三维建模"工作空间模式；单击功能区中的"常用"选项卡→"视图"面板→"视觉样式"下拉列表→"隐藏"按钮，如图 11-26 所示。

（2）单击功能区中的"常用"选项卡→"视图"面板→"基点"下拉列表→"从模型空间"按钮，命令行提示如下：

VIEWBASE 选择对象或[整个模型(E)]<整个模型>:

（3）按 Enter 键，默认整个模型，命令行提示如下：

VIEWBASE 输入要置为当前的新的或现有布局名称或[?]<布局 1>:

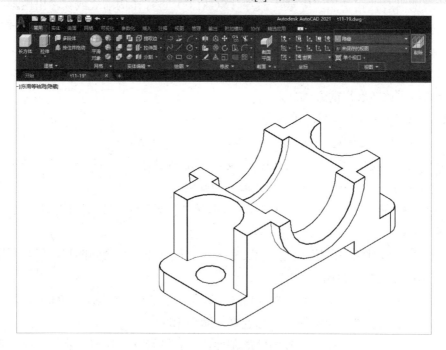

图 11-26 单击"隐藏"按钮

（4）选择布局，就会进入相应的布局页面，命令行提示如下：

VIEWBASE 指定基础视图的位置或[类型(T)/选择(E)/方向(O)/隐藏线(H)/比例(S)/可见性(V)] <类型>:

（5）在放置主视图的适当位置单击，放置好主视图，并在功能区显示"工程视图创建"上下文选项卡，如图 11-27 所示。

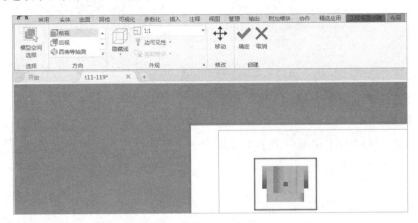

图 11-27　"工程视图创建"上下文选项卡

（6）单击功能区中的"工程视图创建"上下文选项卡→"方向"面板→视图方向按钮，选择合理的主视图投影方向，如图 11-28 所示。

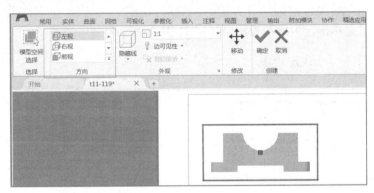

图 11-28　单击视图方向按钮

（7）单击"确定"按钮完成主视图的创建。

（8）此时，将光标拖动到适当位置可以创建其他视图，也可以单击功能区中的"布局"上下文选项卡→"创建视图"面板→"投影"按钮，继续创建其他视图，结果如图11-29所示。

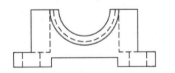

图 11-29　创建工程图

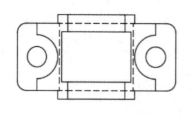 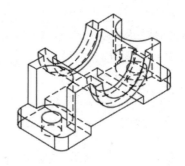

图 11-29　创建工程图（续）

（9）创建剖视图。

① 单击功能区中的"布局"上下文选项卡→"创建视图"面板→"截面"按钮，命令行提示如下：

> VIEWSECTION 选择父视图：

② 选择以上生成的俯视图作为父视图，创建剖切线，命令行提示如下：

> VIEWSECTION 指定起点或[类型(T)/隐藏线(H)/比例(S)/可见性(V)/注释(A)/图案填充(C)] <类型>：

③ 指定左边线中心点，命令行提示如下：

> VIEWSECTION 指定下一点或[放弃(U)]：

④ 指定右边线中心点，按 Enter 键，完成剖切线的设置，命令行提示如下：

> VIEWSECTION 指定截面视图的位置或：

⑤ 在当前位置单击，生成剖视图，如图 11-30 所示。

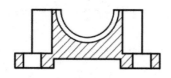

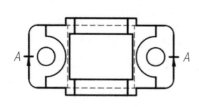 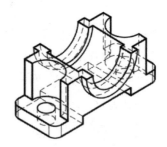

图 11-30　生成剖视图

根据前文所述，插入图框，效果如图 11-31 所示。

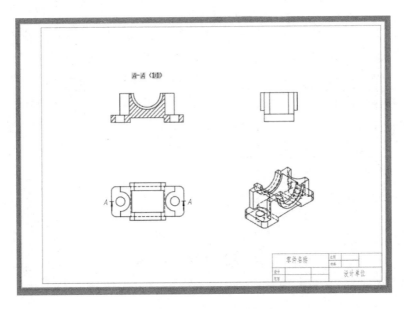

图 11-31　插入图框后的效果

技能拓展

拓展 **11.1** 按如图 11-32 所示的尺寸绘制三维实体，并在布局空间自动生成实体的三视图。

拓展 **11.2** 按如图 11-33 所示的尺寸绘制三维实体，并在布局空间自动生成实体的三视图。

拓展 **11.3** 按如图 11-34 所示的尺寸绘制三维实体，并在布局空间自动生成实体的三视图。

拓展 **11.4** 按如图 11-35 所示的尺寸绘制三维实体，并在布局空间自动生成实体的三视图。

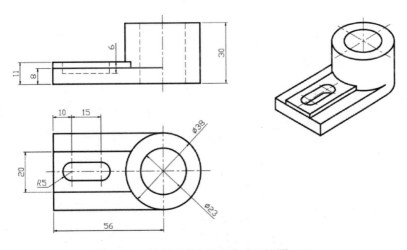

图 11-32　绘制三维实体并生成三视图（1）

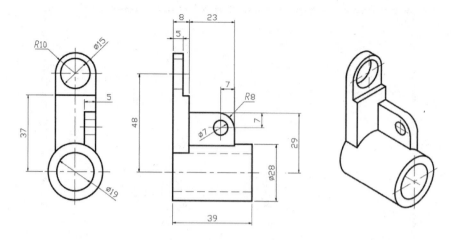

图 11-33　绘制三维实体并生成三视图（2）

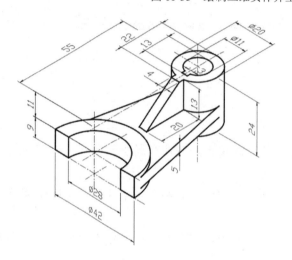

图 11-34　绘制三维实体并生成三视图（3）

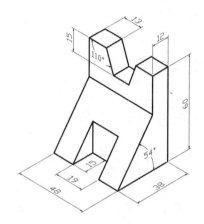

图 11-35　绘制三维实体并生成三视图（4）